执业资格考试丛书

一级注册结构工程师
专业考试模拟试卷

杨开　张庆芳　主编

中国建筑工业出版社

图书在版编目(CIP)数据

一级注册结构工程师专业考试模拟试卷/杨开，张庆芳主编．—北京：中国建筑工业出版社，2020.6
（执业资格考试丛书）
ISBN 978-7-112-25184-1

Ⅰ.①一…　Ⅱ.①杨…②张…　Ⅲ.①建筑结构-资格考试-习题集　Ⅳ.①TU3-44

中国版本图书馆CIP数据核字（2020）第086838号

本书包含三套一级注册结构工程师专业考试模拟试卷及参考答案。模拟试卷按考试的题量与试卷结构编制，便于考生复习后期模拟训练。参考答案解答详细，点评部分回归规范知识点，并对相关知识点进行扩展，帮助查漏补缺。

本书适合于备考一级注册结构工程师专业考试的考生使用，也可供各培训机构作为培训教材使用。

责任编辑：武晓涛
责任校对：姜小莲

执业资格考试丛书
一级注册结构工程师专业考试模拟试卷
杨开　张庆芳　主编
*
中国建筑工业出版社出版、发行（北京海淀三里河路9号）
各地新华书店、建筑书店经销
北京红光制版公司制版
天津翔远印刷有限公司印刷
*
开本：787×1092毫米　横1/8　印张：23　字数：574千字
2020年7月第一版　2020年7月第一次印刷
定价：**59.00**元
ISBN 978-7-112-25184-1
（35949）

前　言

通过一级注册结构工程师考试，是每一位结构工程师的梦想，我和张庆芳老师一直在努力帮助大家实现梦想。2017年12月25日，我们创立了张老师考试学院，逐条讲解规范、聚焦专题、精讲真题，已辅导学员两千余人，学员2018年一级通过率22%、二级通过率60%，2019年一级通过率33%、二级通过率65%。

注册结构工程师考试是通过性考试，按近十多年的规则，需要在上下午各4小时内完成40题，平均6分钟完成一道题。在复习过程中只有通过大量的练习，才有可能在短时间内高质量地完成考试题，并通过考试。毫无疑问，真题是我们最好的复习资料，我们必须紧密围绕真题和规范进行复习。根据我们的培训经验，当真题完成3遍左右时，正确率基本都能达到85%以上，我们要深刻剖析历年真题，不局限于做对这个题，而是要学会举一反三，彻底掌握真题涉及的相关知识点。

在复习的中后期，真题掌握透彻之后，使用模拟试卷进行全真模拟，能在三个方面帮助我们提高考试成绩：

一是掌握考试技巧，学会放弃难题，先做自己会做的，不要在某些题上浪费过多的时间。

二是对规范知识点查漏补缺，找到持续复习的方向。

三是锻炼心态，面对全新的考题，不管难或易，都要以平常心对待，发挥出自己的实力。

以上三点，通过做真题没法锻炼，特别是对于老考生，真题都做过很多遍。

本模拟试卷的主要特点是：

1. 基于张老师考试学院的培训经验，众多学员和考友对规范和真题的反馈，直击广大考生的痛点和难点。

2. 题目源自实际工程项目或权威教材、手册，尽量接近真题的套路和手法。

3. 解答详细，点评回归规范知识点，并对相关知识点进行扩展，帮助查漏补缺。为了使解答更为简洁，现行规范名都使用了考生熟悉的简称，这也是考试允许和推荐的。

众人拾柴火焰高，模拟试卷能够顺利出版离不开大家的支持和帮助，本次三套模拟试卷，部分由张老师考试学院的学员结合实际工程供稿，并且每套模拟试卷都经过六位学员全真模拟，从结果来看，与真题的感觉和难度很接近。衷心感谢参与到模拟试卷编制和校核的每一位学员，他们是：关超、朱长安、浩光、曹艳玲、刘小平、桑丹、戴明江、张铁海、刘丹、邹吉文、冉成崧、陈欧阳、尹绪胜、吴新华、张颜、丁伟、戴沛沛、付山山、王金亮、乐毅、崔玉娇、韩芳、邓鑫、顾旭卿、陈锦涛、赵保丽、柴晓林、肖振军、刘克涛。

中国建筑工业出版社武晓涛编辑在模拟试卷策划、编制、出版等环节中，提供了很多好建议，对我帮助很大，特此感谢。

希望这几套模拟试卷能够帮助到在注册结构备考路上的考友们，也希望考友们能够利用好模拟试卷进行全真测试。在模拟考试过程中，调整好自己的心态，理解并学会适当放弃一些题。模拟考试结束后，再结合参考答案，对相关知识点进行全面总结。

由于本人能力有限，如有任何问题，请向我们反馈（微信号13911643264、qq群号541635174），非常感谢您的理解和帮助。

祝各位考友复习顺利，考试取得好成绩！

张老师考试学院　杨开

2020年5月10日

目　录

工作单位__________ 姓名__________ 准考证号__________

一级注册结构工程师
专业考试模拟试卷（一）
（上午）

应考人员注意事项

1. 本试卷科目代码为“X”，请将此代码填涂在答题卡“科目代码”相应的栏目内，否则，无法评分。

2. 书写用笔：黑色墨水笔、签字笔，考生在试卷上作答时，必须使用书写用笔，不得使用铅笔，否则视为违纪试卷。

填涂答题卡用笔：黑色2B铅笔。

3. 须用书写用笔将工作单位、姓名、准考证号填写在答题卡和试卷相应的栏目内。

4. 本试卷由40题组成，每题1分，满分为40分。本试卷全部为单项选择题，每小题的四个选项中只有一个正确答案，错选、多选均不得分。

5. 考生在作答时，必须按题号在答题卡上将相应试题所选选项对应的字母用2B铅笔涂黑。

6. 在答题卡上书写随意无关的语言，或在答题卡作标记的，作违纪试卷处理。

7. 考试结束时，由监考人员当面将试卷、答题卡一并收回。

8. 草稿纸由各地统一配发，考后收回。

注：本页仅为模拟之用，部分要求本模拟试卷不涉及。

【1】关于钢筋混凝土构件设计，有下列主张：

Ⅰ. 计算T形截面的钢筋混凝土受弯构件最大裂缝宽度时，A_{te}不考虑上翼缘的面积；

Ⅱ. 钢筋混凝土梁受剪承载力计算时，应根据剪跨比的不同计算受剪截面承载力；

Ⅲ. T形截面的钢筋混凝土受弯构件，应按照全面积计算最小配筋率；

Ⅳ. 抗震设计时，柱纵向钢筋在顶层中节点的锚固采用弯锚时，包括弯弧在内的钢筋垂直投影锚固长度不应小于$0.5l_{aE}$。

试问，针对上述主张，何项存在不妥？

A. Ⅱ　　B. Ⅰ和Ⅲ　　C. Ⅲ　　D. 全都不妥

答案：(　　)

主要解答过程：

【2】某单层单跨等高厂房，采用排架结构，屋盖为钢筋混凝土无檩屋盖，屋盖长度60m，两端均有山墙，起重机为软钩吊车。按照平面排架计算厂房的横向地震作用时，钢筋混凝土排架柱各工况下的柱底弯矩，如表2所示。试问，考虑空间作用和扭转影响，排架柱弯矩设计值（kN·m），与下列何项数值最为接近？

提示：本题数据未经实际工程验证，仅作模拟考题用。

A. 750　　B. 800　　C. 810　　D. 860

钢筋混凝土排架柱各工况下的柱底弯矩　　表2

工况名称	自重标准值效应	起重机悬吊物重力标准值效应	水平地震作用效应	
			包含起重机悬吊物重力	不计入起重机悬吊物重力
弯矩值（kN·m）	400	100	300	200

答案：(　　)

主要解答过程：

【3】某钢筋混凝土框架梁截面尺寸 300mm×600mm，混凝土强度等级 C30，箍筋为 HPB235 级 ϕ10@100。原设计最大剪力较小，现剪力设计值增加至 650kN，保证梁宽不变的前提下，采用增加截面法加固受弯构件斜截面承载力，U 形箍焊接加固处理，截面增大部分采用 C35 改性混凝土，a_s取 40mm。试问，加固后的梁高，与下列何项数值最为接近？

A. 750　　B. 950　　C. 1150　　D. 1350

答案：(　　)

主要解答过程：

【题 4～7】拟在河北省秦皇岛市卢龙县建造一营业面积为 6500m^2 的三层商场，结构总高度小于 24m。采用钢筋混凝土框架结构体系，平面对称，结构布置均匀规则，质量和侧向刚度沿高度分布均匀，相邻的振型周期比小于 0.85。地勘报告给出该场地为Ⅲ类场地。采用振型分解反应谱法计算地震作用，假定，各振型下各层的 X 方向水平地震作用标准值（kN）如表 4～7 所示。

提示：取前 7 个振型计算。

X 方向水平地震作用标准值（kN）　　表 4～7

	振型 1	振型 2	振型 3	振型 4	振型 5	振型 6	振型 7
三层	490	0	0	−19	−116	0	0
二层	310	0	0	22	129	0	0
首层	115	0	0	23	136	0	0

【4】由于建筑需求，该结构二层有一 18m 跨度的框架梁，试问，其抗震措施及抗震构造措施分别为几级？

A. 三级，三级　　B. 三级，二级　　C. 二级，二级　　D. 二级，一级

答案：(　　)

主要解答过程：

【5】试问，该结构二层 X 方向结构地震反应力标准值 F_2（kN），与下列何项数值最为接近？

A. 300　　B. 350　　C. 400　　D. 450

答案：（　　）

主要解答过程：

【6】试问，该结构二层 X 方向楼层地震剪力标准值 V_2（kN），与下列何项数值最为接近？

A. 350　　B. 800　　C. 850　　D. 1100

答案：（　　）

主要解答过程：

【7】试问，该结构二层 X 方向规定水平力标准值 $F_{规定_2}$（kN），与下列何项数值最为接近？

A. 300　　B. 350　　C. 400　　D. 450

答案：(　　)

主要解答过程：

【8】某多层现浇钢筋混凝土框架结构，设两层地下室，局部地下一层外墙内移；地下一层顶梁局部平面布置图如图 8 所示；安全等级二级；环境类别一类。

假定 KL1 截面尺寸及配筋如下，纵筋 HRB400，混凝土 C40，$a_s = a'_s = 70$mm，$c_s = 45$mm，按矩形截面计算。支座处准永久组合下弯矩值 $M_q = 500$kN·m，相应轴拉力 $N_q = 1500$kN。试问，支座处按荷载准永久组合并考虑长期作用影响的最大裂缝宽度 w_{max}（mm），与下列何项数值最为接近？

A. 0.028　　B. 0.037　　C. 0.332　　D. 0.409

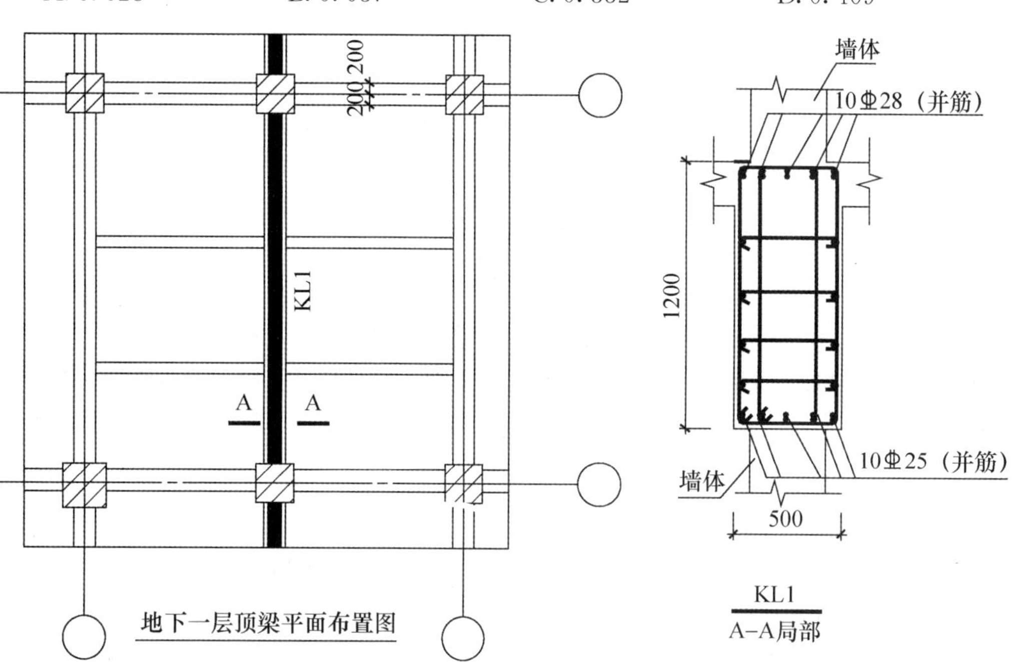

图 8　地下一层顶梁局部平面布置图

答案：(　　)

主要解答过程：

【题 9～11】某民用建筑普通房屋中的钢筋混凝土 T 形截面次梁（两端固接）如图 9～11 所示，安全等级为二级。混凝土强度等级 C30，梁纵向钢筋采用 HRB400，箍筋采用 HPB300。纵向受力钢筋保护层厚度，$c_s = 30$mm，$a_s = 70$mm，$a'_s = 40$mm，$\xi_b = 0.518$。

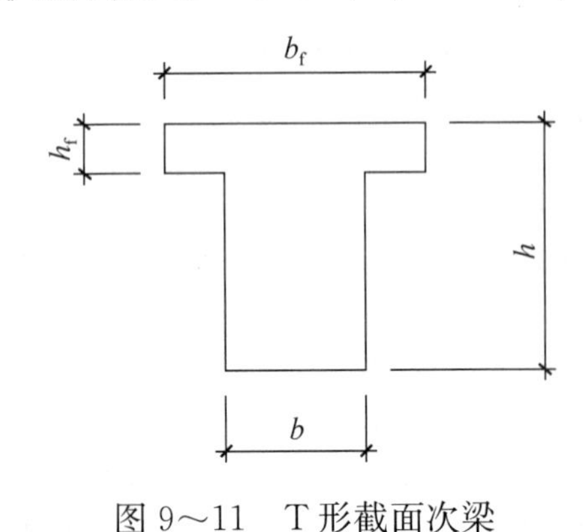

图 9～11　T 形截面次梁

【9】假定，b_f、b、h、h_f 取值分别为 650mm、350mm、600mm、120mm。该梁跨中顶部受压纵筋为 2 根直径 20mm 的钢筋，底部受拉纵筋为 10 根直径 28mm 的钢筋（双排）。当考虑受压钢筋的作用时，该梁跨中截面能承受的最大弯矩设计值 M(kN·m)，与下列何项数值最为接近？

A. 750　　B. 800　　C. 850　　D. 900

答案：(　　)

主要解答过程：

【10】假定，b_f、b、h、h_f 取值分别为 650mm、350mm、600mm、120mm。该梁跨中顶部受压纵筋为 4 根直径 25mm 的钢筋，底部受拉纵筋为 5 根直径 25mm 的钢筋（双排）。当考虑受压钢筋的作用时，该梁跨中截面能承受的最大弯矩设计值 M(kN·m)，与下列何项数值最为接近？

A. 350　　B. 400　　C. 450　　D. 500

答案：(　　)

主要解答过程：

【11】假定，b_f、b、h、h_f取值分别为 1200mm、300mm、500mm、150mm。该梁支座端部截面作用有剪力 $V=50$kN，扭矩 $T=30$kN·m。试问，在满足规范的前提下，该梁翼缘箍筋为下列何项最经济？

提示：$\zeta=1.2$。

A. Φ6@100　　B. Φ8@100　　C. Φ10@100　　D. Φ12@100

答案：(　　)

主要解答过程：

【12】已知，荷载作用下某一框架柱的轴向力设计值 $N=396$kN，杆端弯矩设计值 $M_1=0.92M_2$，$M_2=218$kN·m，弯矩作用在强轴方向，框架柱截面尺寸：$b=300$mm，$h=400$mm，$a_s=a'_s=40$mm；混凝土强度等级为 C30，钢筋采用 HRB400 级；$l_c/h=6$。试问，针对柱钢筋截面面积 A'_s 及 A_s(mm^2)，以下何项满足规范要求且最经济？

提示：不考虑二阶效应，不考虑抗震。

A. 660，1258　　B. 660，1580　　C. 660，1782　　D. 1435，1435

答案：(　　)

主要解答过程：

【13】关于混凝土施工质量验收的以下说法，何项正确？

Ⅰ. 同一类型预制构件不超过 1000 个为一批，每批随机抽取 3 个构件进行结构性能试验。

Ⅱ. 现浇结构的外观质量允许有一般缺陷。

Ⅲ. 预埋件的外露长度只允许有正偏差，不允许有负偏差；对预留孔洞内部尺寸，只允许大，不允许小。

Ⅳ. 按同一厂家、同一品种、同一代号、同一强度等级、同一批号且连续进场的水泥，袋装不超过 200t 为一批，散装不超过 500t 为一批，每批抽样数量不应少于一次。

A. Ⅰ、Ⅳ　　B. Ⅲ、Ⅳ　　C. Ⅱ、Ⅳ　　D. 以上均不正确

答案：(　　)

主要解答过程：

【14】某大门雨篷结构如图 14 所示，悬挑长度为 5m，悬挑梁间距 6m，当地基本风压 $w_0=0.8\,kN/m^2$，地面粗糙度为 B 类，悬挑梁标高为 10m。试问，中间悬挑梁由负风压（风吸力）产生的弯矩标准值（kN·m），下列何项最为准确？

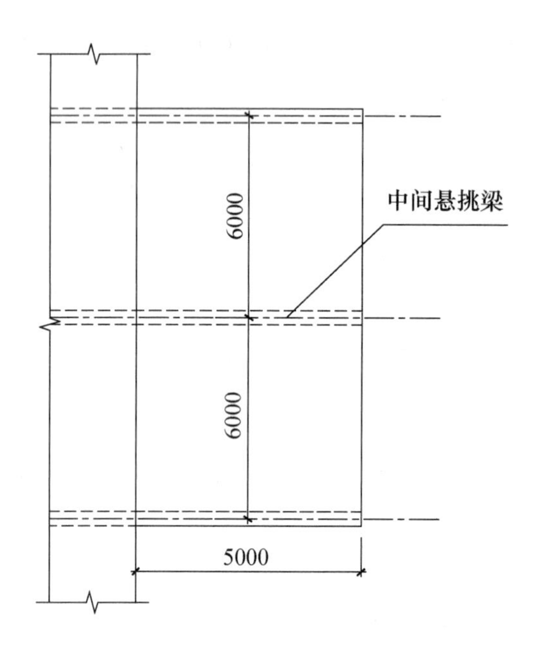

图 14　雨篷结构平面图

A. 61　　B. 37　　C. 503　　D. A、B、C 均不准确

答案：(　　)

主要解答过程：

【15】根据《建筑结构可靠性设计统一标准》GB 50068—2018，下列说法何项正确？

Ⅰ. 调整了建筑结构安全度的设置水平，提高了相关作用分项系数的取值，降低了失效概率；

Ⅱ. 永久作用和可变作用的分项系数有所提高，目标可靠指标的计算值有所提高；

Ⅲ. 结构构件的可靠指标越高，可靠度越大，失效概率越低，则在设计使用年限内绝对安全；

Ⅳ. 结构上的作用按随时间的变化分类，可分为永久作用、可变作用、偶然作用，地震作用应划分为可变作用。

A. Ⅰ、Ⅱ、Ⅲ、Ⅳ　　B. Ⅰ、Ⅳ　　C. Ⅰ　　D. Ⅱ、Ⅳ

答案：(　　)

主要解答过程：

【16】某大型公建项目为设计使用年限为 100 年的混凝土结构，其中有一型钢混凝土框架柱，其环境类别为三 b 类，截面及配筋见图 16，型钢截面面积 $A=35600\text{mm}^2$。试问，图中有几处不满足规范要求？

提示：依据《组合结构设计规范》JGJ 138—2016 和《混凝土结构设计规范》GB 50010—2010 作答。不考虑抗震，栓钉和箍筋均满足规范要求。

A. 均满足规范要求　　B. 有一处　　C. 有两处　　D. 有三处

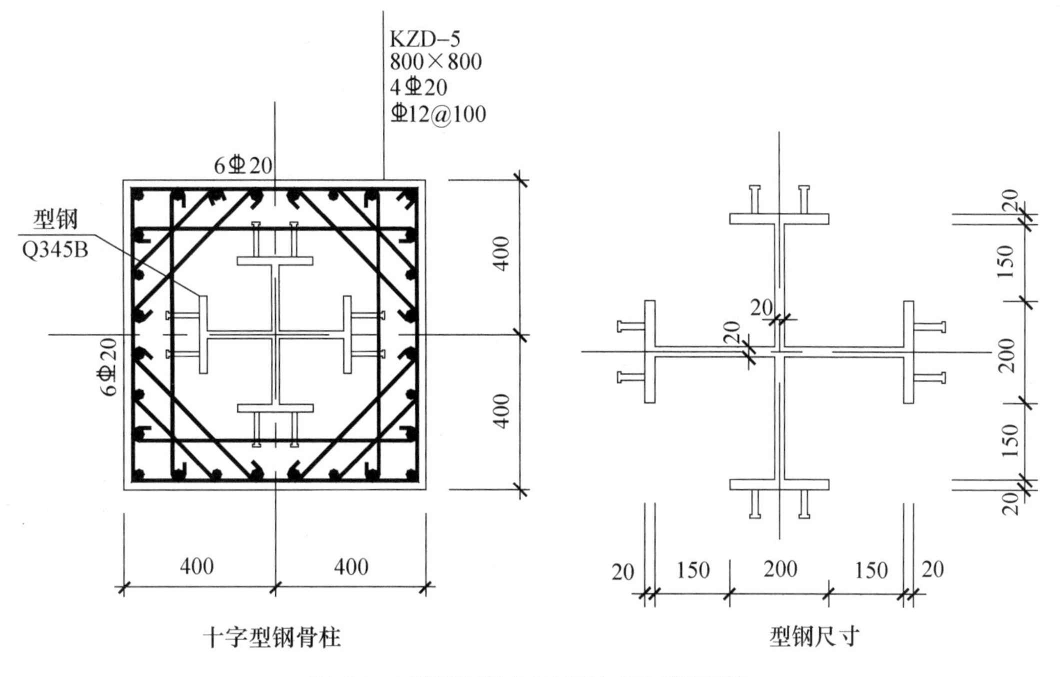

图 16　型钢混凝土框架柱截面及配筋

答案：(　　)

主要解答过程：

【17】关于钢与混凝土组合梁，有下列主张：

Ⅰ. 可采用弹性设计和利用塑性开展的设计；

Ⅱ. 完全抗剪连接组合梁的塑性中和轴总在混凝土翼板内；

Ⅲ. 部分抗剪连接组合梁的塑性中和轴总在钢梁内；

Ⅳ. 按塑性方法进行设计时，钢梁的宽厚比应满足塑性设计要求。

试问，针对上述主张，何项相对正确？

A. Ⅰ、Ⅳ　　B. Ⅱ、Ⅲ　　C. Ⅰ、Ⅲ　　D. Ⅳ

答案：(　　)

主要解答过程：

【题 18～20】某组合楼盖体系，采用简支组合梁，梁跨度 $L=12\text{m}$，柱间距 4m，承受均布荷载。混凝土采用 C30，钢材为 Q235。栓钉采用直径 16mm，其 $f=215\text{N/mm}^2$，$f_u=400\text{N/mm}^2$。计算简图如图 18～20 所示。

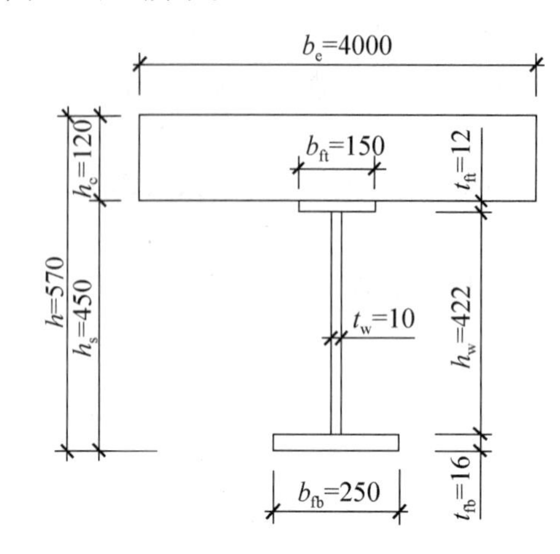

图 18～20　简支组合梁计算简图

【18】按照塑性方法进行设计时，完全抗剪连接组合梁的受弯承载力（kN·m），与下列何项数值最为接近？

提示：钢梁截面满足塑性设计方法要求。

A. 750　　B. 780　　C. 800　　D. 850

答案：(　　)

主要解答过程：

【19】计算简图如图 18～20 所示，按照塑性方法进行设计时，组合梁的受剪承载力（kN），与下列何项数值最为接近？

提示：钢梁截面满足塑性设计方法要求。

A. 500　　B. 530　　C. 600　　D. 650

答案：(　　)

主要解答过程：

【20】计算简图如图 18～20 所示，按照塑性方法进行设计时，钢梁上全跨所需的栓钉个数最小值，与下列何项数值最为接近？

提示：(1) 按照完全抗剪连接设计；

(2) 采用单排栓钉，沿梁纵向间距取 120mm，满足规范构造要求。

A. 70　　B. 80　　C. 90　　D. 100

答案：(　　)

主要解答过程：

【21】某车间为单跨厂房，跨度 20m，内部设有 50t 吊车（空操）。吊车梁节点详见图 21，图中未详细表达的部分均满足规范要求。试问，图中关于吊车梁的构造共有几处违反《钢结构设计标准》，并简述理由。

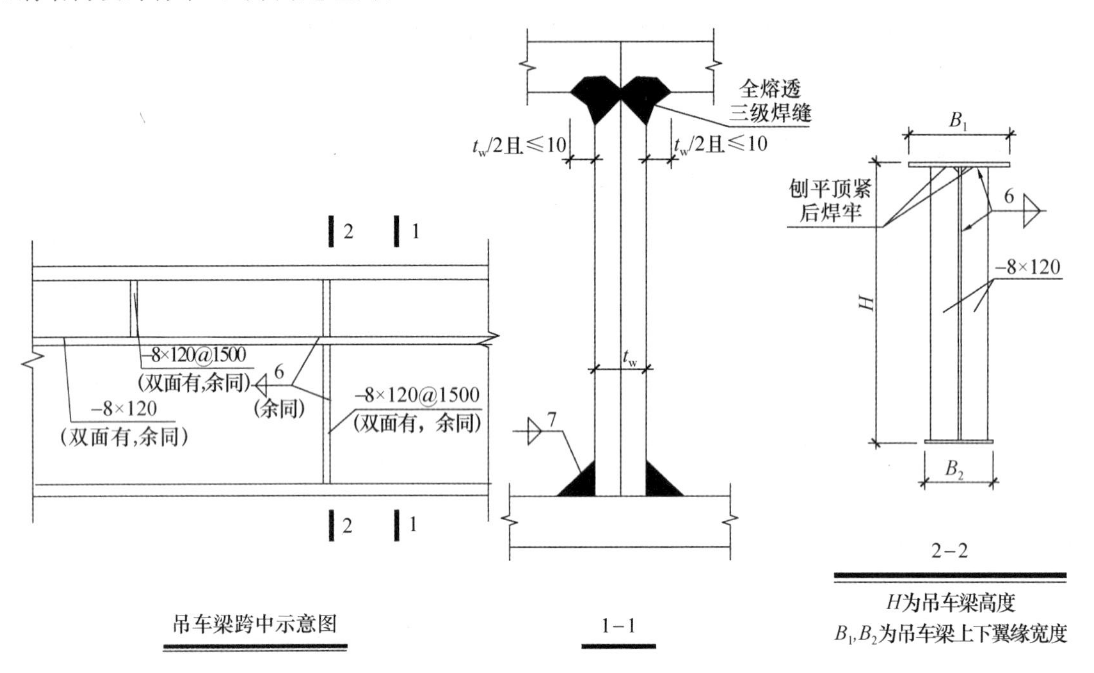

图 21 吊车梁节点

A. 无违反　　B. 有一处　　C. 有二处　　D. 有三处

答案：(　　)

主要解答过程：

【题 22～24】某 24m 跨钢结构屋架，其杆件的几何尺寸、作用在节点上的荷载如图 22～24 所示，图中所示荷载均为设计值，包括屋架自重。该屋盖结构的钢材为 Q235B 钢，焊条为 E43 型，屋架的节点板厚为 10mm，屋架上弦横向支撑水平间距为 4500mm，屋架上弦杆组合角钢的截面特性见图 22～24。

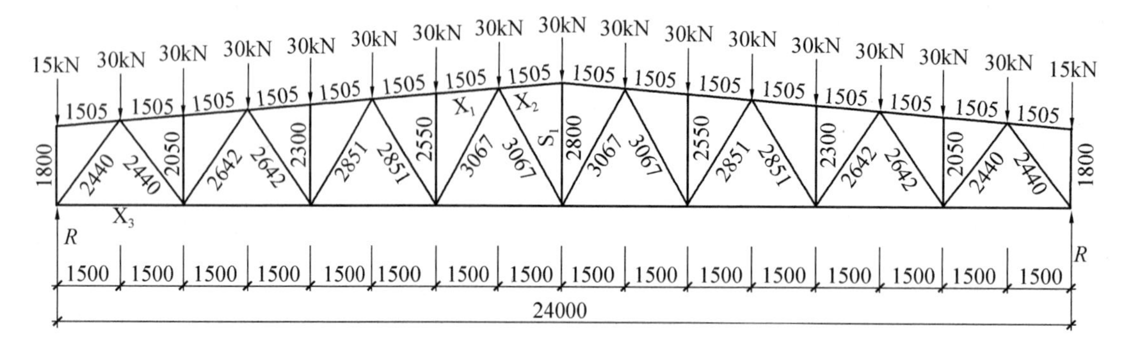

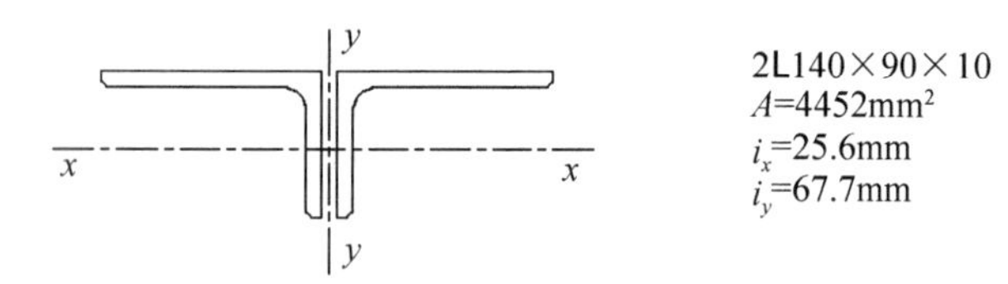

图 22～24 某 24m 跨钢结构屋架

【22】在图示荷载作用下，屋架上弦杆 X_1 的轴心压力值（kN），与下列何项数值最为接近？

A. 473.7　　B. 516.1　　C. 531.3　　D. 584.3

答案：(　　)

主要解答过程：

【23】若已知屋架上弦杆 X_2 轴心压力设计值为 516.1kN，其截面为 2L140×90×10（短肢相并），见图 22～24。试问，当按实腹式轴心受压构件稳定进行计算时，其压应力（N/mm^2）与下列何项数值最为接近？

提示：该截面符合轴心受压时的局部稳定要求。

A. 141　　B. 150　　C. 153　　D. 160

答案：(　　)

主要解答过程：

【24】条件同上题，若屋架跨中的竖腹杆 S_1 采用 2L63×5 的十字形截面，L63×5 单角钢（图 24）i_x=12.5mm，i_y=24.5mm，i_u=19.4mm。试问，其填板数应采用下列何项数值？

A. 2　　B. 3　　C. 4　　D. 5

答案：(　　)

主要解答过程：

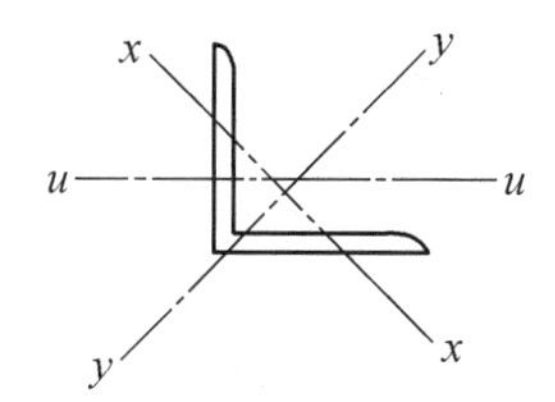

图 24　单角钢

【25】关于钢结构抗震设计，下列何项描述不准确？

A. 抗震设防的钢结构构件和节点可按现行国家标准《钢结构设计标准》GB 50017 的规定进行抗震性能设计，不执行《建筑抗震设计规范》GB 50011 的规定

B. 抗震设防的钢结构构件和节点可按现行国家规范《建筑抗震设计规范》GB 50011 的规定设计，同时还应满足《钢结构设计标准》GB 50017 的抗震性能化设计的相关要求

C. 抗震设防的钢结构构件和节点可按现行国家规范《建筑抗震设计规范》GB 50011 的规定设计，不执行《钢结构设计标准》GB 50017 的抗震性能化设计

D. 抗震设防的钢结构构件和节点可按现行国家规范《建筑抗震设计规范》GB 50011 的规定设计，同时还应满足《钢结构设计标准》GB 50017 中非抗震设计的相关要求

答案：(　　)

主要解答过程：

【题 26～27】如图 26～27 所示，牛腿与柱用普通螺栓的连接设计。其中连接板下部设有支托，构件与螺栓材料均为 Q235。采用普通 C 级螺栓，螺栓直径 $d=16$mm，孔径 $d_0=17$mm。荷载设计值 $F=60$kN。

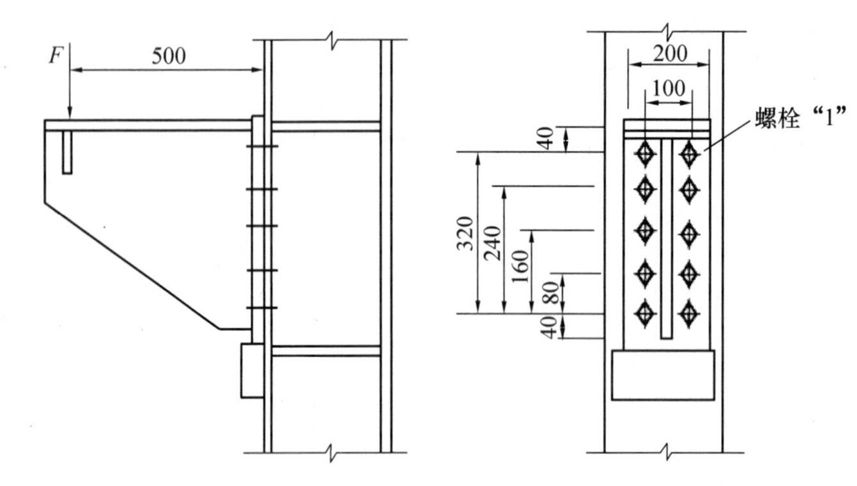

图 26～27　牛腿与钢柱螺栓连接

【26】验算螺栓“1”时，螺栓的设计值与承载力的关系与下列哪项最为接近？

A. 25kN＜26.7kN　　B. 25kN＜37.5kN

C. 34.16kN＞26.7kN　　D. 34.16kN＜37.5 kN

答案：(　　)

主要解答过程：

【27】若取消图 26～27 中支托，将螺栓改成同直径的 10.9 级摩擦型高强度螺栓（标准孔），连接处表面采用喷砂处理，则验算螺栓时，公式左右两端与下列哪项最为接近？

A. 0.63<1　　B. 0.47<1　　C. 37.5kN<80kN　　D. 25kN<80kN

答案：(　　)

主要解答过程：

【题 28～29】图 28～29 为一圆钢管直接焊接的 K 形间隙节点。主管为 $\phi168\times6$，截面面积 $A=30.54\text{cm}^2$，两支管均为 $\phi102\times3.5$，钢材为 Q235B，手工焊，E43 焊条。钢管受力如图 28～29 所示。假定受压支管在该节点处的承载力设计值为 180kN。

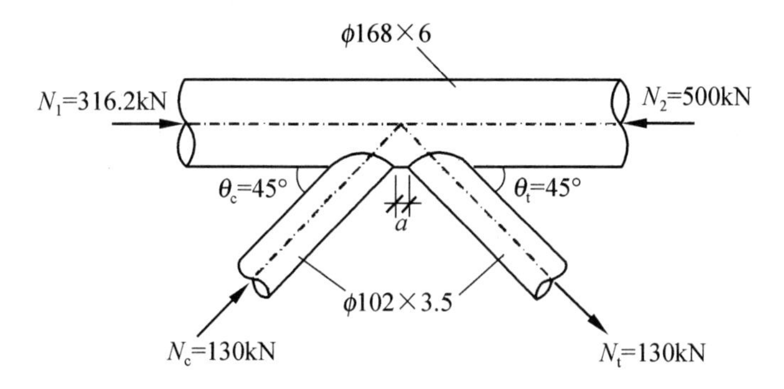

图 28～29　圆钢管直接焊接的 K 形间隙节点

【28】试问，满足《钢结构设计标准》GB 50017—2017 要求的受压支管的最小焊脚尺寸（mm），与下列何项最为接近？

提示：公式中的 0.446 应为 0.466。

A. 3　　B. 4　　C. 5　　D. 6

答案：(　　)

主要解答过程：

【29】若受压支管在该节点处的承载力未知，按照已知条件，受压支管在该节点处的承载力设计值，与下列何项最为接近？

提示：$\psi_d = 0.6335$，$a = 23.75$mm。

A. 140kN　　B. 156kN　　C. 200kN　　D. 125kN

答案：(　　)

主要解答过程：

【30】某单层房屋采用单跨双坡门式刚架，刚架跨度 24m，屋面梁和檩条之间设置隅撑，如图 30（a）所示，下翼缘受压的屋面梁的平面外计算长度可以考虑隅撑的弹性作用。隅撑采用等边热轧角钢 L50×5，截面参数如图 30（b）所示，隅撑的计算长度为 720mm，隅撑和屋面梁材质均采用 Q235B。试问，该隅撑的稳定应力比与下列何项数值最为接近？

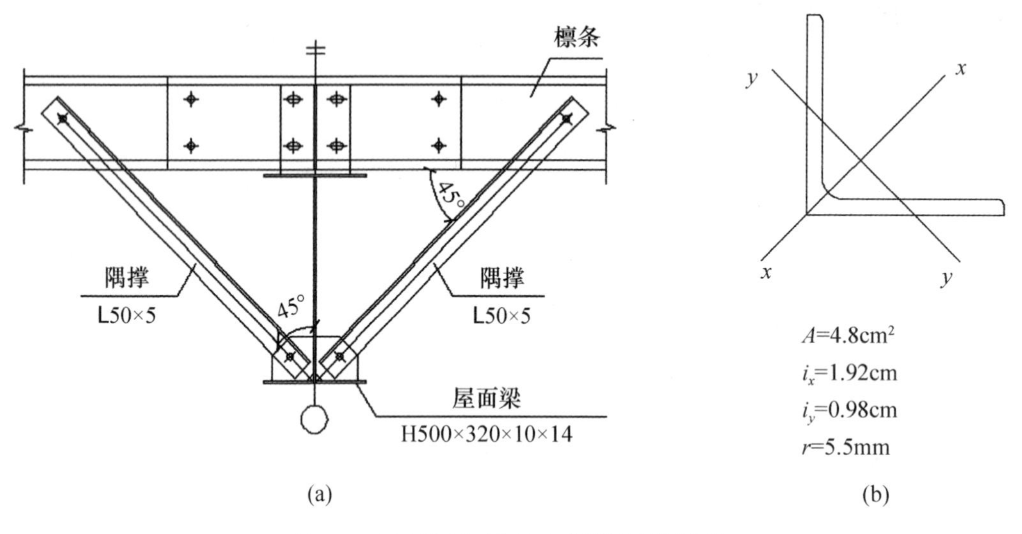

图 30　屋面梁和檩条之间设置的隅撑

A. 0.15　　B. 0.19　　C. 0.21　　D. 0.41

答案：(　　)

主要解答过程：

【31】某钢筋混凝土框架结构内电梯井筒为二次结构砌筑，井道净尺寸为 2400mm×2600mm，窄边开门，电梯门洞净尺为 1400mm（宽）×2400mm（高），墙厚 200mm，与建筑师方案配合时，假定墙体 $H_0=1.0H$。试问，电梯筒能砌筑的高度至少能达到下列何项数值？

提示：(1) 采用 MU25 蒸压灰砂普通砖和 M15 砂浆，承载力满足要求；

(2) 不考虑构造柱的有利影响。

A. 3m　　B. 4m　　C. 5m　　D. 6m

答案：(　　)

主要解答过程：

【32】由于建筑师要求，某砌体结构中一实心砖墙采用特殊尺寸，240mm×240mm×120mm，如图 32 所示，已知砂浆强度为 M10，砖强度等级为 MU20，施工质量控制等级为 B 级。试问，该砌体墙沿阶梯形截面破坏的抗剪强度设计值，与下列何项最为接近？

提示：(1) 考虑抗震；

(2) 对应于重力荷载代表值的砌体截面平均压应力为 0.85MPa。

A. 0.1MPa　　B. 0.16MPa　　C. 0.25MPa　　D. 0.3MPa

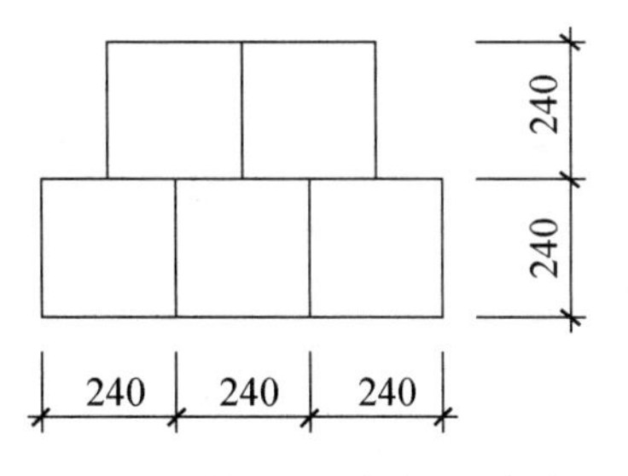

图 32　特殊尺寸实心砖墙

答案：(　　)

主要解答过程：

【题 33～34】某多层框架结构中间层局部平面布置图如图 33～34 所示，层高 3.9m，楼板厚 150mm，墙采用 MU7.5 单排孔混凝土小型空心砌块对孔砌筑，Mb5 砂浆砌筑，内隔墙 1 厚 190mm，内隔墙 2 厚 120mm，砌体施工质量控制等级 B 级。由于高度偏高，审图部门要求，需验算施工中隔墙墙体顶部封堵前稳定性。

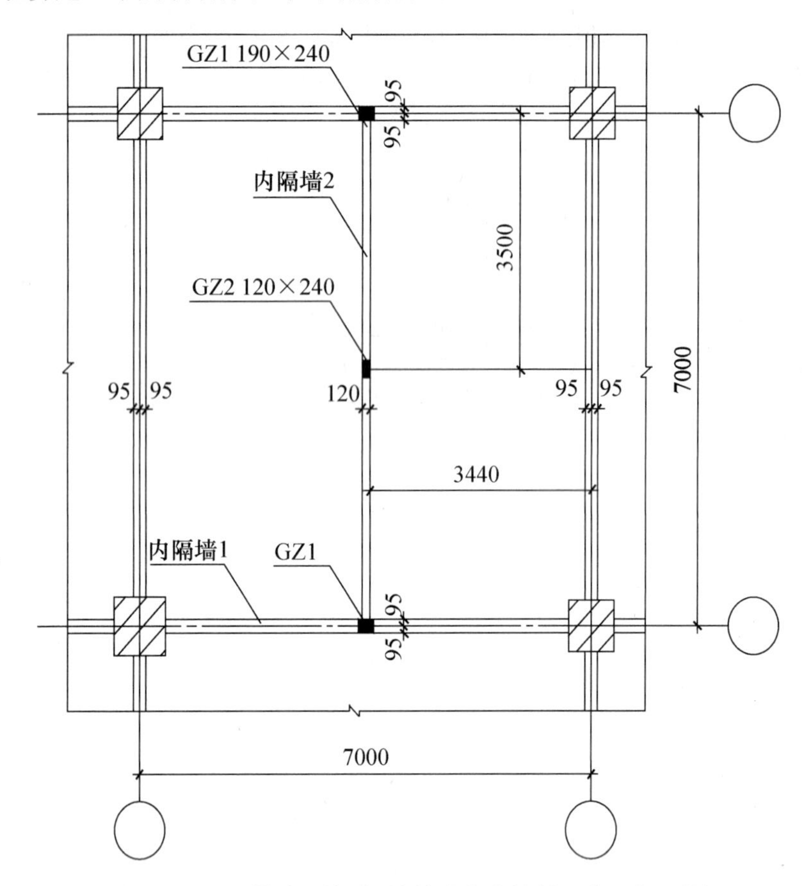

图 33～34 某多层框架结构中间层局部平面布置图

【33】试问，内隔墙 1 高厚比限值，与下列哪项数值最为接近？

A. 18　　B. 24　　C. 25　　D. 41

答案：(　　)

主要解答过程：

【34】试问，内隔墙 2 受压构件承载力计算所用高厚比，与下列哪项数值最为接近？

A. 31.3　　B. 34.4　　C. 62.5　　D. 69

答案：(　　)

主要解答过程：

【35】某单排孔混凝土砌块，砌块强度等级为 MU10，砂浆强度等级为 Mb10。以下说法何项错误？

A. 当施工质量等级为 B 级时，砌体的抗压强度设计值为 2.79MPa

B. 当施工质量等级为 C 级时，砌体的抗压强度设计值为 2.48MPa

C. 当施工质量等级为 A 级时，砌体的抗压强度设计值为 2.93MPa

D. 当施工质量等级为 A 级时，砌体的抗压强度设计值为 2.99MPa

答案：(　　)

主要解答过程：

【36】已知钢筋砖过梁净跨 l_n=1.2m，墙厚为 370mm；采用 MU10 烧结多孔砖，M5 混合砂浆砌筑；过梁水泥砂浆底层内配有 4 根直径为 6mm 的 HPB300 热轧钢筋。试问，该过梁的允许均布荷载设计值与下列何项最为接近？

提示：a_s=15mm，h_w=1m。

A. 45.2　　B. 141.91　　C. 18.08　　D. 55.47

答案：(　　)

主要解答过程：

【37】如图 37 所示，雨篷板挑出长度 $l=1.2$m，雨篷梁截面 240mm×240mm，房屋层高为 3.6m；烧结普通砖墙厚 240mm，两面粉刷各 20mm；挑梁上的施工或检修集中荷载 $F_k=1.0$kN，雨篷板和雨篷梁的恒荷载标准值分别为 5.95kN 和 4.03kN，墙体恒荷载标准值为 5.32kN/m²。试问，挑梁的倾覆力矩（kN·m）和抗倾覆力矩（kN·m）的关系与下列何项最为接近？

提示：检修集中荷载按 1 个考虑，雨篷板按照矩形断面考虑。

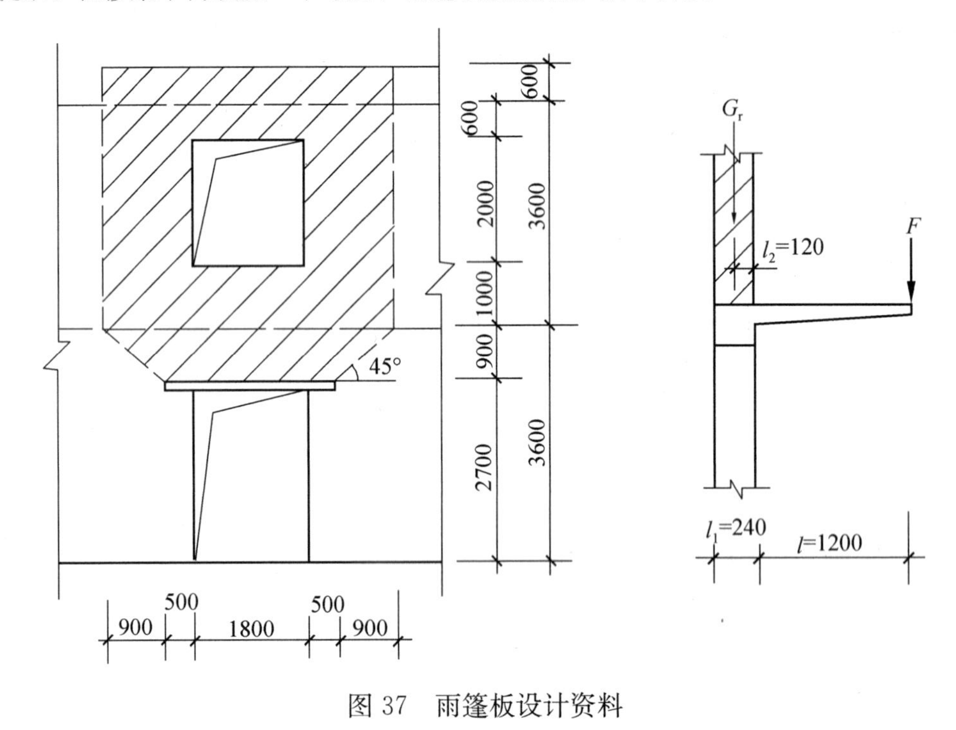

图 37 雨篷板设计资料

A. 6.7<9　　B. 6.7<7.5　　C. 5.5<8　　D. 8>7.5

答案：(　　)

主要解答过程：

【38】某房屋中横墙，采用烧结普通砖 MU10、水泥混合砂浆 M5，施工质量控制等级为 B 级。墙厚为 240mm，计算高度 4.2m，轴心压力为 328kN/m。按照无筋砌体或砖砌体和钢筋混凝土构造柱组合墙设计，若采用组合墙，钢筋混凝土构造柱截面为 240mm×240mm，混凝土 C20（$f_c=9.6$MPa），配置钢筋面积为 452.4mm²（单柱），$f_y=270$MPa。试问，构造柱间距（m）最大为以下何项数值？

提示：$\varphi_{com}=0.68$。

A. 不需要构造柱　　B. 3.5　　C. 2.5　　D. 1.5

答案：(　　)

主要解答过程：

【39】关于木结构有以下说法，其中何项说法正确？

Ⅰ. 不能使用含水率大于25%的木材制作原木或方木结构；

Ⅱ. 风荷载作用下，轻型木结构的边缘墙体所分配到的水平剪力宜乘以1.2的调整系数；

Ⅲ. 当锯材或规格材采用刻痕加压防腐处理时，其弹性模量应乘以不大于0.95的折减系数；

Ⅳ. 对于3层及3层以下的轻型木结构建筑，均可按照构造要求进行抗侧力设计。

提示：按《木结构设计标准》GB 50005—2017作答。

A. Ⅰ、Ⅲ　　B. Ⅱ、Ⅲ　　C. Ⅱ　　D. 以上陈述均不正确

答案：(　　)

主要解答过程：

【40】某设计使用年限为25年的木结构办公建筑，有一轴心受压柱，两端铰接，使用未经切削的东北落叶松原木，计算高度为3.9m，直径为180mm，回转半径为45mm，中部有一通过圆心贯穿整个截面的缺口。试问，该杆件的稳定承载力（kN），与下列何项数值最为接近？

A. 170　　B. 180　　C. 190　　D. 200

答案：(　　)

主要解答过程：

准考证号____________

姓名____________

工作单位____________

一级注册结构工程师
专业考试模拟试卷（一）
（下午）

应考人员注意事项

1. 本试卷科目代码为“X”，请将此代码填涂在答题卡“科目代码”相应的栏目内，否则，无法评分。

2. 书写用笔：黑色墨水笔、签字笔，考生在试卷上作答时，必须使用书写用笔，不得使用铅笔，否则视为违纪试卷。

填涂答题卡用笔：黑色2B铅笔。

3. 须用书写用笔将工作单位、姓名、准考证号填写在答题卡和试卷相应的栏目内。

4. 本试卷由40题组成，每题1分，满分为40分。本试卷全部为单项选择题，每小题的四个选项中只有一个正确答案，错选、多选均不得分。

5. 考生在作答时，必须按题号在答题卡上将相应试题所选选项对应的字母用2B铅笔涂黑。

6. 在答题卡上书写随意无关的语言，或在答题卡作标记的，作违纪试卷处理。

7. 考试结束时，由监考人员当面将试卷、答题卡一并收回。

8. 草稿纸由各地统一配发，考后收回。

注：本页仅为模拟之用，部分要求本模拟试卷不涉及。

【1】高层框架结构的柱下独立承台，采用摩擦型长螺旋钻孔灌注桩，为设计提供依据的试验桩共5根，采用静载试验确定的单桩极限承载力（kN）分别为8400、8020、7000、9200、6900。荷载效应标准组合下，某框架柱柱底（含独立承台和承台上土自重）的竖向力如表1所示。试问，该柱下最少应布置几根桩？

提示：不考虑地震工况；为体现考点，表中数据不一定合理。

荷载标准组合的效应设计值　　表1

荷载选择	荷载标准组合的效应设计值（kN）
考虑消防车，活荷载不折减	17400
考虑消防车，活荷载折减	11500
不考虑消防车，活荷载不折减	16900
不考虑消防车，活荷载折减	11000

A. 2根　　B. 3根　　C. 4根　　D. 5根

答案：(　　)

主要解答过程：

【2】某地基基础设计等级为乙级的柱下桩基础，桩身不允许出现裂缝。采用水平载荷试验为设计提供依据，试验桩共5根，水平临界荷载和水平极限荷载如表2所示。试问，对于柱下四桩承台，验算永久荷载控制的桩基的水平承载力时，单桩水平承载力特征值（kN）与下列何项数值最为接近？

水平临界荷载和水平极限荷载　　表2

试验桩编号	单桩水平临界荷载（kN）	单桩水平极限荷载（kN）
SZ-1	105	180
SZ-2	90	158
SZ-3	110	185
SZ-4	98	172
SZ-5	112	190

A. 60　　B. 70　　C. 80　　D. 90

答案：(　　)

主要解答过程：

【3】某场地建筑地基岩石为花岗岩、块状结构、岩体完整，勘探时取样 6 组，测得饱和单轴抗压强度的平均值为 29.1MPa，标准差为 0.64。按照《建筑地基基础设计规范》GB 50007—2011 的规定，该建筑地基的承载力特征值（MPa）最大取值，与下列何项数值最为接近？

提示：变异系数＝标准差/平均值。

A. 7　　B. 14　　C. 15　　D. 30

答案：(　　)

主要解答过程：

【4】某既有建筑甲已沉降稳定，其左侧新建一高层建筑，开挖基坑时采取降水措施，使甲建筑物基础下部地下水位由－3.0m 下降至－10.0m。建筑基础、土层分布及地下水位等如图 4 所示，附加沉降计算深度算至－15.000m 标高，沉降计算经验系数 ψ_s 取 1.0。试问，该既有建筑物甲，由于降水引起的沉降量（mm）与下列何项数值最为接近？

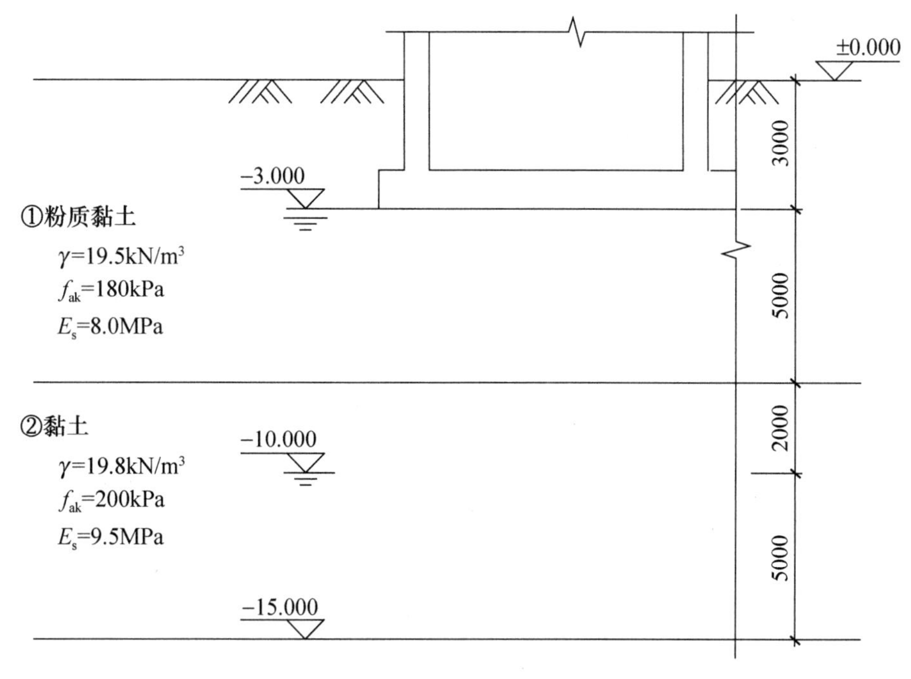

图 4　建筑基础、土层分布及地下水位

A. 28　　B. 56　　C. 65　　D. 78

答案：(　　)

主要解答过程：

【5】已知 p_1 为上部结构标准组合下竖向力传至基础底面的平均压力，p_2 为上部结构基本组合下竖向力传至基础底面的平均压力，p_3 为上部结构准永久组合下竖向力传至基础底面的平均压力，p_4 为基础和基础上土自重引起的基础底面平均压力（考虑水浮力），p_5 为基础和基础上土自重引起的基础底面平均压力设计值（考虑水浮力），p_6 为基础底面处的土的自重压力（考虑水浮力）。在确定基础截面尺寸、计算基础沉降和验算基础冲切时，基础底板的压力荷载分别应取何值？

A. p_2+p_4、p_3、p_2　　B. p_1+p_4、$p_3+p_4-p_6$、p_2-p_5

C. p_1+p_4、$p_3+p_4-p_6$、p_2　　D. p_1+p_4、p_3、p_2-p_5

答案：(　　)

主要解答过程：

【6】有一重力式挡土墙，墙背直立、光滑，填土表面水平并有均布荷载 $q=57.1$kPa，墙高 $H=6$m，无地下水，有两种填土材料黏土和砂土，其物理力学性质指标如下：黏土 $c_1=20$kPa，$\varphi_1=20°$，$\gamma_1=17\text{kN/m}^3$；砂土 $c_2=0$，$\varphi_2=35°$，$\gamma_2=18\text{kN/m}^3$。试问，分别采用黏土与砂土两种填土材料时，二者挡土墙主动土压力的比值（$E_{a1黏土}/E_{a2砂土}$）为多少？

A. 0.85　　B. 0.95　　C. 1.00　　D. 1.05

答案：(　　)

主要解答过程：

【7】下列情形在施工和使用期间需要进行沉降变形观测的是何项？

① 某坐落在 $f_{ak}=130\text{kPa}$ 粉质黏土上的六层框架结构；

② 某坐落在注浆加固后 $f_{spk}=250\text{kPa}$ 粉质黏土上的一层框架结构；

③ 地质条件简单，开挖深度 20m 的深基坑工程；

④ 位于软土地区一层地下室的基坑工程；

⑤ 场地和地基条件简单，地质条件良好的 21 层高层住宅；

⑥ 简单地质条件下的加层改造建筑。

A. ①②③④　　B. ②③⑤⑥　　C. ①②③⑥　　D. ②③④⑥

答案：(　　)

主要解答过程：

【8】某城市新区拟建一所学校，建设场地地势较低，自然地面绝对标高为 3.000m。根据规划地面设计标高要求，整个建设场地需大面积填土 2m。地基土层剖面如图 8 所示。地下水位在自然地面下 2m，填土的重度为 18kN/m^3，填土区域的平面尺寸远远大于地基压缩层厚度。

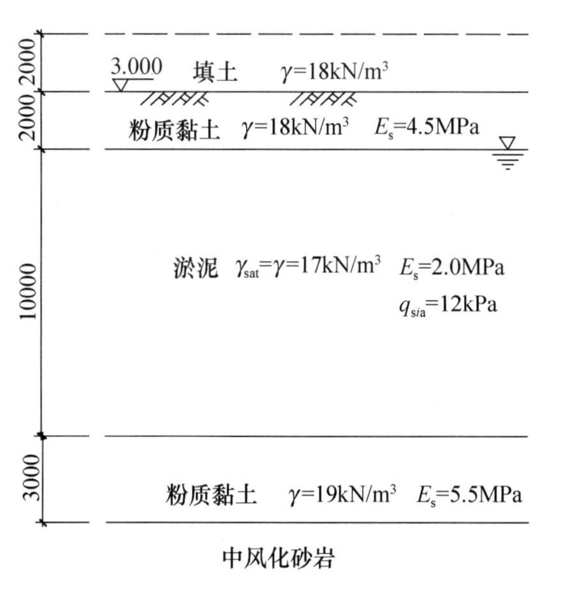

图 8　地基土层剖面

某 5 层教学楼采用钻孔灌注桩基础，桩顶绝对标高 3.000m，桩端持力层为中风化砂岩，按嵌岩桩设计。根据项目建设的总体部署，工程桩和主体结构完成后进行填土施工，桩基设计需考虑桩侧土的负摩阻力影响，中性点位于粉质黏土层，为安全计，取中风化砂岩顶面深度为中性点深度。假定，淤泥层的负摩阻力系数为 0.15。试问，淤泥层的桩侧负摩阻力标准值（kPa），取下列何项数值最为合理？

A. 10　　B. 12　　C. 16　　D. 23

答案：(　　)

主要解答过程：

【9】某圆柱下桩基采用等边三角形承台，圆柱直径 $d=400$mm，桩中心距 $S_a=1200$mm，承台等厚，三向均匀。在荷载效应基本组合下，作用于承台底面的轴心竖向力为6300kN，承台及其上土重标准值为300kN。试问，该承台正截面最大弯矩（kN·m），与下列何项数值最为接近？

提示：按《建筑桩基技术规范》JGJ 94—2008作答。

A. 695　　B. 710　　C. 750　　D. 2200

答案：(　　)

主要解答过程：

【10】某柱下四桩独立承台，承台尺寸3m×3m，地面标高为±0.000m，承台底标高−3.000m，抗浮水位（最高水位）±0.000m，抗压水位（最低水位）−1.000m。在荷载效应标准组合下，作用于承台顶面的竖向力 F_k 为4000kN，无弯矩作用，承台及其上土的加权平均重度取20kN/m³。试问，满足规范要求的单桩竖向极限承载力标准值（kN），与下列何项数值最为接近？

A. 2000　　B. 2135　　C. 2180　　D. 2270

答案：(　　)

主要解答过程：

【题 11～12】某工程地下 2 层，地上 12 层，采用钢筋混凝土框架结构体系，基础采用桩基。选用干作业成孔灌注桩并采用桩端桩侧复式后注浆措施，在桩端和桩顶以下 14m 处设置后注浆管阀，提高单桩承载力。桩基础采用一柱一桩的布置形式，桩径 1000mm，有效桩长 25m，以粗砂层作为桩端持力层，桩端进入持力层 6m，局部基础剖面及地质情况如图 11～12所示，地下水位稳定于地面以下 5m。

提示：按《建筑桩基技术规范》JGJ 94—2008 作答。

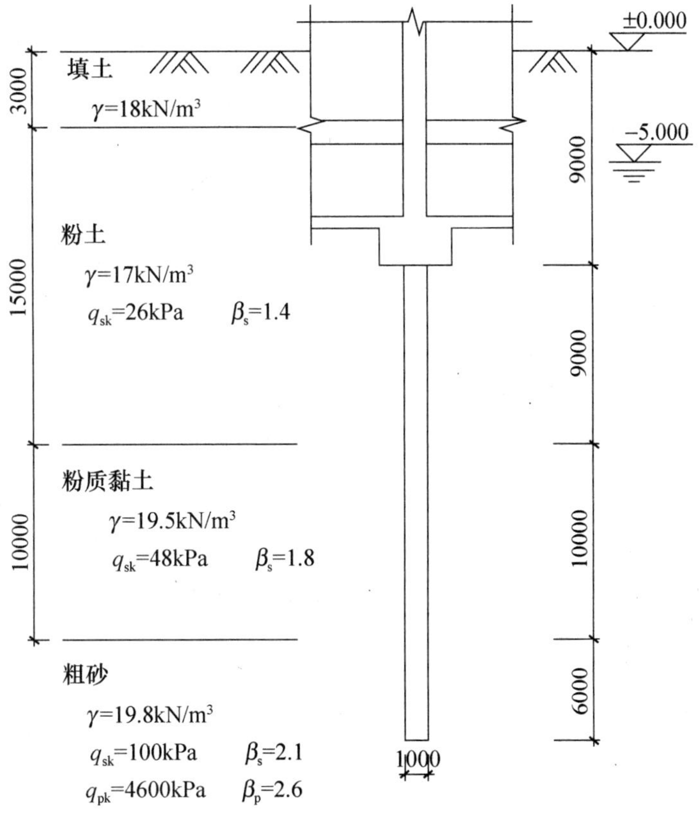

图 11～12　局部基础剖面及地质情况

【11】已知桩端、桩侧注浆量经验系数分别为 $\alpha_p = 1.6$，$\alpha_s = 0.6$，试估算单桩注浆量（t）。

A. 1.6　　B. 1.92　　C. 2.2　　D. 2.64

答案：(　　)

主要解答过程：

【12】注浆技术符合《建筑桩基技术规范》JGJ 94—2008 的有关规定，根据地区经验，各土层的侧阻及端阻提高系数如图 11～12 所示。试问，根据《建筑桩基技术规范》JGJ 94—2008 估算得到的后注浆灌注桩单桩竖向承载力特征值（kN），与下列何项数值最为接近？

A. 3800　　B. 7800　　C. 8400　　D. 16000

答案：(　　)

主要解答过程：

【13】下列何项关于复合地基褥垫层的构造做法错误？

A. 沉管砂石桩复合地基，桩顶和基础之间设置 300mm 厚级配砂石垫层，夯填度 0.85，该垫层起水平排水作用

B. 灰土挤密桩复合地基，桩顶标高以上设置 400mm 厚的三七灰土褥垫层，压实系数 0.90，以保证应力扩散，调整桩土应力比

C. 直径 400mm 的水泥粉煤灰碎石桩复合地基，桩顶和基础之间设置 200mm 厚级配砂石垫层，最大粒径 25mm

D. 水泥粉煤灰碎石桩复合地基，通过改变桩顶与基础之间褥垫层的厚度可以调整桩垂直荷载的分担，通常褥垫层越薄，桩承担的荷载占总荷载的百分比越高

答案：(　　)

主要解答过程：

【题 14～15】某多层住宅，采用筏板基础，基底尺寸 24m×48m，地基基础设计等级为乙级。地基处理采用水泥粉煤灰碎石桩（CFG 桩），桩径 500mm。桩的布置、地基土层分布、土层厚度及相关参数如图 14～15 所示。

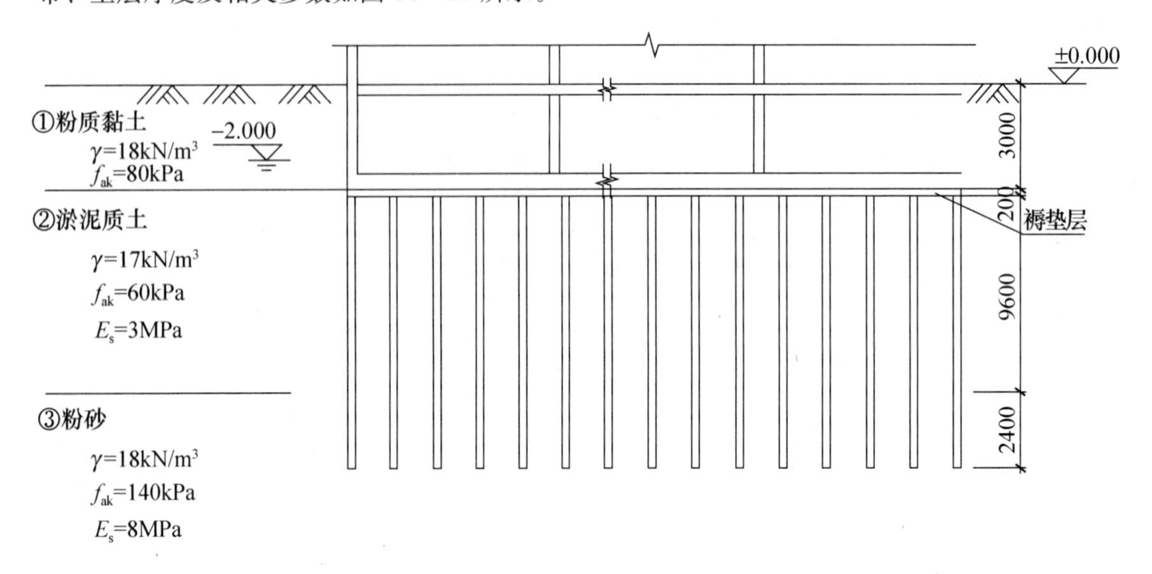

图 14～15　桩的布置、地基土层分布及土层厚度

【14】假定，CFG 桩的单桩承载力特征值 $R_a=420$kN，单桩承载力发挥系数 $\lambda=0.9$，桩间土承载力发挥系数 $\beta=0.9$。处理后桩间土的承载力特征值可取天然地基承载力特征值。试问，当设计要求经深度修正后的②层淤泥质土复合地基承载力特征值不小于 210kPa 时，基础下布桩数量最少为多少根？

A. 260　　B. 300　　C. 340　　D. 380

答案：(　　)

主要解答过程：

【15】假定，作用于基底的附加压力 $p_0=280\text{kPa}$，处理后复合地基承载力特征值 $f_{spk}=360\text{kPa}$，复合地基沉降计算经验系数 $\psi_s=0.25$。试问，在筏板基础平面中心点处，复合地基土层的变形量（mm）与下列何项数值最为接近？

提示：可忽略褥垫层的重量及变形。

A. 40　　B. 80　　C. 120　　D. 240

答案：(　　)

主要解答过程：

【16】某位于工程滑坡地段的土质边坡工程，边坡高度 15m，破坏后果严重，采用永久锚杆支护，锚杆倾角为 30°，单根锚杆水平拉力标准值为 80kN，锚杆采用普通钢筋，抗拉强度设计值 $f_y=360\text{N/mm}^2$。试问，锚杆钢筋最小截面面积（mm^2）与下列何项数值最为接近？

提示：按《建筑边坡工程技术规范》GB 50330—2013 作答。

A. 460　　B. 510　　C. 560　　D. 610

答案：(　　)

主要解答过程：

【题17～20】某拟建工程，地下5层，地上31层，首层层高15m，其余各层层高4.5m。采用现浇钢筋混凝土框架-核心筒结构，抗震设防烈度7度，丙类建筑，设计基本地震加速度为0.15g，Ⅱ类场地，结构基本周期为3.42s。地下室顶板可作为上部结构的嵌固部位，首层与二层考虑层高修正的楼层侧向刚度比为1.4，地上结构的重力荷载代表值为883500kN，地下结构的重力荷载代表值为228000kN，地震作用下结构底层总剪力标准值为18000kN。

【17】假定，结构底层框架承担的地震总剪力占该层的7%。试问，进行筒体结构框架部分分配的楼层地震剪力复核时，结构底层的V_f(kN)，与下列何项数值最为接近？

A. 1300 B. 1500 C. 1700 D. 1900

答案：(　　)

主要解答过程：

【18】试问，该结构首层框架角柱抗震等级为下列何项？

A. 特一级 B. 一级+（比一级高，比特一级低）

C. 一级 D. 二级

答案：(　　)

主要解答过程：

【19】试问，该结构核心筒底部加强部位抗震等级为下列何项？

A. 特一级　　B. 一级＋（比一级高，比特一级低）

C. 一级　　D. 二级

答案：(　　)

主要解答过程：

【20】为提高装配率，将现浇钢筋混凝土框架改成钢框架。试问，结构核心筒底部加强部位抗震等级为下列何项？

A. 特一级　　B. 一级＋（比一级高，比特一级低）

C. 一级　　D. 二级

答案：(　　)

主要解答过程：

【21】某12层钢筋混凝土框架结构，需进行弹性动力时程分析补充计算。已知，振型分解反应谱法求得的底部剪力为12000kN，现有4组实际地震记录加速度时程曲线P1～P4和1组人工模拟加速度时程曲线（RP1）。各条时程曲线计算所得的结构底部剪力见表21。实际记录地震波及人工波的平均地震影响系数曲线与振型分解反应谱法所采用的地震影响系数曲线在统计意义上相符。试问，进行弹性动力时程分析时，考虑安全性和经济性，选用下列哪一组地震波（包括人工波）最为合理？

由时程曲线所得的结构底部剪力　　　　表21

时程曲线	P1	P2	P3	P4	RP1
结构底部剪力 V_0（kN）	16250	7500	15300	14800	13500

A. P1；P2；RP1　　B. P2；P4；RP1

C. P3；P4；RP1　　D. 无合适选项，宜重新选波

答案：(　　)

主要解答过程：

【22】某五层钢筋混凝土框架结构办公楼，房屋高度25.45m。抗震设防烈度8度（0.2g），设防类别为丙类，设计地震分组为第二组，场地类别Ⅱ类。

假定，该结构的基本周期为0.8s，对应于水平地震作用标准值的各楼层地震剪力、重力荷载代表值和楼层的侧向刚度见表22。

试问，水平地震剪力不满足规范最小地震剪力要求的楼层为下列何项？

各楼层的指标　　　　表22

楼层	1	2	3	4	5
楼层地震剪力 V_{Eki}(kN)	510	390	320	240	140
楼层重力荷载代表值 G_j(kN)	3900	3300	3300	3300	3200
楼层的侧向刚度 K_i(kN/m)	6.5×10^4	7.5×10^4	9×10^4	8.5×10^4	7.5×10^4

A. 第1、2、3层　　B. 第1、2层　　C. 第2层　　D. 第1层

答案：(　　)

主要解答过程：

【23】下列各项设计信息，何项有可能导致抗震等级与抗震构造措施的抗震等级不相同？

① 抗震设防类别；

② 建筑场地类别；

③ 两层及两层以上的地下室；

④ 带裙房并与裙房连成一体的主楼结构；

⑤ 房屋高度超过提高一度后对应的房屋最大适用高度的结构；

⑥ 错层处框架柱；

⑦ 带加强层建筑结构的加强层核心筒剪力墙；

⑧ 采用性能设计的结构构件。

A. ①②⑥⑦⑧　　B. ②③④⑤　　C. ②③④⑤⑧　　D. ①②③④⑤⑥⑦⑧

答案：(　　)

主要解答过程：

【24】天津市武清区某矩形平面办公楼，平面宽度20m，平面长度80m，楼盖无大开洞，采用框架-剪力墙结构体系，楼盖形式采用装配整体式，现浇层厚度80mm。试问，横向剪力墙沿长方形的最大间距（m），与下列何项数值最为接近？

A. 60　　B. 50　　C. 40　　D. 30

答案：(　　)

主要解答过程：

【题 25～26】某高层混凝土框架结构办公楼，抗震设防烈度为 6 度（0.05g），Ⅱ类场地，安全等级为二级。房屋高度为 35.0m，建筑物剖面如图 25～26 所示。

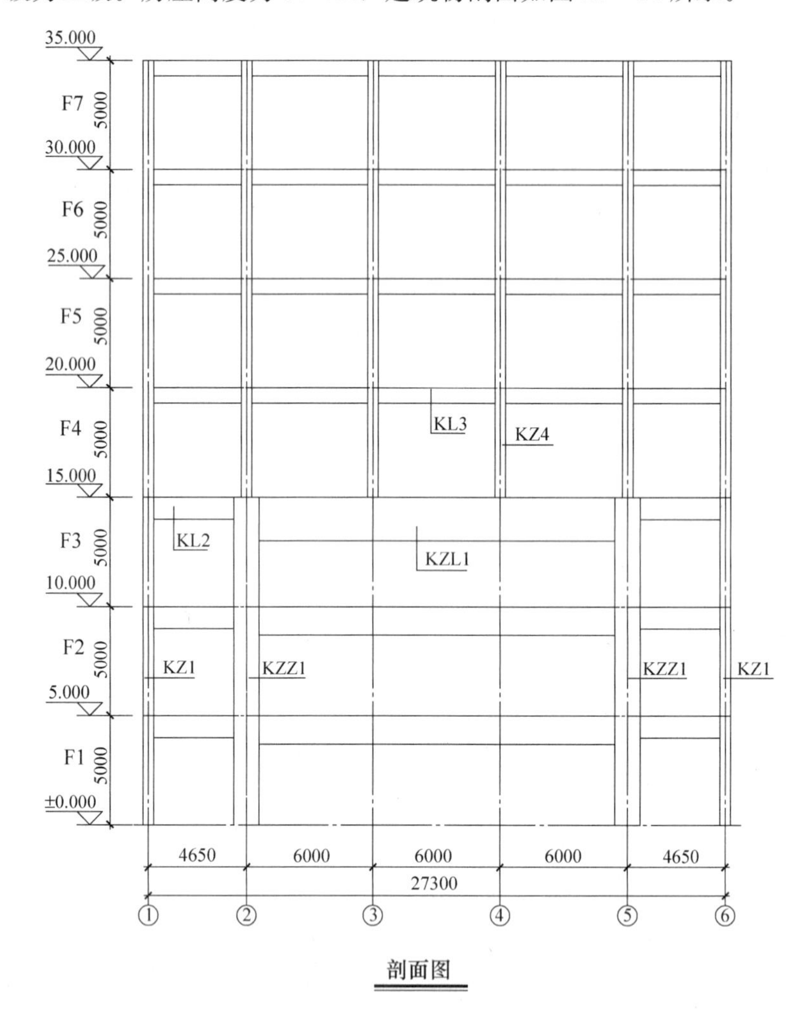

图 25～26　建筑物剖面图

【25】假设，1～3 层为大型电影院，4～7 层为办公楼。试问，KZZ1 和 KZL1 的抗震等级为下列何项？

A. KZZ1 特一级，KZL1 特一级　　B. KZZ1 特一级，KZL1 一级

C. KZZ1 一级，KZL1 一级　　D. KZZ1 二级，KZL1 三级

答案：（　　）

主要解答过程：

【26】假设，本建筑功能均为办公楼，整体设计时选取性能目标为 C 类，考虑此转换构件的跨度较大，局部考虑转换构件性能目标提高为 B 类。试问，KZZ1、KZL1、KZ1 和 KL1 的震后性能状况为下列何项？

A. 表 26A　　B. 表 26B　　C. 表 26C　　D. 表 26D

表 26A

构件＼地震水准	多遇地震	设防烈度地震	预估的罕遇地震
KZZ1	无损坏	无损坏	轻度损坏
KZL1	无损坏	无损坏	轻度损坏
KZ1	无损坏	无损坏	中度损坏
KL1	无损坏	无损坏	中度损坏

表 26B

构件＼地震水准	多遇地震	设防烈度地震	预估的罕遇地震
KZZ1	无损坏	轻度损坏	中度损坏
KZL1	无损坏	轻度损坏	中度损坏
KZ1	无损坏	中度损坏	中度损坏、部分比较严重损坏
KL1	轻微损坏	中度损坏	中度损坏、部分比较严重损坏

表 26C

构件＼地震水准	多遇地震	设防烈度地震	预估的罕遇地震
KZZ1	无损坏	轻微损坏	轻度损坏
KZL1	无损坏	轻微损坏	轻度损坏
KZ1	无损坏	轻微损坏	部分构件中度损坏
KL1	无损坏	中度损坏	中度损坏、部分比较严重损坏

表 26D

构件＼地震水准	多遇地震	设防烈度地震	预估的罕遇地震
KZZ1	无损坏	无损坏	轻微损坏
KZL1	无损坏	无损坏	轻微损坏
KZ1	无损坏	轻微损坏	部分构件中度损坏
KL1	无损坏	轻度损坏，部分中度损坏	中度损坏、部分比较严重损坏

答案：（　　）

主要解答过程：

【27】某超高层建筑采用筒中筒结构，从结构受力角度考虑，如图27所示结构平面形状的剪力滞后效应大小排序正确的为何项?

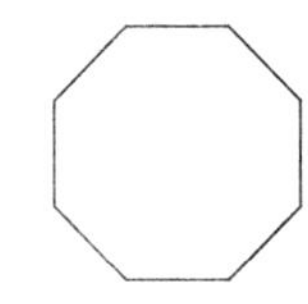

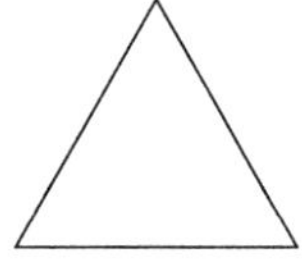

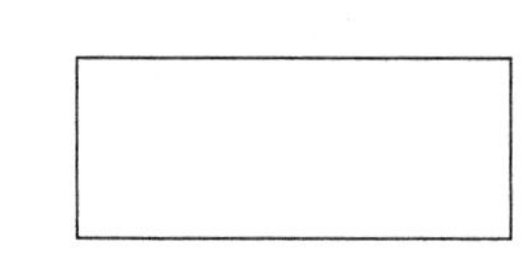

（Ⅰ）正六边形　　(Ⅱ)正三角形　　(Ⅲ）切角正三角形　　(Ⅳ）长宽比2.5的矩形

图27　结构平面形状

A. Ⅰ>Ⅱ>Ⅲ>Ⅳ　　B. Ⅳ>Ⅲ>Ⅱ>Ⅰ　　C. Ⅰ>Ⅲ>Ⅱ>Ⅳ　　D. Ⅳ>Ⅱ>Ⅲ>Ⅰ

答案：(　　)

主要解答过程：

【28】吉林省长春市朝阳区某48m办公楼采用钢框架-支撑结构，平面布置如图28所示，1-1剖面的支撑布置拟采用下列形式，其中何项满足规范要求?

提示：支撑按压杆设计。

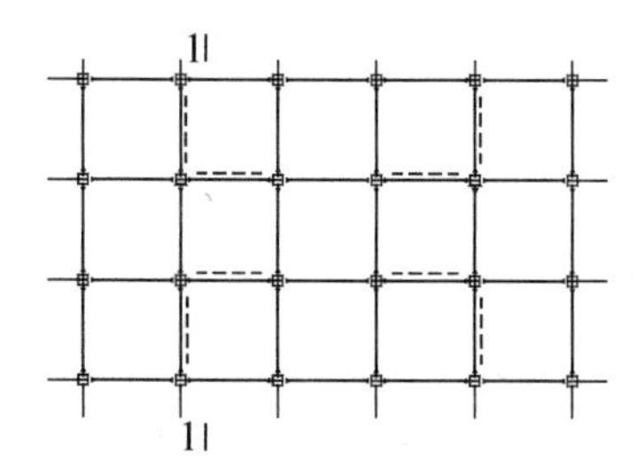

图28　结构平面布置图

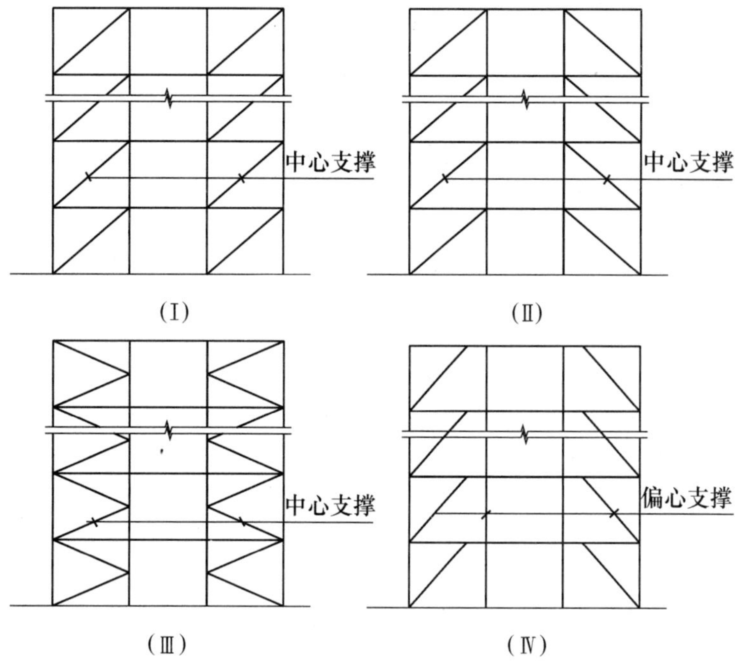

A. Ⅰ、Ⅱ、Ⅲ、Ⅳ　　B. Ⅰ、Ⅱ、Ⅳ　　C. Ⅰ、Ⅲ　　D. Ⅰ、Ⅳ

答案：(　　)

主要解答过程：

【29】某7度区高层框架-中心支撑钢结构房屋，乙类建筑，安全等级二级，房屋高度大于60m，采用抗震性能化设计，性能目标C级。以下关于结构构件进行设防烈度地震设计时的说法，何项正确?

Ⅰ. 宏观损坏程度为轻微损坏；

Ⅱ. 对风荷载比较敏感，计算风荷载作用下的效应时，计算风压应乘以1.1；

Ⅲ. 关键构件及普通竖向构件的正截面承载力应满足不屈服的要求；

Ⅳ. 关键构件及普通竖向构件的受剪承载力应满足弹性的要求。

A. Ⅰ、Ⅱ、Ⅲ、Ⅳ　　B. Ⅱ、Ⅲ、Ⅳ　　C. Ⅲ　　D. Ⅱ、Ⅲ

答案：(　　)

主要解答过程：

【30】某7度（0.15g）地区高层钢结构房屋，房屋高度50m，采用框筒结构体系，设计使用年限50年，标准设防类，安全等级二级，场地类别为Ⅲ类。首层框筒结构柱GZ-1，采用焊接H型钢截面，Q355B钢材，腹板壁厚18mm，翼缘壁厚30mm，该柱在各工况下的轴力标准值如表30所示（不考虑竖向地震）。

各工况下的轴力标准值　　表30

荷载工况	恒荷载	活荷载	风荷载	水平地震作用
轴力标准值 N_k（kN）	2100	700	2000	2800

试估算首层框架柱的截面积（mm^2），与下项何项数值最为接近?

提示：材料强度仍按《高层民用建筑钢结构技术规程》JGJ 99—2015中的Q345B取值。

A. 25000　　B. 28000　　C. 30000　　D. 33000

答案：(　　)

主要解答过程：

【题 31～32】某 7 度（0.15g）地区高层框架-支撑钢结构，普通办公楼，安全等级为二级，设计使用年限 50 年，高度 98m，层高 3.5m，共 20 层，结构基本自振周期 T=3.8s，各楼层考虑偶然偏心的最大扭转位移比为 1.15。抗震设防类别为标准设防，无薄弱层。各层永久荷载标准值相同，均为 12000kN，按等效均布荷载计算的各层楼面活荷载标准值均为 4000kN，不上人屋面活荷载标准值为 1500kN。多遇地震作用下，底部地震总剪力标准值为 5600kN。风荷载沿高度按倒三角形分布（地面处为零），风荷载标准值的最大值为 q=120kN/m。

提示：非地震组合分项系数按《建筑结构可靠性设计统一标准》GB50068—2018 采用。

【31】试比较风荷载和多遇地震作用下，该结构基底剪力设计值的大小与下列何项数值最为接近？

A. 基底剪力设计值为 6000kN，由风荷载控制

B. 基底剪力设计值为 8800kN，由风荷载控制

C. 基底剪力设计值为 6500kN，由地震作用控制

D. 基底剪力设计值为 8300kN，由地震作用控制

答案：(　　)

主要解答过程：

【32】结构顶点位移由风荷载控制，试求满足规范要求的最大顶点侧移（mm）与下列何项数值最为接近？

A. 380　　B. 390　　C. 400　　D. 500

答案：(　　)

主要解答过程：

【题 33～34】某 30m 预应力混凝土连续梁桥面简支梁，其中某板式橡胶支座的作用标准值如下：自重反力 R_{Gk} =505.308kN；汽车荷载反力（已计入冲击系数）R_{ak} =427.451kN；汽车制动力 F_{bk} =6.799kN。支座直接设于有 0.5%纵坡的梁底面下，支座顶面形成 0.5%纵坡，顺纵坡的反力分力如下：自重 F_{Gk} =0.005×505.308=2.527kN；汽车荷载 F_{ak} =0.005×427.451=2.137kN；自重挠度在支点倾角 θ_G =0.00448rad；汽车荷载挠度在支点倾角 θ_a =0.00200rad。

【33】试问，可以满足要求的支座有效截面积 A_e（mm^2），以下何项最为经济合理？

提示：取 σ_c =10MPa。

A. 9.4×10^4　　B. 10.4×10^4　　C. 11.1×10^4　　D. 12.1×10^4

答案：(　　)

主要解答过程：

【34】假定，橡胶支座的平面尺寸为 300mm×350mm，考虑上部结构温度变化、混凝土收缩徐变等作用标准值引起的支座剪切变形记作 Δ_1，纵向力（计入汽车制动力）标准值引起的支座剪切变形记作 Δ_2，$\Delta_1+\Delta_2$ =16.5mm。试问，从满足剪切变形考虑，橡胶层总厚度 t_e（mm），取以下何项最为经济合理？

提示：橡胶支座剪切变形 $\Delta=\frac{Ft_e}{G_eA_g}$，式中，$G_e$ =1.0MPa。

A. 40　　B. 50　　C. 60　　D. 70

答案：(　　)

主要解答过程：

【35】某桥上部结构为三孔钢筋混凝土连续梁，今为了确定中孔跨中截面 a 的底部受拉钢筋弯矩截面积，则所用弯矩设计值 M_d，应按以下何项观点得到？

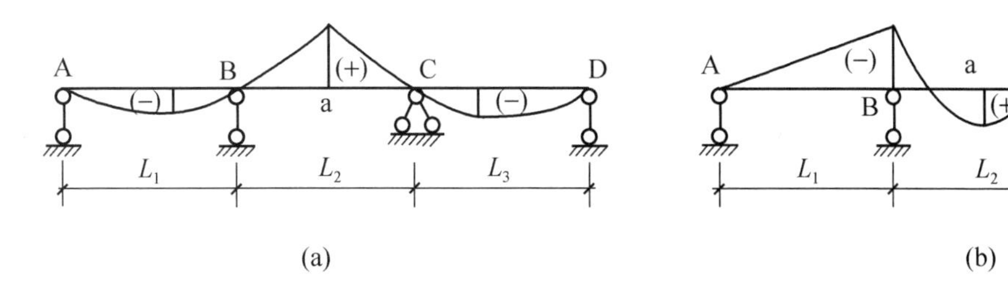

图 35　三孔钢筋混凝土连续梁

A. 该截面弯矩的影响线为图（a），在 AB 跨和 CD 跨布置汽车均布荷载 q_k，BC 跨不布置汽车均布荷载 q_k，汽车集中荷载 P_k 布置于 a 处

B. 该截面弯矩的影响线为图（a），仅在 BC 跨布置汽车均布荷载 q_k，汽车集中荷载 P_k 布置于 a 处

C. 该截面弯矩的影响线为图（b），在 AB 跨和 CD 跨布置汽车均布荷载 q_k，BC 跨不布置汽车均布荷载 q_k，汽车集中荷载 P_k 布置于 a 处

D. 该截面弯矩的影响线为图（b），仅在 BC 跨布置汽车均布荷载 q_k，汽车集中荷载 P_k 布置于 a 处

答案：(　　)

主要解答过程：

【36】某普通钢筋混凝土简支梁，计算跨度为 19.5m，混凝土采用 C35，安全等级二级。假定，已经求得作用频遇组合（包括结构自重、汽车荷载和人群荷载）下跨中截面挠度为 35mm，结构自重作用下挠度值为 20mm。试问，以下观点何项正确？

A. 由于 35mm>33mm，挠度不符合规范要求

B. 由于 24mm<33mm，挠度满足要求；不需要设置预拱度

C. 由于 24mm<33mm，挠度满足要求；预拱度应取为 23mm

D. 由于 24mm<33mm，挠度满足要求；预拱度应取为 44mm

答案：(　　)

主要解答过程：

【37】某后张法预应力混凝土梁，采用夹片式锚具，锚圈直径 $d=110$mm，锚圈孔直径 $a=74$mm，垫板厚度 $t=32$mm。张拉时混凝土强度等级达到 C35。锚具下布置螺旋形间接钢筋Φ 12，钢筋中心直径 220mm，间距 $s=60$mm。计算简图如图 37 所示（间接钢筋未示出）。试问，锚具下混凝土承载力（kN），与下列何项数值最为接近？

A. 1240　　B. 1340　　C. 1460　　D. 1560

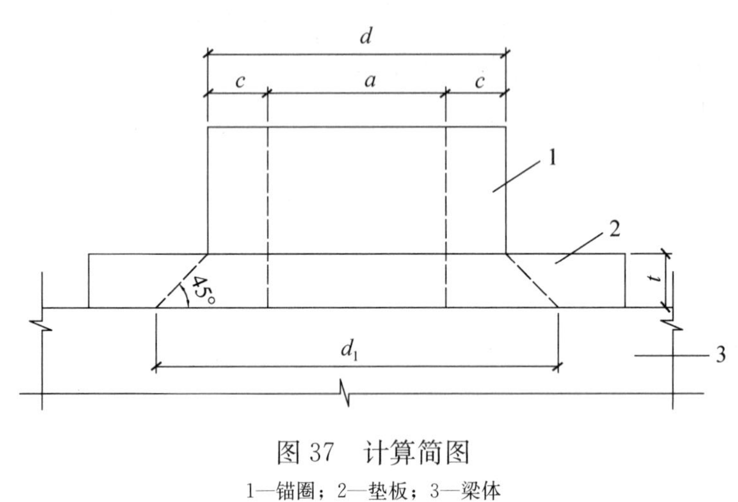

图 37　计算简图

1—锚圈；2—垫板；3—梁体

答案：(　　)

主要解答过程：

【38】关于城市桥梁设计的规定，下列何项判断准确？

Ⅰ. 城-A 级汽车荷载，当桥梁计算跨径为 24m 时，$P_k=308$kN；

Ⅱ. 城-B 级车辆荷载，最大轴重为 200kN；

Ⅲ. 人行道板的人群荷载按 5kPa 或 1.5kN 竖向集中力作用于一块构件上，分别计算并取不利者；

Ⅳ. 作用于人行道栏杆扶手上的竖向荷载与水平荷载应同时计入，但不与其他可变荷载叠加。

提示：依据《城市桥梁设计规范》CJJ 11—2011（2019 年版）作答。

A. Ⅲ正确、Ⅰ、Ⅱ、Ⅳ错误　　B. Ⅰ、Ⅲ正确，Ⅱ、Ⅳ错误

C. Ⅰ、Ⅱ正确，Ⅲ、Ⅳ错误　　D. Ⅰ正确，Ⅱ、Ⅲ、Ⅳ错误

答案：(　　)

主要解答过程：

【39】某城市快速路上的桥梁，所在地区的设防烈度为7度（0.15g），有以下观点：

Ⅰ.应进行E1和E2地震作用下的抗震分析和抗震验算；

Ⅱ.在E1地震作用下的地震调整系数为0.61，在E2地震作用下的地震调整系数为2.2；

Ⅲ.不需要进行E2地震作用下的抗震分析；

Ⅳ.抗震措施应符合7度的要求。

以下何项对观点是否符合规范判断正确？

A.Ⅲ、Ⅳ正确，Ⅰ、Ⅱ错误　　B.Ⅰ、Ⅲ正确，Ⅱ、Ⅳ错误

C.Ⅰ正确，Ⅱ、Ⅲ、Ⅳ错误　　D.Ⅰ、Ⅱ正确，Ⅲ、Ⅳ错误

答案：(　　)

主要解答过程：

【40】某城市高架桥中的墩柱，截面尺寸为1.8m（横桥向）×2.0m（顺桥向），配筋如图40所示，混凝土采用C40。假定，$a_s=10$cm，$\lambda=0.3$，墩柱截面最小轴压力$P_c=11500$kN。试问，该墩柱沿顺桥向按加密区箍筋配置确定的斜截面抗剪承载力设计值(kN)，与下列何项数值最为接近？

提示：(1) 依据《城市桥梁抗震设计规范》CJJ 166—2011作答；

(2) 经折算后箍筋总截面积取为6.12cm^2。

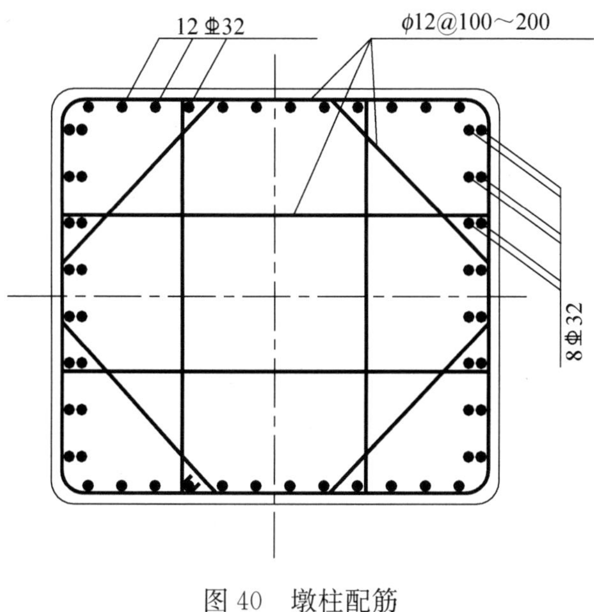

图40　墩柱配筋

A. 6190　　B. 6330　　C. 6580　　D. 7090

答案：(　　)

主要解答过程：

工作单位…………○……………………姓名…………○……………………○……………………准考证号…………○……………………○……………………

一级注册结构工程师
专业考试模拟试卷（二）
（上午）

应考人员注意事项

1. 本试卷科目代码为“X”，请将此代码填涂在答题卡“科目代码”相应的栏目内，否则，无法评分。

2. 书写用笔：黑色墨水笔、签字笔，考生在试卷上作答时，必须使用书写用笔，不得使用铅笔，否则视为违纪试卷。

填涂答题卡用笔：黑色 2B 铅笔。

3. 须用书写用笔将工作单位、姓名、准考证号填写在答题卡和试卷相应的栏目内。

4. 本试卷由 40 题组成，每题 1 分，满分为 40 分。本试卷全部为单项选择题，每小题的四个选项中只有一个正确答案，错选、多选均不得分。

5. 考生在作答时，必须按题号在答题卡上将相应试题所选选项对应的字母用 2B 铅笔涂黑。

6. 在答题卡上书写随意无关的语言，或在答题卡作标记的，作违纪试卷处理。

7. 考试结束时，由监考人员当面将试卷、答题卡一并收回。

8. 草稿纸由各地统一配发，考后收回。

注：本页仅为模拟之用，部分要求本模拟试卷不涉及。

【1】根据《建筑结构可靠性设计统一标准》GB 50068—2018及相关规范，下列说法何项正确？

Ⅰ．对于不可逆正常使用极限状态设计，宜采用作用的标准组合，比如建筑结构中的钢梁会产生塑性变形，挠度是不可逆的，所以要采用标准组合验算钢梁挠度；

Ⅱ．对于可逆正常使用极限状态设计，宜采用作用的频遇组合，比如建筑结构中的钢梁，若挠度只影响到人的舒适感，则可采用频遇组合进行设计验算钢梁挠度；

Ⅲ．对于长期效应是决定性因素的正常使用极限状态设计，宜采用作用的准永久组合，比如建筑结构中的钢筋混凝土梁，要考虑混凝土结构的徐变、收缩及刚度退化，则可采用准永久组合进行设计验算钢筋混凝土挠度。

A. Ⅰ、Ⅱ、Ⅲ　　B. Ⅰ、Ⅱ　　C. Ⅲ　　D. Ⅱ、Ⅲ

答案：(　　)

主要解答过程：

【2】某结构中一次要矩形钢筋混凝土受弯构件，其截面为400mm×800mm，混凝土强度等级为C40，钢筋为HRB400，由于构造需求，截面远大于承载力要求，弯矩设计值为20kN·m。甲方为追求经济节约，要求此梁的纵向受拉钢筋采用最小配筋率，问此梁满足规范要求的最小配筋率与以下何项最为接近？

A. 0.20%　　B. 0.21%　　C. 0.07%　　D. 0.23%

答案：(　　)

主要解答过程：

【3】当悬挑梁钢筋在框架柱内植筋，框架柱内侧无框架梁和楼板时，假定悬挑梁钢筋直径采用 16mm，试问，框架柱在悬挑梁植筋深度方向的最小宽度（mm），与下列何项数值最为接近？

提示：假定植筋锚固深度设计值 $l_d=400$mm。

A. 400　　B. 430　　C. 440　　D. 450

答案：(　　)

主要解答过程：

【4】某型钢混凝土转换柱配筋图如图 4 所示，地震作用组合下的轴压力设计值 $N=3600$kN，已知型钢面积为 30000mm²，混凝土强度等级为 C40，型钢材质为 Q355B（$f_a=295\text{N/mm}^2$），柱的剪跨比 $\lambda=3.5$。试问，该柱能承受的最大剪力设计值 V（kN），与下列何项最为接近？

提示：$\dfrac{f_a t_w h_w}{\beta_c f_c b h_0}\geqslant 0.10$，不考虑斜向箍筋的抗剪作用，$h_0=760$mm，$f_{yv}=360\text{N/mm}^2$。

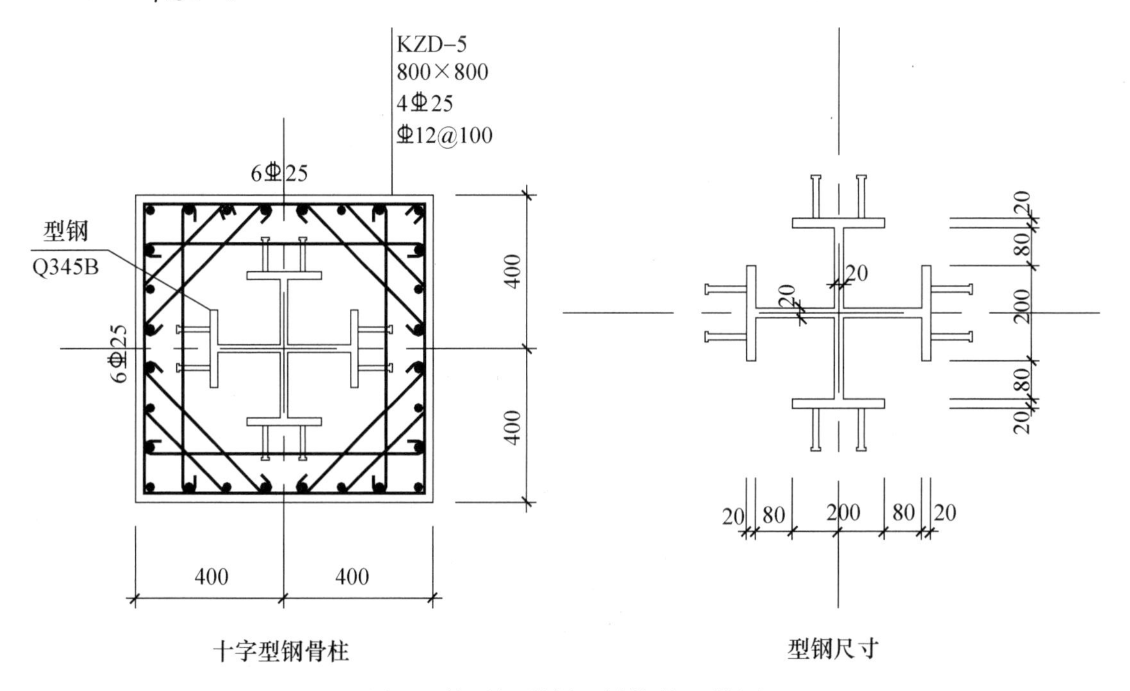

图 4　某型钢混凝土转换柱配筋图

A. 4100　　B. 2760　　C. 2900　　D. 3000

答案：(　　)

主要解答过程：

【5】某框架柱进行设计时，已知该柱为大偏心受压。试问，正截面承载力设计时，弯矩设计值M和轴力设计值N分别应采用下列何项内力组合？

提示：按《建筑结构可靠性设计统一标准》GB 50068—2018 作答。

Ⅰ. $1.3S_{Gk}+1.5S_{Qk}$；

Ⅱ. $1.0S_{Gk}+1.0S_{Qk}$；

Ⅲ. $1.0S_{Gk}$。

A. Ⅰ、Ⅲ　　B. Ⅱ、Ⅲ　　C. Ⅲ、Ⅲ　　D. 以上选项均不正确

答案：(　　)

主要解答过程：

【题6～8】某9度区丙类建筑进行房屋隔震设计，隔震层某橡胶支座LNR800（直径800mm）在各工况下的竖向力标准值分别为（压力为负，拉力为正）：恒荷载DEAD＝－2230kN，活荷载LIVE＝－290kN，罕遇地震的水平地震E_{hk}＝±4000kN（拉力和压力）。

【6】试问，对橡胶隔震支座长期面压（竖向压应力）进行验算时，压应力（MPa）与下列何项数值最为接近？

A. －4.5　　B. －5　　C. －13　　D. －16

答案：(　　)

主要解答过程：

【7】试问，对橡胶支座罕遇地震下的拉应力进行验算时，拉应力（MPa）与下列何项数值最为接近？

A. 3.5　　B. 4.5　　C. 5.5　　D. 8

答案：(　　)

主要解答过程：

【8】假定，橡胶支座罕遇地震下的拉力设计值为1200kN。试问，仅从控制橡胶支座拉应力角度出发，支座直径（mm）选用下列何项最为合理？

A. 700　　B. 900　　C. 1100　　D. 1300

答案：(　　)

主要解答过程：

【9】某省级大型博物馆（标志性建筑物）的楼层钢筋混凝土吊柱，设计使用年限为100年，环境类别为三b，安全等级为二级。吊柱截面为400mm×400mm，按轴心受拉构件设计。混凝土强度等级C40，柱内仅配置纵向钢筋和外围箍筋。永久荷载作用下的轴拉力标准值为400kN（已计入自重），可变荷载作用下的轴向拉力标准值为200kN，准永久系数取0.5。假定，纵向钢筋采用HRB400，钢筋等效直径为25mm，纵向钢筋面积为3920mm²，箍筋直径为12mm。试问，该吊柱考虑长期作用影响的最大裂缝宽度值（mm），与下列何项最为接近？

A. 0.18　　B. 0.21　　C. 0.24　　D. 0.25

答案：(　　)

主要解答过程：

【题10～12】某T形截面简支独立梁，恒荷载标准值（含自重）q=20kN/m，集中活荷载标准值P=220kN，梁的支承情况和截面如图10～12所示。采用C40混凝土，纵向钢筋及箍筋采用HRB400。

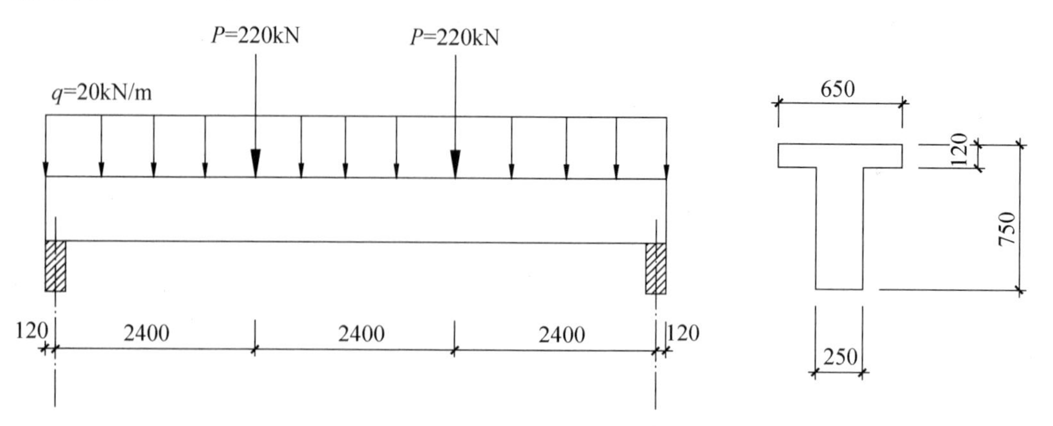

图10～12　T形梁支承情况和截面

【10】若此梁仅配置箍筋，请问以下何项配置最为合理？

提示：h_0=690mm，不考虑抗震。

A. Φ8@200　　B. Φ8@100　　C. Φ10@150　　D. Φ10@100

答案：(　　)

主要解答过程：

【11】若 q=20kN/m，P=140kN，$a_s=60\text{mm}$，$a'_s=35\text{mm}$，可配置适当受压钢筋，满足承载力要求的最小受拉钢筋配置与下列何选项最为接近？

提示：$\xi_b=0.518$。

A. 6Φ25　　B. 8Φ25　　C. 4Φ20　　D. 6Φ20

答案：(　　)

主要解答过程：

【12】若 q=20kN/m，P=140kN，$a_s=60\text{mm}$，$a'_s=35\text{mm}$，不配置受压钢筋，受拉筋面积为 2945mm^2，准永久系数为 0.4。在进行挠度验算时，考虑荷载长期作用影响的刚度 B ($\text{N}\cdot\text{mm}^2$)，与下列何项数值最为接近？

A. 2×10^{14}　　B. 1×10^{14}　　C. 0.5×10^{14}　　D. 2.5×10^{14}

答案：(　　)

主要解答过程：

【13】某项目楼板局部开洞，洞口大小 300mm×300mm，已知此处受力板钢筋为Φ 10@200，洞口周边无集中荷载。试问，以下何项措施最为合理?

A. 需切断洞口宽度范围内受力钢筋，且在洞口每侧配置 1 根Φ 8 补强钢筋

B. 需切断洞口宽度范围内受力钢筋，且在洞口每侧配置 1 根Φ 10 补强钢筋

C. 需切断洞口宽度范围内受力钢筋，且在洞口每侧配置 1 根Φ 6 补强钢筋

D. 不需切断并可不设洞口的补强钢筋

答案：(　　)

主要解答过程：

【14】如图 14 所示，用于设防烈度 8 度地震区的偏心受拉预埋件，构件混凝土强度等级为 C30，锚筋为 HRB400 级钢筋，锚板为 Q235 级钢。试问，预埋件的拉力设计值最大值（kN），与下列何项最为接近?

提示：剪力 V 很小，计算中可以忽略。

A. 160　　B. 130　　C. 110　　D. 90

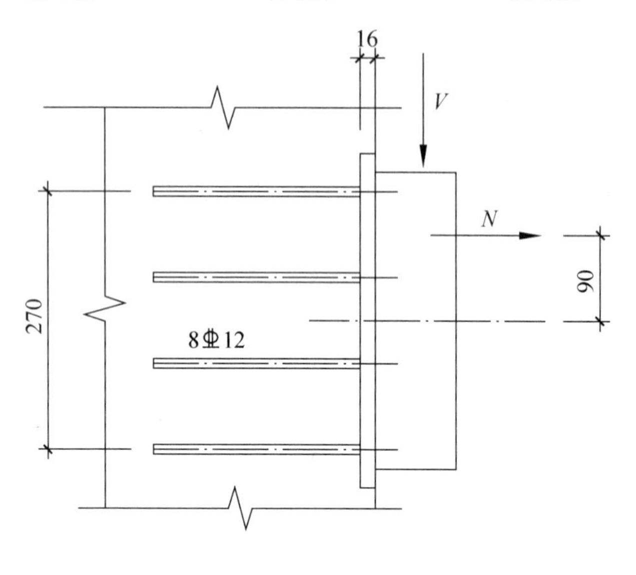

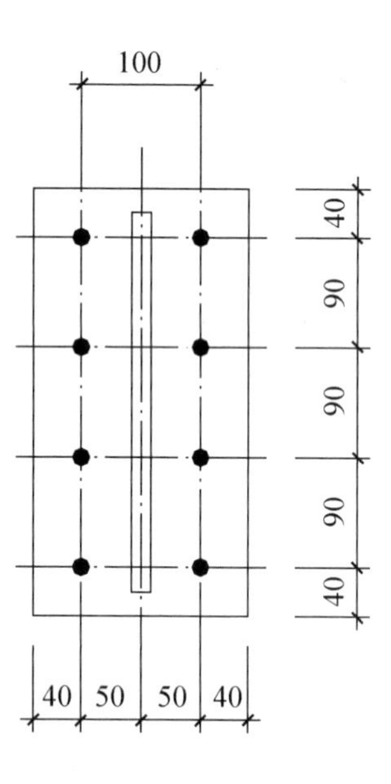

图 14　预埋件

答案：(　　)

主要解答过程：

【15】下列关于钢筋混凝土结构扭转的观点，何项正确？

Ⅰ. 平衡扭转是由外荷载产生，由平衡条件引起的扭转；

Ⅱ. 协调扭转是由于相邻构件的弯曲转动受到支承梁的约束，在支承梁内引起的扭转；

Ⅲ. 平衡扭转的扭矩与构件的刚度无关；

Ⅳ. 协调扭转的扭矩与构件的刚度无关。

A. Ⅰ、Ⅱ、Ⅲ正确　　B. Ⅰ、Ⅱ、Ⅳ正确

C. Ⅱ、Ⅲ正确　　D. Ⅱ、Ⅳ正确

答案：(　　)

主要解答过程：

【16】某多层框架混凝土框架结构，采用高强混凝土框架梁、柱（混凝土强度等级均为 C70），抗震等级均为 8 度一级。采用复合箍筋，箍筋直径为 10mm，箍筋及纵筋均采用 HRB400 级。以下说法何项错误？

Ⅰ. 按照构造要求，框架梁端箍筋加密区的箍筋最小直径为 10mm；

Ⅱ. 框架柱的轴压比限值为 0.65；

Ⅲ. 框架柱角柱的纵向钢筋最小配筋率为 1.25%；

Ⅳ. 若某一普通框架柱的轴压比为 0.6，该框架柱加密区的最小配箍特征值为 0.17。

提示：根据《建筑抗震设计规范》GB 50011—2010 作答。

A. Ⅰ、Ⅱ　　B. Ⅲ、Ⅳ　　C. Ⅳ　　D. Ⅲ

答案：(　　)

主要解答过程：

【17】某轴心受压两段柱，上段柱高 4m，下段柱高 6m，如图 17 所示，柱截面为 H350×200×10×12，柱脚采用平板支座，底板厚度为 25mm。试问，该下柱在支撑平面内的计算长度（mm），与下列何项数值最为接近？

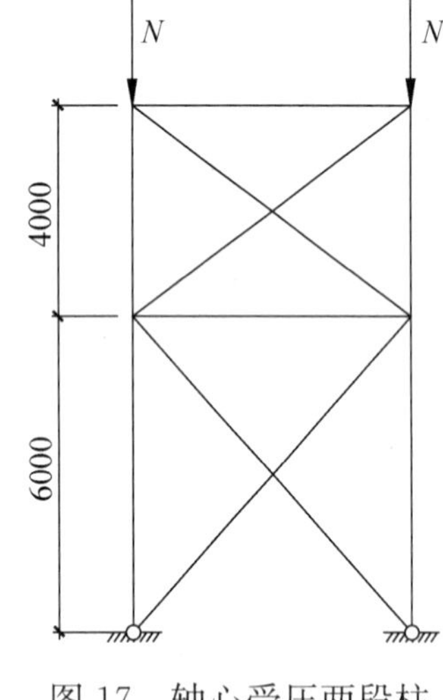

图 17 轴心受压两段柱

A. 4100　　B. 4500　　C. 4800　　D. 6000

答案：(　　)

主要解答过程：

【18】按照《钢结构设计标准》GB 50017—2017 进行钢结构构件性能化设计的基本步骤和方法，下列说法何项不正确？

A. 位于天津市和平区的中型展览馆，房屋高度 36m，承载性能等级可选择性能 6

B. 按照《钢结构设计标准》GB 50017—2017 第 17.2 节进行设防地震下的承载力验算，构件效应按照设防地震内力性能组合，抗力按屈服强度计算的构件实际截面承载力标准值

C. 按照《建筑抗震设计规范》GB 50011—2010 进行多遇地震验算，结构承载力及侧移满足其规定，位于塑性耗能区的构件的抗震构造措施（长细比、板件宽厚比）也应满足其规定

D. 整个结构中不同部位的构件，可有不同的性能系数，但关键构件和节点的性能系数不宜小于 0.55

答案：(　　)

主要解答过程：

【题19～22】某7度（0.10g）区的普通办公楼钢框架结构，共8层，首层层高5m，其他层层高4m，抗震设防类别为丙类。该结构采用钢结构抗震性能化设计，承载性能等级为性能5。

【19】该结构塑性耗能区的延性等级，可选用下列何项？

A. Ⅰ、Ⅱ、Ⅲ、Ⅳ、Ⅴ　　B. Ⅰ、Ⅱ、Ⅲ　　C. Ⅲ、Ⅳ、Ⅴ　　D. Ⅲ

答案：(　　)

主要解答过程：

【20】该结构二层顶某框架梁，截面采用焊接H型钢H600×300×16×20，材质为Q420C，绕截面强轴弯曲时，该框架梁弹性截面模量W（cm^3）、塑性截面模量W_p（cm^3）及塑性耗能区截面模量W_E（cm^3），分别为多少？

A. 4146、4734、4146　　B. 4146、4734、4353

C. 4146、4734、4734　　D. 以上选项都不对

答案：(　　)

主要解答过程：

【21】该结构柱距6.5m，柱截面为箱形截面B500×30，三层顶某框架梁，截面采用焊接H型钢，腹板16mm，翼缘20mm，材质为Q420C。假定绕截面强轴弯曲时，梁端截面构件截面模量$W_E=4500\text{cm}^3$，各工况下，该框架梁梁端的剪力标准值（kN）如表21所示，塑性耗能区的性能系数为0.55。试问，框架梁进行受剪承载力验算时，剪力设计值（kN）与下列何项数值最为接近？

提示：楼面采用等效均布活荷载计算，计算重力荷载代表值时，可变荷载组合值系数为0.5。

框架梁梁端的剪力标准值　　表21

单工况	永久荷载V_{gk}	楼面活荷载V_{qk}	水平多遇地震标准值效应V_{Ehk}	水平设防地震标准值效应V_{Ehk2}
剪力标准值（kN）	300	200	220	580

A. 700　　B. 800　　C. 900　　D. 1000

答案：(　　)

主要解答过程：

【22】假定，结构构件延性等级为Ⅲ级，三层顶某框架梁，截面采用焊接H型钢H900×300×16×20，材质为Q420C，框架梁的抗震承载力验算，梁端受剪承载力（kN）与下列何项数值最为接近？

A. 1500　　B. 1700　　C. 3000　　D. 3500

答案：(　　)

主要解答过程：

【题 23～28】某钢框架斜屋面，设计使用年限为 50 年，重要性系数 1.0。屋面不上人，屋面坡度 15°，采用焊接 H 型钢作坡屋面次梁，垂直于斜坡方向布置，其水平间距 3m，钢材采用 Q235。屋面板不能阻止次梁侧向位移，且屋面板在次梁上翼缘上。屋面水平投影活荷载标准值为 0.5kN/m²（图 23～28 中 q_1），恒荷载（包括钢梁自重）的荷载标准值为 1.0kN/m²（图 23～28 中 q_2），风荷载沿斜屋面的荷载标准值为 0.8kN/m²（图 23～28 中 q_3），风荷载假定为压力。次梁截面为 H400×250×6×10，其截面特征：$A=7280\text{mm}^2$，$I_x=217.6\times10^6\text{mm}^4$，$W_x=108.8\times10^4\text{mm}^3$，$W_y=20.84\times10^4\text{mm}^3$，$i_y=59.8\text{mm}$。

提示：考虑活荷载和风荷载同时组合。

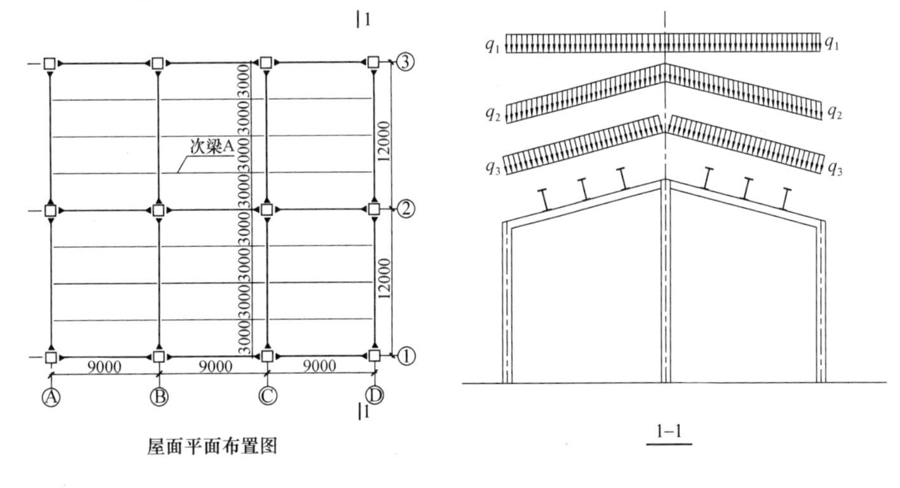

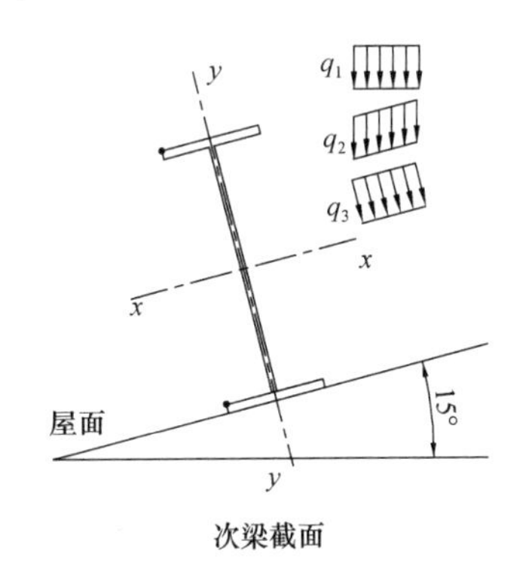

图 23～28　某钢框架斜屋面

【23】试问，次梁 A 绕强轴跨中的弯矩设计值（kN·m），与下列何项最为接近？

A. 90　　B. 93　　C. 95　　D. 100

答案：(　　)

主要解答过程：

【24】若次梁跨中设置系杆，可作为钢梁面外支撑，某工况组合下，次梁 A 沿梁纵向的荷载组合设计值为 15kN/m（方向竖直向下）。试问，次梁绕弱轴跨中的弯矩设计值（kN·m），与下列何项最为接近？

提示：强、弱轴方向次梁端部均按照铰接计算。

A. 10　　B. 38　　C. 40　　D. 150

答案：(　　)

主要解答过程：

【25】某工况组合下，次梁A沿梁纵向的荷载组合设计值为10kN/m（方向竖直向下），试问，该工况下截面上应力最大的点的应力值（N/mm^2），与下列何项最为接近？

提示：强、弱轴方向次梁均按照铰接计算。

A. 85　　B. 105　　C. 190　　D. 205

答案：(　　)

主要解答过程：

【26】条件同题目【25】，求验算次梁整体稳定性时，公式左边的数值与下列何项最为接近？

提示：强、弱轴方向次梁均按照铰接计算。

A. 0.6　　B. 0.8　　C. 1.3　　D. 1.5

答案：(　　)

主要解答过程：

【27】若改变屋面次梁布置方向为平行于斜坡方向，次梁间距为 3m，屋面次梁沿梁纵向的荷载组合设计值 q 为 8kN/m（如图 27 所示），求该工况下截面上最大的剪应力（N/mm²）及其所在位置?

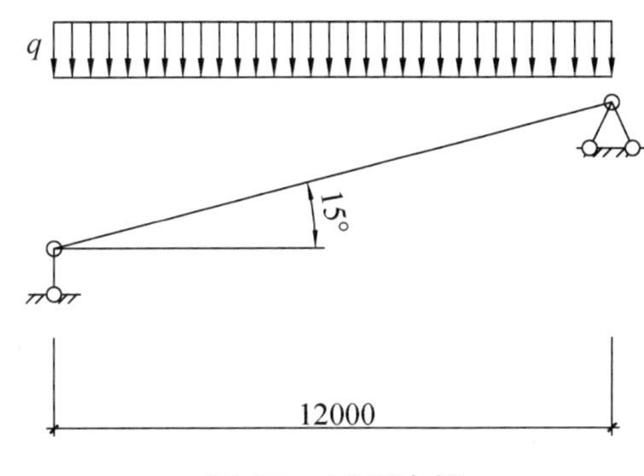

图 27　屋面次梁

A. 16.5；翼缘与腹板交界处　　B. 20.5；腹板中部

C. 17；翼缘与腹板交界处　　D. 21；腹板中部

答案：(　　)

主要解答过程：

【28】若次梁在强轴方向的跨中弯矩设计值为 140 kN・m，剪力在垂直于屋面方向的设计值为 100kN，其余条件同上题。试问，截面上最大的应力（N/mm²）及其位置，与下列何项最为接近?

提示：不计轴力效应和塑性发展。

A. 45；腹板中部　　B. 130；翼缘外侧

C. 120；翼缘与腹板交接处　　D. 145；翼缘与腹板交接处

答案：(　　)

主要解答过程：

【29】某空间结构在方案阶段采用网架形式，网架的附加恒荷载为 $1.5kN/m^2$，短方向跨度为30m，长方向跨度为45m。初步预算时，网架自重荷载标准值（kN/m^2）估算值与下列何项最为接近？

A. 0.15　　B. 0.24　　C. 0.36　　D. 0.58

答案：(　　)

主要解答过程：

【30】以下关于门式刚架轻型房屋钢结构说法，何项较为准确？

A. 当采用圆钢做拉条时，圆钢直径不宜小于12mm

B. 吊挂荷载宜按活荷载考虑，当吊挂位置固定不变时，也不宜按恒荷载考虑

C. 隅撑分情况按轴心受压构件设计，或按轴心受拉构件设计

D. 当摇摆柱的柱子中间无竖向荷载时，摇摆柱的计算长度系数取为1.0

提示：依据《门式刚架轻型房屋钢结构技术规范》GB 51022—2015 作答。

答案：(　　)

主要解答过程：

【31】某单层单跨无吊车工业房屋的窗间墙截面如图 31 所示，计算高度 $H_0=9.5$m，墙用 MU15 烧结多孔砖及 M5 水泥砂浆砌筑，荷载设计值产生的偏心距 $e=115$mm，且偏向翼缘。试问，该窗间墙截面的受压承载力（kN），与下列何项最为接近？

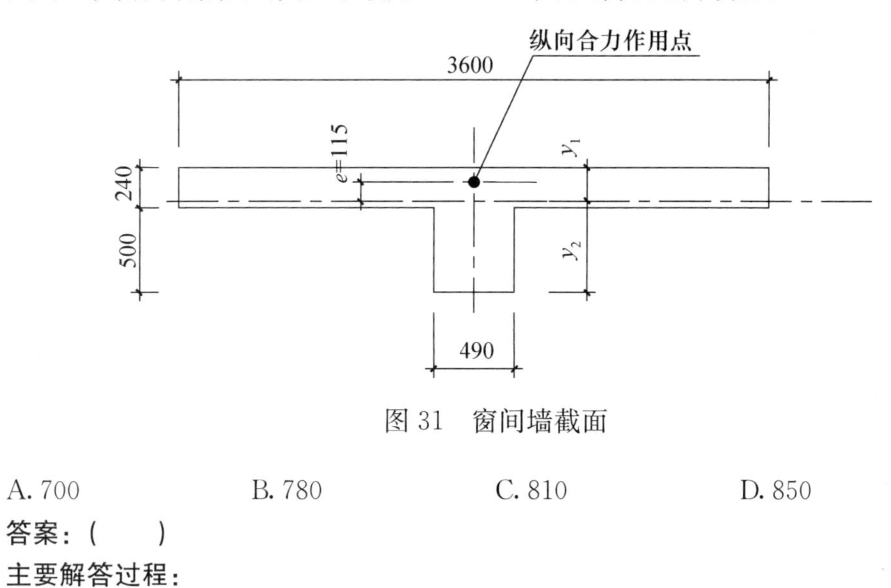

图 31　窗间墙截面

A. 700　　B. 780　　C. 810　　D. 850

答案：(　　)

主要解答过程：

【题 32～33】一矩形水池壁，如图 32～33 所示，壁高 $H=1.5$m，采用 MU10 烧结多孔砖和 MU7.5 水泥混合砂浆砌筑，壁厚 490mm。不考虑自重产生的竖向压力。

提示：取 1m 宽竖向板带计算，水按照恒荷载考虑。

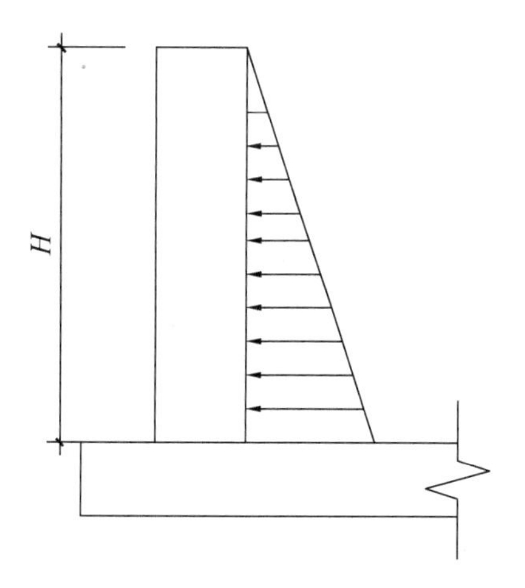

图 32～33　矩形水池壁

【32】试问，水池壁的弯矩设计值（kN·m）与受弯承载力（kN·m）间的关系，与下列何项最为接近？

A. 7.3>5.6　　B. 5.62>5.6　　C. 7.3>6.8　　D. 5.62<6.8

答案：(　　)

主要解答过程：

【33】试问，水池壁的剪力设计值（kN）与受剪承载力（kN）间的关系，与下列何项最为接近？

A. 7.5<45.7　　B. 14.6<45.7　　C. 7.5<55.5　　D. 14.6<55.5

答案：(　　)

主要解答过程：

【题34～37】某四层砌体结构办公楼，平面尺寸和外墙剖面如图34～37所示，屋盖和楼盖均为现浇钢筋混凝土梁板，钢筋混凝土梁截面尺寸为250mm×500mm，梁端入墙长度为240mm，外墙厚370mm，内横墙厚240mm。全部采用MU10烧结多孔砖和M5混合砂浆砌筑。层高均为3.3m，室内外高差为450mm，基础埋置较深且为刚性地坪。

提示：外纵墙每开间有尺寸为1800mm×1800mm的窗洞。

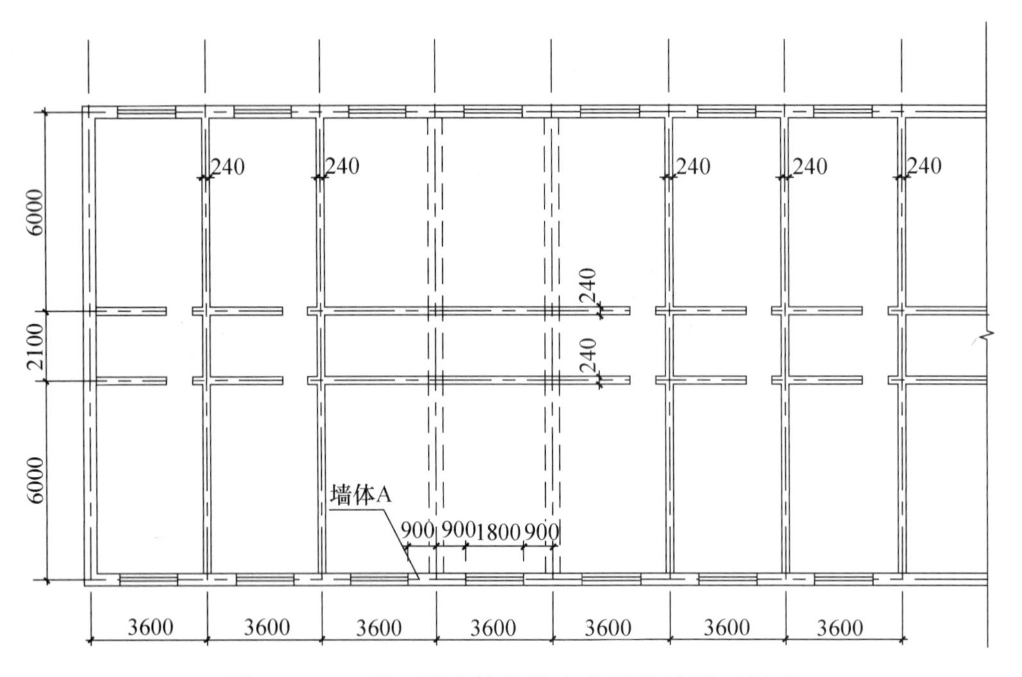

图34～37　某四层砌体结构办公楼外墙平面尺寸

【34】试问，底层外纵墙的高厚比验算时，验算式与下列何项最为接近？

A. 5.84<24　　B. 11.49<24　　C. 11.49<19.2　　D. 5.84<19.2

答案：(　　)

主要解答过程：

【35】对于每层墙体一般有下列几个截面起控制作用：所计算楼层墙上端楼盖大梁底面、窗口上端、窗台上端、窗台以及墙下端亦即下层楼盖大梁底稍上的截面。为偏于安全，上述几处的截面面积均以窗间墙计算，如图35所示，顶层墙体A上端由梁和女儿墙产生的弯矩设计值为8.88kN·m，上部传来轴压力设计值为116.72kN（N_u+N_l），墙体自重为67.9kN。试问，墙体A上端Ⅰ-Ⅰ截面处受压承载力（kN），与下列何项最为接近？

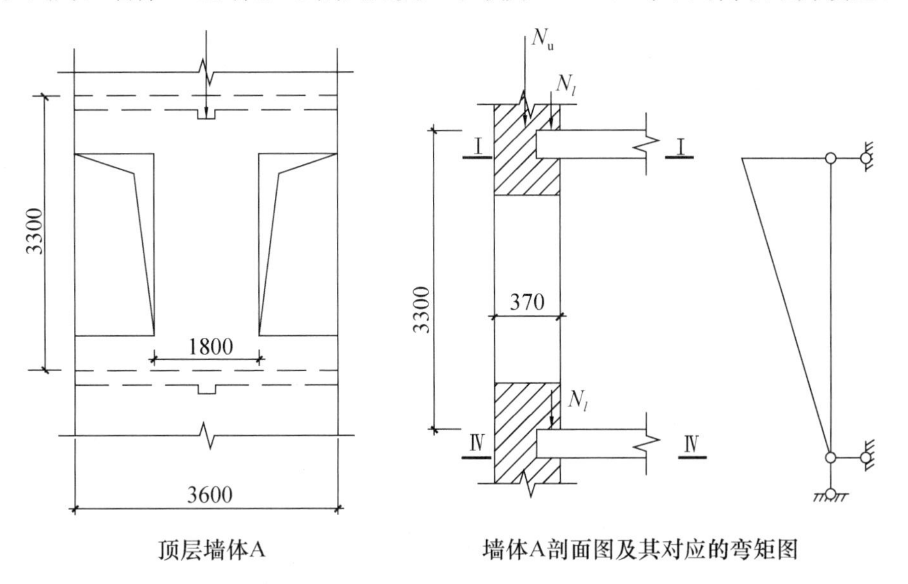

图35　顶层墙体A

A. 450　　B. 470　　C. 500　　D. 520

答案：(　　)

主要解答过程：

【36】条件同上题。试问，墙体A下端Ⅳ-Ⅳ截面处压力设计值（kN）与受压承载力（kN）间的关系，与下列何项最为接近？

A. 205<890　　B. 184.62<890　　C. 116.72<1000　　D. 184.62<1000

答案：(　　)

主要解答过程：

【37】首层窗间墙 A，墙垛截面为 1800mm×370mm，混凝土梁截面为 250mm×500mm，支承长度 a=240mm，则验算梁端支承处砌体的局部受压承载力（kN）时，验算式左右两端与下列何项最为接近？

提示：已知墙体上部荷载设计值 N=656.69kN，梁端支承压力设计值为 45.86kN。

A. 45.29<132.44　B. 45.86<132.44　C. 45.29<92.71　D. 45.86<92.71

答案：(　　)

主要解答过程：

【38】以下关于砌体结构的说法，何项正确？

A. 跨度大于 4m 的砖砌体梁，应在支承处砌体上设置混凝土或钢筋混凝土垫块

B. 当过梁的跨度不大于 1.2m 时，可采用钢筋砖过梁；不大于 1.5m 时，可采用砖砌平拱过梁

C. 设计使用年限为 50a，安全等级为一级的配筋砌体中，混凝土强度等级为 C25，环境类别为 2 时，其钢筋的最小保护层厚度为 25mm

D. 为防止或减轻墙体开裂，房屋顶层女儿墙应设置构造柱，构造柱应伸至女儿墙顶，并与现浇钢筋混凝土压顶整浇在一起

答案：(　　)

主要解答过程：

【39】关于木结构有以下论述：

Ⅰ. 原木受拉构件的连接板，木材的含水率不应大于 20%；

Ⅱ. 方木原木受拉或受弯构件最低材质等级为 $Ⅰ_a$ 级；

Ⅲ. 木檩条的计算跨度为 3.0m，其挠度最大值不应超过 18mm；

Ⅳ. 风荷载和多遇地震作用下，木结构建筑的水平层间位移不宜超过结构层高的 1/250。

试问，针对上述论述正确性的判断，下列何项正确？

A. Ⅰ、Ⅱ正确，Ⅲ、Ⅳ错误　　B. Ⅱ、Ⅳ正确，Ⅰ、Ⅲ错误

C. Ⅰ、Ⅳ正确，Ⅱ、Ⅲ错误　　D. Ⅲ、Ⅳ正确，Ⅰ、Ⅱ错误

答案：(　　)

主要解答过程：

【40】对木结构齿连接的下列认识，何项不正确？

A. 齿连接的可靠性在很大程度上取决于其构造是否合理

B. 在齿连接中，木材抗剪破坏属于脆性破坏，所以必须设置保险

C. 在齿未破坏前，保险螺栓几乎不受力

D. 木材剪切破坏对螺栓有冲击作用，因此螺栓宜选用强度较高的钢材

答案：(　　)

主要解答过程：

工作单位 姓名 准考证号

一级注册结构工程师
专业考试模拟试卷（二）
（下午）

应考人员注意事项

1. 本试卷科目代码为“X”，请将此代码填涂在答题卡“科目代码”相应的栏目内，否则，无法评分。

2. 书写用笔：黑色墨水笔、签字笔，考生在试卷上作答时，必须使用书写用笔，不得使用铅笔，否则视为违纪试卷。

填涂答题卡用笔：黑色2B铅笔。

3. 须用书写用笔将工作单位、姓名、准考证号填写在答题卡和试卷相应的栏目内。

4. 本试卷由40题组成，每题1分，满分为40分。本试卷全部为单项选择题，每小题的四个选项中只有一个正确答案，错选、多选均不得分。

5. 考生在作答时，必须按题号在答题卡上将相应试题所选选项对应的字母用2B铅笔涂黑。

6. 在答题卡上书写随意无关的语言，或在答题卡作标记的，作违纪试卷处理。

7. 考试结束时，由监考人员当面将试卷、答题卡一并收回。

8. 草稿纸由各地统一配发，考后收回。

注：本页仅为模拟之用，部分要求本模拟试卷不涉及。

【题1～3】某地铁车站为地下两层钢筋混凝土结构，基坑支护采用直径1.2m间距2.2m钻孔灌注桩（围护桩）结合三道钢支撑联合挡土。地下结构平面、剖面及土层分布如图1～3所示，土的饱和重度按天然重度采用。项目处于洼地，稳定地下水位在自然地面以下0.5m，环境类别为二a类。

提示：（1）车站施工完成后顶板以上用原状土回填，回填土重度、强度指标与原状土相同；

（2）为保证结构尺寸，对围护桩水平位移严格控制。

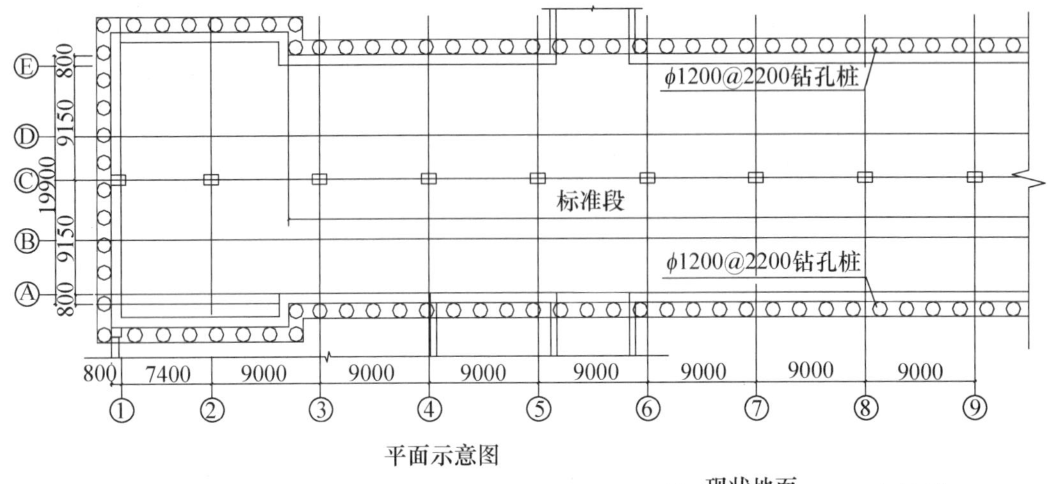

平面示意图

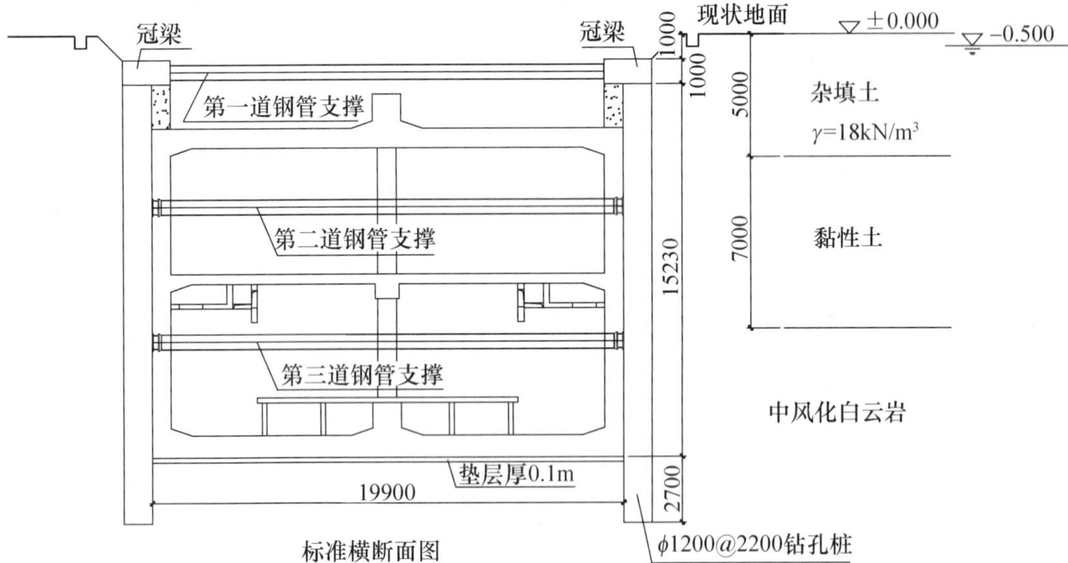

标准横断面图

图1～3　地下结构平面、剖面及土层分布

【1】关于本工程的下列描述，共有几项正确，并简述理由。

Ⅰ. 钻孔灌注桩的最大裂缝宽度限值为0.2mm；

Ⅱ. 地铁车站外墙与基坑侧壁之间的间隙采用级配砂石灌注时，其压实系数不宜小于0.93；

Ⅲ. 本车站基坑工程设计时，正常固结的饱和黏性土层中采用三轴不固结不排水抗剪强度指标；

Ⅳ. 围护桩结构计算时，侧土压力应采用静止土压力；

Ⅴ. 内钢支撑结构的施工与拆除顺序，应与支护结构的设计工况相一致，必须遵循先撑后挖的原则。

A. 1项　　B. 2项　　C. 3项　　D. 4项

答案：(　　)

主要解答过程：

【2】根据地勘资料，黏性土层的天然含水率 $w=45\%$，液限 $w_L=42\%$，塑限 $w_p=23\%$，土压缩系数 $a_{1-2}=0.09\text{MPa}^{-1}$，$a_{2-3}=0.07\text{MPa}^{-1}$，天然孔隙比 $e=1.3$。试问，下列关于该土层的状态、压缩性评价和分类，何项最准确？

A. 流塑，低压缩性土，粉质黏土　　B. 硬塑，低压缩性土，黏土

C. 软塑，中压缩性土，粉质黏土　　D. 流塑，低压缩性土，淤泥质土

答案：(　　)

主要解答过程：

【3】已知车站结构自重为1700kN/m，车站内部设备自重为200kN/m，设备检修活荷载为35kN/m，地面超载为20kPa（由地面车辆荷载引起），人群荷载每层4kPa，冠梁尺寸1m×2m，顶板覆土厚度3.8m，覆土重度 $\gamma=18\text{kN/m}^3$。当主体结构的抗浮稳定性不满足要求时，本工程拟采用抗浮压顶梁方案辅助抗浮（围护桩顶冠梁内挑，压住主体结构）。抗浮验算时钢筋混凝土重度取 25kN/m^3，设备自重可作为压重，抗浮水位取地面以下3m，不考虑围护桩的侧摩阻力进行抗浮（只考虑桩自重抗浮）。试问，为保证基础抗浮的稳定安全系数不小于1.05，单根围护桩自重最小值 G（kN）取下列何项数值最为合适？

提示：(1) 取中间标准段进行计算，结构底部水浮力作用于底板底；

(2) 忽略围护桩及冠梁水浮力。

A. 120　　B. 140　　C. 150　　D. 160

答案：(　　)

主要解答过程：

【题 4～5】某带裙楼高层建筑，室外地面与现有天然地面相同，采用钢筋混凝土筏形基础，如图 4～5 所示，基础及上部填土重量可按 $20\mathrm{kN/m^3}$ 计算，均匀黏土，$e=0.79$，$I_L=0.82$，$\gamma=19.0\mathrm{kN/m^3}$，地下水位为 -3.0m，裙楼一和裙楼二的平均地基底反力分别为 $P_{k1}=64.5$kPa 和 $P_{k2}=105$kPa，地基持力层为该均匀黏土层。

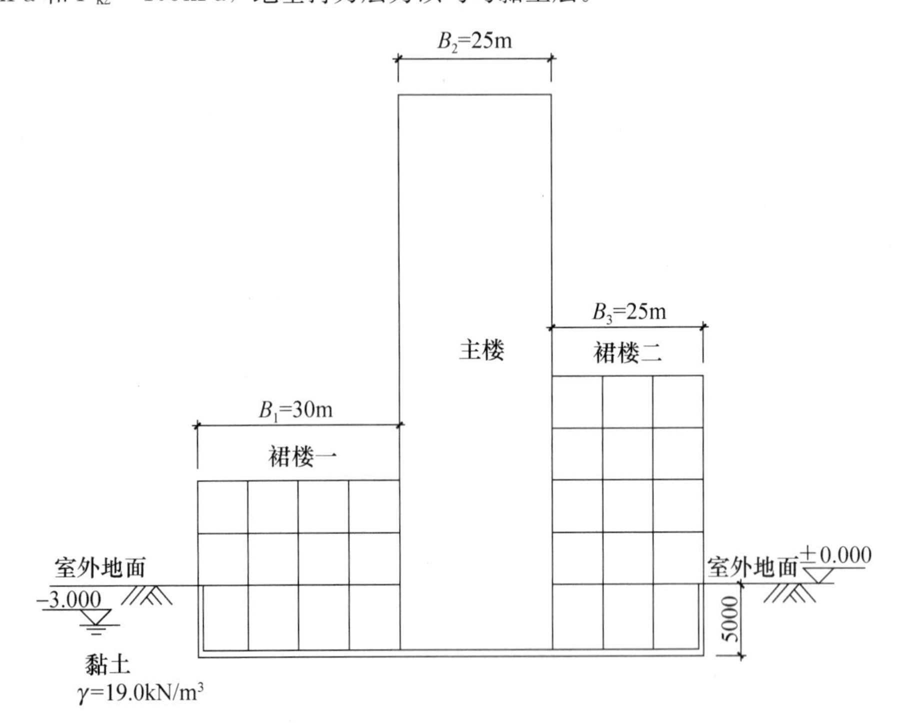

图 4～5　某带裙房高层建筑基础

【4】已知现场原位测试地基承载力特征值为 220kPa，则经深宽修正后主楼基础底地基承载力特征值（kPa），与下列何项最为接近？

A. 320　　B. 335　　C. 350　　D. 370

答案：(　　)

主要解答过程：

【5】若已知黏土层的抗剪强度指标标准值为黏聚力 $c_k=40$kPa，内摩擦角为 $\phi_k=20°$，在此均匀黏土层中进行浅层平板静载荷试验，载荷试验的荷载板尺寸为 1.0m×1.0m，试验坑的深度为 1.5m，则在堆载法进行载荷试验之前预测荷载试验得到的地基承载力（kPa），与下列何项最为接近？

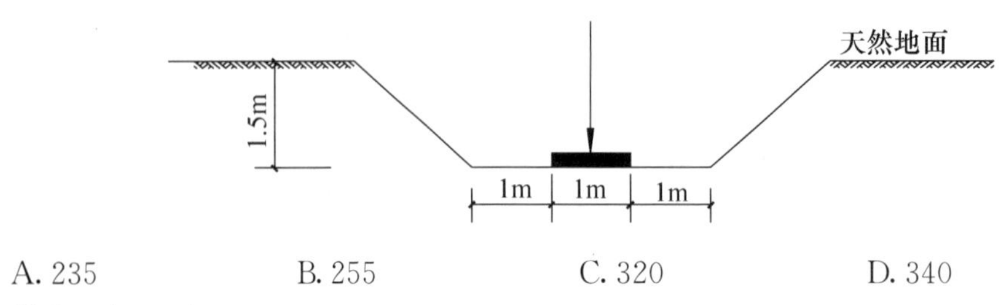

A. 235　　B. 255　　C. 320　　D. 340

答案：(　　)

主要解答过程：

【6】有一重力式挡土墙，墙背直立、光滑，填土表面水平，墙高 $H=4.5$m，地下水位标高同墙顶，有两种填土材料黏土和砂土，其物理力学性质指标如下：黏土，无地下水时 $c_1=20$kPa，$\varphi_1=20°$，天然重度 $\gamma_1=17\ \text{kN/m}^3$，有地下水时 $c'_1=5$kPa，$\varphi'_1=10°$，饱和重度 $\gamma_{sat1}=19\ \text{kN/m}^3$；砂土，$c_2=0$，$\varphi_2=35°$，天然重度 $\gamma_2=18\ \text{kN/m}^3$，饱和重度 $\gamma_{sat2}=20\ \text{kN/m}^3$。试问，分别采用两种填土材料时，挡土墙主动土压力的比值（$E_{a黏土}/E_{a砂土}$）与下列何项最为接近？

A. 0.5　　B. 0.80　　C. 1.00　　D. 1.30

答案：(　　)

主要解答过程：

【7】我国北方某城市，冬季集中供暖。拟建6层框架结构办公楼，采用柱下方形独立基础，基础底面边长2.8m，地基为季节性冻土地基。荷载效应标准组合时，永久荷载产生的基底平均压力为188.89kPa。地基土层为黏性土，实测冻土层厚度为2.5m，冻前原地面高程为409.53m，冻后实测地面高程为409.65m，冻土层内冻前天然含水量平均值 $w=28\%$，液限含水量 $w_L=45\%$，塑限含水量 $w_p=20\%$，冻结期间地下水位距冻结面最小距离 $h_w=2.5$m。试问，当基础底面以下容许存在一定厚度的冻土层且不考虑切向冻胀力时，满足规范要求的基础最小埋深（m）与下列何项数值最为接近？

A. 1.30　　B. 1.40　　C. 1.60　　D. 1.70

答案：(　　)

主要解答过程：

【题 8～9】某桩基工程采用泥浆护壁成孔灌注桩，桩径为 800mm，桩长 18m，无地下水。土层分布及相关参数情况如图 8～9 所示。桩身混凝土强度等级为 C35（$f_c=16.7$ N/mm²），桩身采用螺旋式箍筋，桩顶以下 5m 范围内箍筋间距 100mm，其他部位箍筋间距 150mm，纵向主筋采用 16 根直径为 20mm 的 HRB400 级钢筋（$f'_y=360$ N/mm²），沿周边均匀布置，桩身配筋满足《建筑桩基技术规范》JGJ 94—2008 第 4.1.1 条灌注桩配筋的构造要求，基桩成桩工艺系数 $\psi_c=0.7$。现由于方案修改，上部楼层荷载增加。

提示：根据《建筑桩基技术规范》JGJ 94—2008 作答。

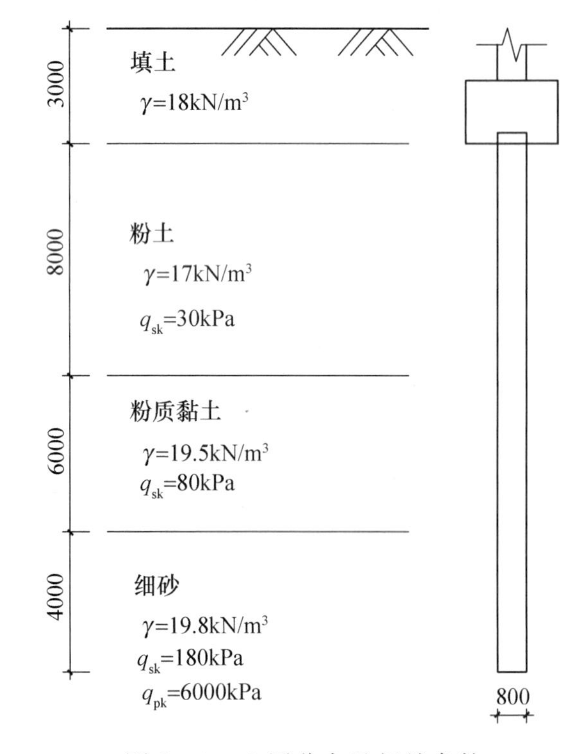

图 8～9　土层分布及相关参数

【8】原设计荷载效应标准组合下，上部结构作用于承台顶面的竖向力为 2000kN，承台及承台以上土重 500kN，桩顶轴向力设计值为标准值的 1.35 倍，不考虑偏心荷载、地震及承台效应。试问，承台顶面的轴心竖向力（kN）的最大增量，从满足桩的承载力角度看，与下列何项最为接近？

A. 800　　B. 1500　　C. 3000　　D. 5000

答案：(　　)

主要解答过程：

【9】当采用扩底措施提高单桩承载力，如图 9 所示，扩底端直径 $D=1600$mm，扩底端底面呈锅底形，扩底端侧面斜面高度 1600mm。试问，采用扩底措施后的单桩极限承载力（kN），与下列何项最为接近？

A. 11500　　B. 13000　　C. 14000　　D. 15500

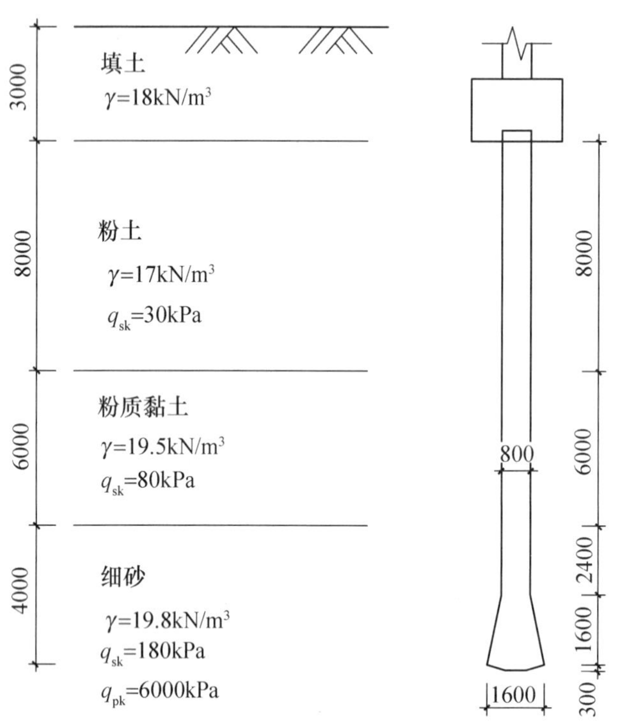

图 9　扩底措施示意

答案：(　　)

主要解答过程：

【题 10～13】某柱下九桩承台桩基础，框架柱截面尺寸为 1000mm×1000mm，钢筋混凝土预制方桩边长 500mm，桩长 12m。承台底标高－3.0m，承台尺寸及桩位布置如图 10～13 所示。承台及其上土的加权平均重度 $\gamma_G = 20\ kN/m^3$ 。

提示：根据《建筑桩基技术规范》JGJ 94—2008 作答。

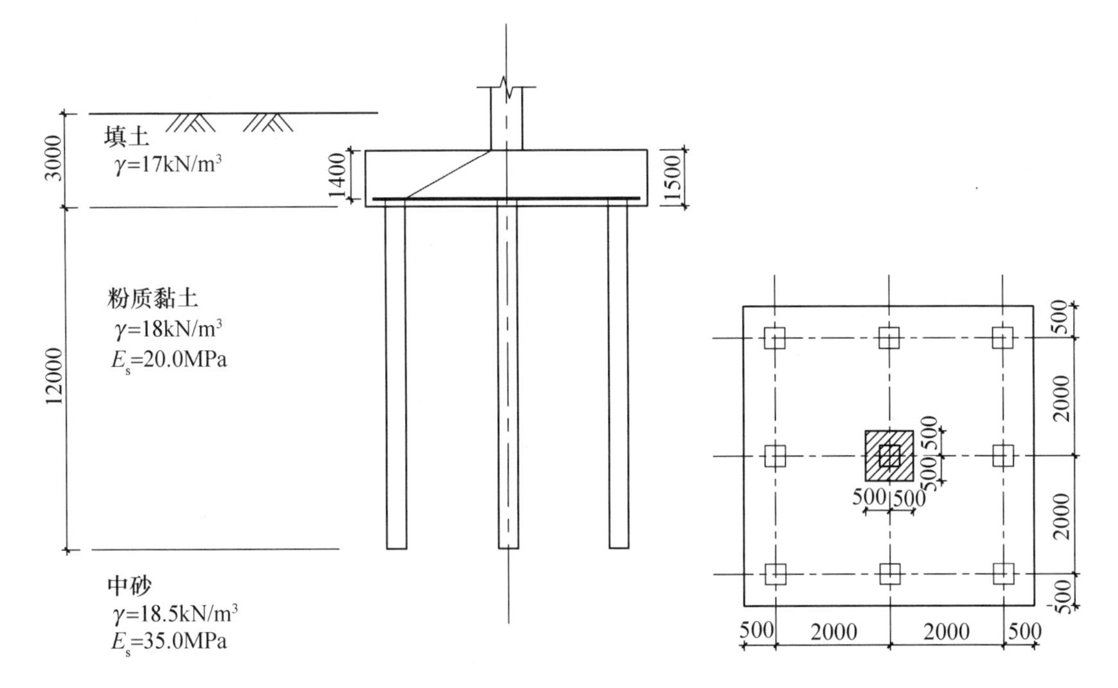

图 10～13　承台尺寸及桩位布置

【10】不计承台及其上土重，在地震作用基本组合下，柱边截面处承台斜截面剪力设计值为 9300kN。试问，满足规范要求的承台混凝土等级最小值为下列何项?

A. C25　　B. C30　　C. C35　　D. C40

答案：(　　)

主要解答过程：

【11】在荷载效应准永久组合下，承台底面处的平均压力值为 700kPa，不计其他相邻荷载影响，假定桩端持力层土层厚度为 20m。试问，计算桩基中点沉降时，计算深度 z_n（m）与下列何项最为接近?

A. 5　　B. 10　　C. 15　　D. 20

答案：(　　)

主要解答过程：

【12】假定，荷载效应准永久组合时，承台底的平均附加压力值为 600kPa，桩端的平均附加压力值为 480kPa，预制桩挤土效应系数 1.5，沉降计算深度为 12m，沉降计算深度范围内土层压缩模量的当量值 $\overline{E}_s = 35\text{MPa}$ 。试问，该桩基中心点的最终沉降量 s（mm）与下列何项数值最为接近？

提示：$C_0 = 0.063$、$C_1 = 1.441$、$C_2 = 6.114$ 。

A. 11　　B. 14　　C. 17　　D. 20

答案：(　　)

主要解答过程：

【13】钢筋混凝土预制桩，混凝土强度等级 C40（$f_c = 19.1\text{N/mm}^2$、$E = 3.25 \times 10^4\text{N/mm}^2$），裂缝控制等级为二级，采用自由落锤打桩机锤击沉桩，锤落距 1.5m。试问，桩身锤击压应力最大值（N/mm^2）与下列何项最为接近？

提示：$A_H = 45 \times 10^4\text{mm}^2$，$A_c = 36 \times 10^4\text{mm}^2$，$E_H = 2.05 \times 10^5\text{N/mm}^2$，$E_c = 3.6 \times 10^4\text{N/mm}^2$，$\gamma_H = 78\text{kN/m}^3$，$\gamma_c = \gamma_p = 26\text{kN/m}^3$ 。

A. 9　　B. 19　　C. 29　　D. 39

答案：(　　)

主要解答过程：

【题 14～16】某多层办公楼，采用钢筋混凝土筏形基础，基础埋深 1.0m，基础底面以下有 3m 厚淤泥质土层，建筑基础、土层分布及地下水位等如图 14～16 所示。

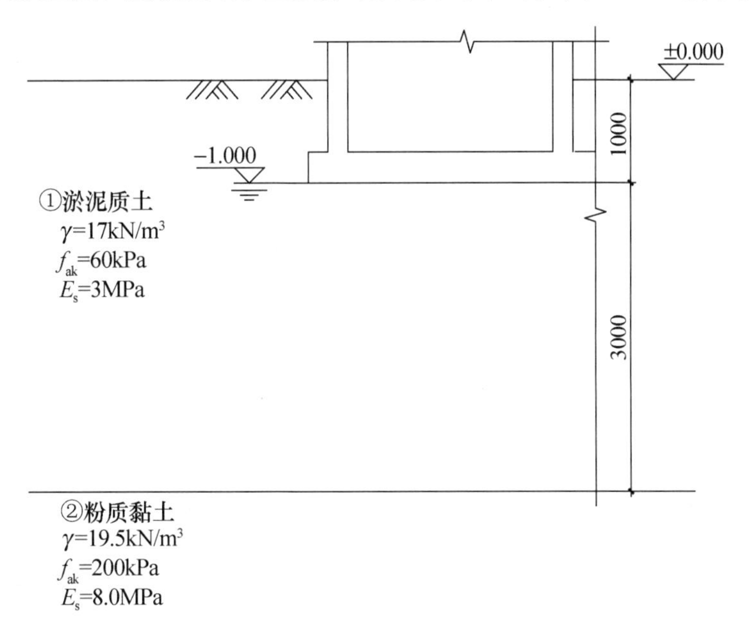

图 14～16　建筑基础、土层分布及地下水位

【14】下列哪几项地基处理方案适合该项目？

Ⅰ. 预压法　Ⅱ. 水泥土搅拌桩法　Ⅲ. 旋喷桩法　Ⅳ. 强夯法　Ⅴ. 灰土挤密桩

A. Ⅰ、Ⅲ、Ⅳ　　B. Ⅰ、Ⅱ、Ⅲ

C. Ⅰ、Ⅱ、Ⅳ　　D. Ⅰ、Ⅱ、Ⅴ

答案：(　　)

主要解答过程：

【15】采用换填垫层法进行地基处理。基础底面形状为矩形，平面尺寸为 36m×12m，在荷载效应标准组合时，上部结构与筏板基础（包含基础自重及基础上土重）总的竖向力为 69120kN，地下水位标高为－1.0m，用砂石将基础底面以下的淤泥质土全部换填，砂石重度取 19.5kN/m³，基础底面以上填土平均重度为 19kN/m³。试问，垫层底面处的附加压力值 p_z 与自重应力值 p_{cz} 之和（p_z+p_{cz}）(kPa)，与下列何项数值最为接近？

提示：根据《建筑地基处理技术规范》JGJ 79—2012 作答。

A. 152　　B. 160　　C. 182　　D. 190

答案：(　　)

主要解答过程：

【16】竣工验收时采用静载荷试验检验垫层承载力，取三个试验点，采用正方形承压板，面积 $1m^2$，每个试验点的 p-s 曲线如图 16 所示，其中试验点 3 的 p-s 曲线上无比例界限。试问，处理后地基的承载力特征值（kPa）取下列何项数值最为合理？

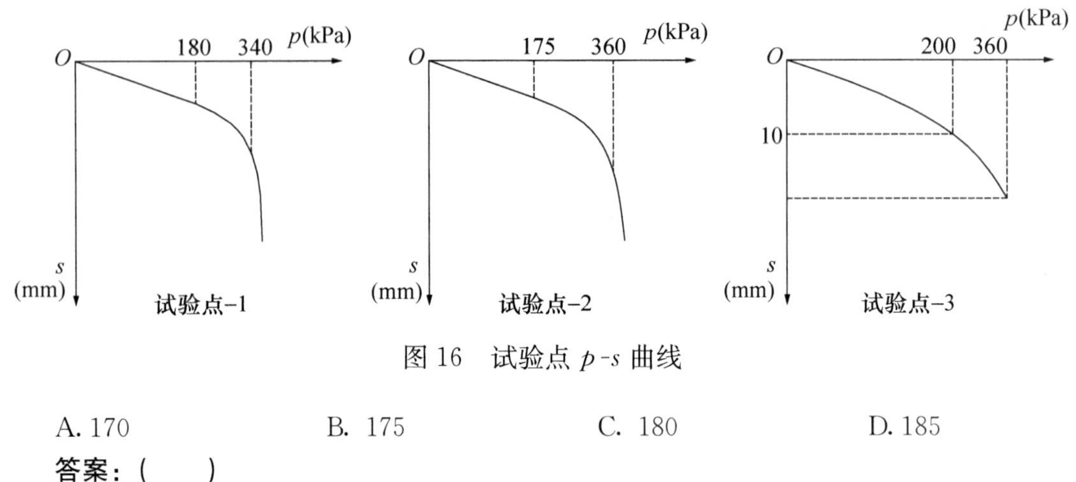

图 16 试验点 p-s 曲线

A. 170　　B. 175　　C. 180　　D. 185

答案：（　　）

主要解答过程：

【题 17～20】甘肃省张掖市甘州区，某地下 4 层、地上 20 层商住楼采用部分框支剪力墙结构，安全等级为二级，丙类建筑，建筑场地Ⅲ类，室内外高差 450mm，首层地面标高 ±0.000，首层层高 6m，其余层高 3.5m。地下室及首层竖向构件混凝土强度等级为 C50，其他楼层竖向构件混凝土强度等级为 C40，水平构件混凝土强度等级均为 C35，钢筋均采用 HRB335。

框支梁梁顶标高为 13.000m，框支梁高 1500mm，其他梁高 800mm，某框支柱在首层截面为 900mm×900mm，考虑地震作用组合的轴压力设计值 N=11600kN，该柱在地下一层截面为 900mm×900mm，考虑地震作用组合的轴压力设计值 N=12700kN。柱反弯点均在柱高的中部；且沿柱全高配置复合螺旋箍，直径 12mm，螺距 100mm，肢距 200mm；柱截面中部附加纵向钢筋 14Φ25 形成的芯柱。

【17】试问，该柱首层轴压比与轴压比限值之比，与下列何项数值最为接近？

A. 0.73　　B. 0.83　　C. 0.89　　D. 0.95

答案：（　　）

主要解答过程：

【18】试问，该柱地下一层柱箍筋加密区最小配箍特征值，与下列何项数值最为接近?

A. 0.15　　B. 0.16　　C. 0.17　　D. 0.18

答案：(　　)

主要解答过程：

【19】假定，二层楼面标高，某连接框支柱的框架梁，梁端弯矩各单工况标准值：永久荷载作用下300kN·m，楼面活荷载作用下150kN·m，地震作用下520kN·m，风荷载作用下410kN·m。试问，设计该梁时，取弯矩调幅系数0.8，梁端弯矩设计值（kN）与下列何项数值最为接近?

提示：按《建筑结构可靠性设计统一标准》GB 50068—2018作答。

A. 1050　　B. 1150　　C. 1250　　D. 1350

答案：(　　)

主要解答过程：

【20】假定，施工图阶段开发商要求地上加建两层（层高 4m）。现对该柱首层进行承载力设计论证该方案可行性。该柱轴力各单工况标准值：永久荷载作用下 5200kN，楼屋面活荷载作用下 2700kN，地震作用下 2700kN，风荷载作用下 1200kN。该建筑层间位移角由地震作用控制（风荷载不控制）。试问，在地震设计状况下，该柱的轴力设计值（kN），与下列何项数值最为接近？

A. 11500　　B. 13500　　C. 14000　　D. 14500

答案：(　　)

主要解答过程：

【题 21～22】某 6 度区部分框支剪力墙结构，房屋总高度 110m，标准设防类，安全等级一级，设计使用年限 100 年，场地类别为Ⅱ类，环境类别二 a 类。混凝土强度等级均采用 C70，钢筋均采用 HRB400。转换层的位置设置在 3 层，框支柱截面为 900mm×900mm，纵筋直径为 28mm，箍筋直径为 12mm，框支梁截面为 500mm×1200mm，纵筋直径 25mm，箍筋直径 10mm。框支梁柱节点如图 21～22 所示。

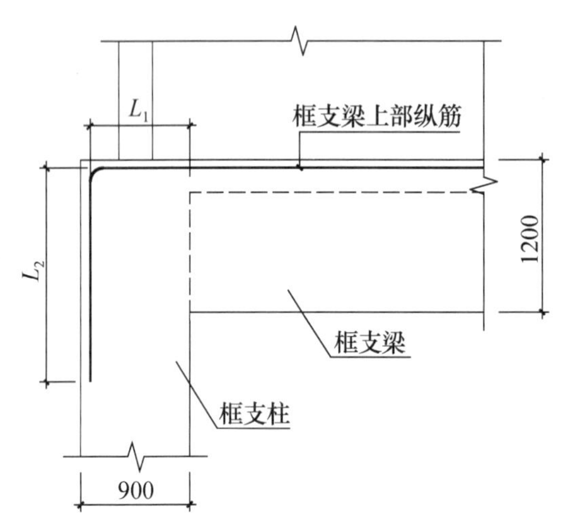

图 21～22　框支梁柱节点

【21】试问，框支梁上部钢筋在框支柱内水平锚固长度 L_1（mm），取下列何项数值最为经济合理？

A. 270　　B. 285　　C. 825　　D. 835

答案：(　　)

主要解答过程：

【22】试问，框支梁上部钢筋在框支柱内竖直锚固长度 L_2（mm），取下列何项数值最为经济合理？

A. 375　　B. 680　　C. 710　　D. 1865

答案：(　　)

主要解答过程：

【题 23～25】湖南省长沙市的疾病预防与控制中心普通实验室高层建筑，房屋高度 130m，场地类别Ⅱ类，采用剪力墙结构体系。混凝土强度等级采用 C60。由于功能需求，建筑师拟采用图 23～25 所示竖向构件截面，截面惯性矩 $I_x = 1.9 \times 10^{10}\ \text{mm}^4$，$I_y = 6.7 \times 10^9\ \text{mm}^4$。

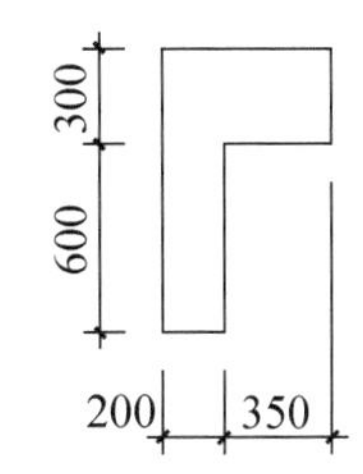

图 23～25　竖向构件截面

【23】试问，该建筑的剪力墙在确定抗震构造措施时，对应的抗震等级宜确定为几级？

A. 特一级　　B. 一级　　C. 二级　　D. 三级

答案：(　　)

主要解答过程：

【24】该建筑底层层高为4m。验算底层剪力墙稳定的示意图如图24所示。试问，研究图中y方向墙肢（200×900）满足剪力墙墙体稳定要求时，作用于墙顶组合的等效竖向局部荷载最大值q（kN/m），与下列何项数值最为接近?

A. 1800　　B. 23000　　C. 29000　　D. 45000

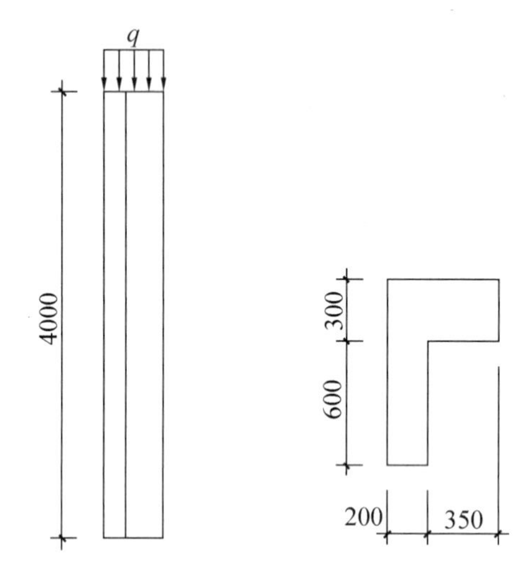

图24　验算底层剪力墙稳定的示意图

答案：(　　)

主要解答过程：

【25】该建筑底层层高为4m。假定该构件为剪力墙，验算底层剪力墙稳定的示意图如图24所示。试问，研究图中x方向墙肢（300mm×550mm）满足剪力墙墙体稳定要求时，作用于墙顶组合的等效竖向局部荷载最大值q（kN/m），与下列何项数值最为接近?

A. 15000　　B. 80000　　C. 100000　　D. 150000

答案：(　　)

主要解答过程：

【26】《高层建筑混凝土结构技术规程》JGJ 3—2010 中下列关于楼层剪力、框架总剪力和框支柱剪力的调整中，何项会直接或间接导致调整框架柱（框支柱）轴力增加？

Ⅰ. 薄弱层调整；

Ⅱ. 剪重比调整；

Ⅲ. 框架-剪力墙结构的各层框架总剪力调整；

Ⅳ. 筒体结构的框架部分按侧向刚度分配的楼层地震剪力调整；

Ⅴ. 部分框支剪力墙结构框支柱的地震剪力调整。

A. Ⅰ、Ⅱ　　B. Ⅲ、Ⅳ　　C. Ⅴ　　D. 都不会

答案：(　　)

主要解答过程：

【27】部分框支剪力墙结构中，由不落地剪力墙传到落地剪力墙处的剪力设计值增大系数（8 度时取 2.0，7 度时取 1.5），不适用于下列何项构件承载力计算？

Ⅰ. 不落地剪力墙斜截面承载力计算；

Ⅱ. 不落地剪力墙正截面承载力计算；

Ⅲ. 落地剪力墙斜截面承载力计算；

Ⅳ. 落地剪力墙正截面承载力计算；

Ⅴ. 框支层楼板斜截面承载力计算；

Ⅵ. 框支层楼板正截面承载力计算。

A. Ⅰ、Ⅱ、Ⅲ、Ⅳ　　B. Ⅲ、Ⅳ

C. Ⅴ　　D. Ⅰ、Ⅱ、Ⅲ、Ⅳ、Ⅵ

答案：(　　)

主要解答过程：

【题 28～31】北京市通州区某 30 层钢结构房屋，采用框架-偏心支撑结构体系，房屋高度 100m。该工程为丙类建筑，安全等级二级，设计地震分组为第一组，Ⅱ类场地。钢材采用 Q345B。

【28】12 层某边榀偏心支撑框架，局部如图 28 所示，框架柱采用箱形截面，轴线居中布置，框架梁为等截面焊接 H 型钢梁。其中，抗震设计时，地震组合工况下，消能梁段的弯矩设计值 M 为 1500kN・m，轴力设计值 N 为 2200kN。试问，等截面框架梁，采用下列何种截面（表 28）时满足规范要求？

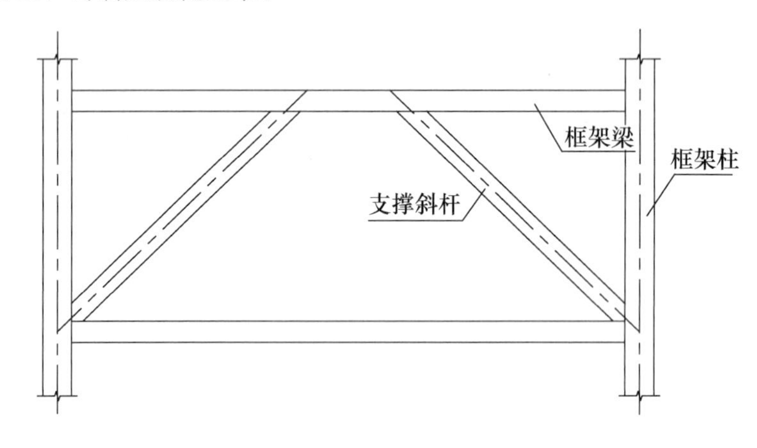

提示：(1) 按《高层民用建筑钢结构技术规程》JGJ 99—2015 作答；

(2) 消能梁段轴力设计值 $N > 0.15Af$。

截面形式 **表 28**

截面	截面面积 A（mm^2）
Ⅰ. H600×300×18×30	27720
Ⅱ. H700×350×18×28	31192
Ⅲ. H850×350×18×28	33892
Ⅳ. H900×400×18×25	35300

A. Ⅰ、Ⅱ、Ⅲ、Ⅳ　　B. Ⅱ、Ⅲ、Ⅳ　　C. Ⅲ、Ⅳ　　D. Ⅱ、Ⅲ

答案：(　　)

主要解答过程：

【29】偏心支撑布置同上题图 28，支撑斜杆轴力设计值 N_{br} 为 5000kN，两个方向计算长度均为 6m。试问，支撑斜杆采用下列何种截面（表 29）最为经济合理？

提示：(1) 按《高层民用建筑钢结构技术规程》JGJ 99—2015 作答；

(2) 各组截面均满足构造要求；

(3) 为简化计算，梁腹板和翼缘的 f 均按 295N/mm^2，不考虑地震组合。

截面类型 **表 29**

截面	截面面积 A（mm^2）	i_x（mm）	i_y（mm）	截面形式
H600×300×18×32	28848	248.4	70.7	焊接 H 型钢（翼缘为焰切边）
H700×350×18×32	33848	292.0	82.2	
□420×420×18×18	28944	164.3	164.3	焊接箱形
□450×450×20×20	34400	175.7	175.7	

A. H600×300×18×32　　B. H700×350×18×32

C. □420×420×18×18　　D. □450×450×20×20

答案：(　　)

主要解答过程：

【30】假定，该结构采用框架-中心支撑结构体系，地震组合下，支撑斜杆轴压力设计值 $N_{br}=5000\text{kN}$，两个方向计算长度均为7.5m。试问，支撑斜杆采用下列何种截面（表30），是满足规范要求的最小截面？

提示：按《高层民用建筑钢结构技术规程》JGJ 99—2015作答。

截面类型　　表30

截面	截面面积 A（mm^2）	i_x（mm）	i_y（mm）	截面形式
H450×300×25×30	27750	181.9	69.8	焊接H型钢（翼缘为焰切边）
H550×350×25×30	33250	223.8	80.4	
□400×400×18×18	27504	156.1	156.1	焊接箱形
□450×450×20×20	34400	175.7	175.7	

A. H450×300×25×30　　B. H550×350×25×30

C. □400×400×18×18　　D. □450×450×20×20

答案：（　　）

主要解答过程：

【31】偏心支撑布置同28题图28，消能梁段及与其相连的同一跨框架梁截面为H700×300×18×32，消能梁段与支撑连接处，在梁的上、下翼缘设置侧向支撑。试问，侧向支撑的轴力设计值（kN）与下列何项最为接近？

提示：按《高层民用建筑钢结构技术规程》JGJ 99—2015作答。

A. 170　　B. 180　　C. 190　　D. 200

答案：（　　）

主要解答过程：

【32】某高度40m烟囱，场地类别为Ⅲ类，针对于该烟囱，下列说法正确的有几项？

Ⅰ.建造于抗震设防烈度为8度地区时，可以采用砖烟囱。

Ⅱ.建造于抗震设防烈度为7度地区，采用砖烟囱时，可不进行截面抗震验算，但应满足抗震构造要求。

Ⅲ.若采用钢筋混凝土烟囱，进行地震计算时，结构阻尼比可取0.05。

Ⅳ.在验算横风向共振时，应计算风速小于基本设计风压工况下可能发生的最不利共振响应。

Ⅴ.当采用钢烟囱时，钢材在温度作用下的弹性模量可不计及温度折减，并应按《钢结构设计标准》GB 50017采用。

Ⅵ.不可建造于民用机场净空保护区域内。

A. 2　　B. 3　　C. 4　　D. 5

答案：(　　)

主要解答过程：

【题33～34】某高速公路匝道桥跨径布置为1×30m，如图33～34所示，支撑线与梁端纵桥向距离40cm，伸缩缝宽度3cm。桥梁两侧设置SA级混凝土防撞护栏，护栏宽度0.5m，单侧重量为8kN/m；桥面铺装为10cm沥青混凝土（$\gamma=23kN/m^3$）铺装+防水层+10cm钢筋混凝土（$\gamma=25kN/m^3$），其中防水层不计重量。结构冲击系数按照0.3考虑，活荷载集中力按照跨中加载考虑。

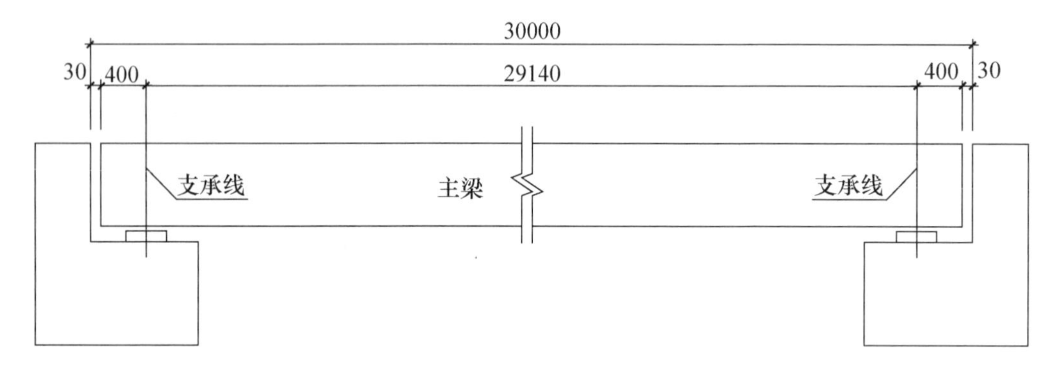

图33～34　某高速公路匝道桥支承线与梁端

【33】假设该桥为钢箱梁桥，断面布置如图33所示，假设钢箱梁断面积A为$0.4m^2$（含加劲肋、横隔板等重量），钢材重度$\gamma=79kN/m^3$。试问，该结构体系最不利状态下抗倾覆稳定系数，与下列何项数值最为接近？

A. 7.7　　B. 6.0　　C. 2.2　　D. 1.5

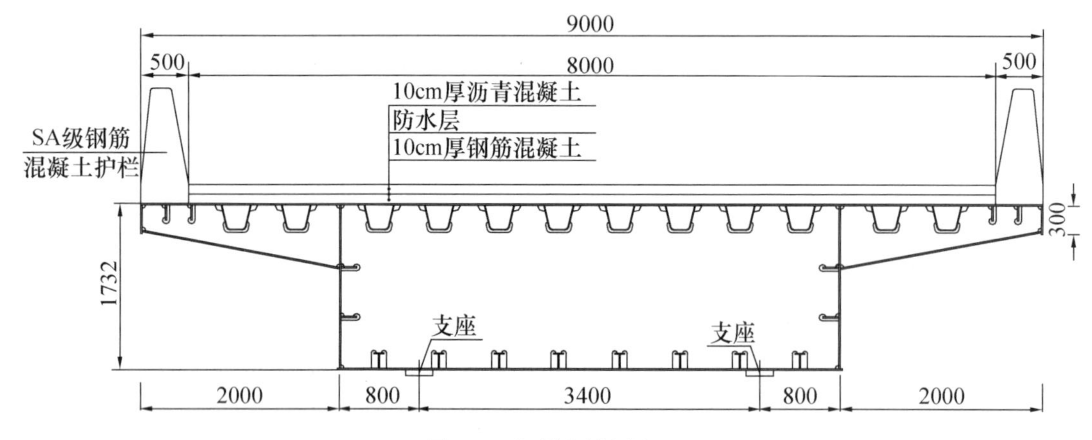

图33　钢箱梁桥断面

答案：(　　)

主要解答过程：

【34】下列关于结构抗倾覆稳定性的说法，何项不正确？

A. 多跨曲线连续梁桥，中间采用独柱墩，向曲线外侧设置预偏心

B. 曲线桥随曲线半径减小，弯扭耦合效应加大，箱梁桥的抗倾覆性能降低

C. 抗倾覆稳定系数满足规范要求，支座在作用标准组合下应保持受压状态

D. 钢材强度高，整体性、适应性好，但是自重轻，抗倾覆稳定性能不如混凝土结构

答案：(　　)

主要解答过程：

【题 35～37】某后张法预应力混凝土梁中配置有曲线预应力钢筋，已知，预应力钢筋张拉力设计值 P_d =1450kN，张拉时混凝土强度等级为 C35，管道外缘直径为 60mm，管道曲线半径为 10m。

【35】试问，曲线平面内，对混凝土保护层的设置，以下何项最为合理？

A. 取保护层最小厚度为 50mm

B. 取保护层最小厚度为 55mm

C. 取保护层最小厚度为 65mm

D. 取保护层最小厚度为 65mm，同时还应在保护层内设置钢筋网片

答案：(　　)

主要解答过程：

【36】曲线平面内，若取保护层厚度为40mm，并在管道曲线段弯曲平面内设置箍筋，箍筋采用HPB300，双肢箍。试问，箍筋直径与间距（mm）采取以下何项最为合理？

A. Φ10@200　　B. Φ10@150　　C. Φ12@200　　D. Φ12@150

答案：(　　)

主要解答过程：

【37】试问，相邻两曲线管道外缘在曲线平面外的净距（mm），采用以下何项最为合理？

A. 40　　B. 45　　C. 50　　D. 60

答案：(　　)

主要解答过程：

【题38～40】某城市桥梁，为三柱墩连续梁桥（4×25m），位于8度区。桥墩为圆形。已知该桥属于规则连续梁桥，在进行E2地震作用分析时，桥墩为延性构件，各桥墩均为圆形截面，配筋率均为1.7%，抗弯惯性矩为0.14m^4。三个排架墩的墩顶均采用GYZ325×55型板式橡胶支座，每个排架墩设置28个支座。桥墩横向均设置混凝土挡块，可视为刚性连接。

【38】试问，对该桥进行抗震分析时，对于E2地震作用，应采用以下何种计算方法？

A. 线性或非线性时程计算方法

B. 单振型反应谱法

C. 多振型反应谱法

D. 单振型反应谱法或多振型反应谱法

答案：(　　)

主要解答过程：

【39】若其中某墩柱的轴压比为0.123，依据《城市桥梁抗震设计规范》CJJ 166—2011附录A已经求得弹性刚度比为0.440。试问，该柱的有效截面惯性矩I_c（m^4），与下列何项数值最为接近？

A. 0.050　B. 0.056　C. 0.062　D. 0.068

答案：(　　)

主要解答过程：

【40】假定，板式橡胶支座的水平刚度可采用线性弹簧单元模拟，线弹簧的刚度取为板式橡胶的剪切刚度。已知，单个支座的直径为325mm，橡胶层总厚度为39mm。试问，单个支座的剪切刚度（kN/m），与下列何项数值最为接近？

A. 2.45×10^3　　B. 2.55×10^3　　C. 2.66×10^3　　D. 2.76×10^3

答案：(　　)

主要解答过程：

准考证号 姓名 工作单位

一级注册结构工程师
专业考试模拟试卷（三）
（上午）

应考人员注意事项

1. 本试卷科目代码为“X”，请将此代码填涂在答题卡“科目代码”相应的栏目内，否则，无法评分。

2. 书写用笔：黑色墨水笔、签字笔，考生在试卷上作答时，必须使用书写用笔，不得使用铅笔，否则视为违纪试卷。

填涂答题卡用笔：黑色2B铅笔。

3. 须用书写用笔将工作单位、姓名、准考证号填写在答题卡和试卷相应的栏目内。

4. 本试卷由40题组成，每题1分，满分为40分。本试卷全部为单项选择题，每小题的四个选项中只有一个正确答案，错选、多选均不得分。

5. 考生在作答时，必须按题号在答题卡上将相应试题所选选项对应的字母用2B铅笔涂黑。

6. 在答题卡上书写随意无关的语言，或在答题卡作标记的，作违纪试卷处理。

7. 考试结束时，由监考人员当面将试卷、答题卡一并收回。

8. 草稿纸由各地统一配发，考后收回。

注：本页仅为模拟之用，部分要求本模拟试卷不涉及。

【1】某不允许开裂的素混凝土受压女儿墙，构件高度 $H=1350\text{mm}$，混凝土强度等级为C25，截面尺寸为300mm×900mm，长边方向偏心距为300mm，短边方向无偏心。试问，该构件的受压承载力（kN）与下列何项数值最为接近？

A. 215　　B. 230　　C. 245　　D. 285

答案：(　　)

主要解答过程：

【2】某健身房采用叠合楼板，总厚度为150mm，预制部分厚90mm，叠合层混凝土厚度60mm，混凝土强度等级均为C35，施工期间不加支撑。建筑面层100mm，第一阶段和第二阶段施工期间活荷载均为 3.0kN/m^2，楼板的吊顶自重 0.5kN/m^2。假定楼板按两端嵌固的单跨板计算，计算跨度为4m，取板宽1m典型单位计算。试问，预制构件的弯矩设计值（kN·m）、叠合构件的负弯矩区段的弯矩设计值（kN·m），分别与下列何项数值最为接近？

提示：(1) 钢筋混凝土重度按 25kN/m^3，建筑面层重度按 20kN/m^3；

(2) 分项系数按照《建筑结构可靠性设计统一标准》GB 50068—2018。

A. 15、10　　B. 20、10　　C. 20、15　　D. 20、20

答案：(　　)

主要解答过程：

【3】8度区（0.2g）某框架结构多层办公楼，结构平面及竖向规则，拟采用预制装配式混凝土楼盖，结构基本周期0.6s，首层水平地震剪力标准值为800kN，首层全部框架柱及首层某边柱A的等效刚度及重力荷载代表值，如表3所示。试问，柱A的水平地震剪力设计值（kN），与下列何项数值最为接近？

提示：不考虑强柱弱梁、强剪弱弯的调整。

等效刚度及重力荷载代表值　　表3

	等效刚度（kN/m）	重力荷载代表值（kN）
框架边柱A	2×10^5	2560
首层全部框架柱	48×10^5	46080

A. 40　　B. 50　　C. 70　　D. 90

答案：(　　)

主要解答过程：

【4】某受拉钢筋采用螺栓锚头，钢筋直径为20mm。试问，若采用方形焊接锚板，其方形锚板的最小边长（mm），与下列何项最为接近？

A. 35　　B. 40　　C. 45　　D. 50

答案：(　　)

主要解答过程：

【5】有一楼板厚度为 180mm 的现浇空心混凝土楼板（无预应力），预采用管形内孔。试问，管形内孔的尺寸中，内筒直径、顺筒肋宽分别为以下何项数值最为合理？

提示：以下选项中空心率均满足要求。

A. 120mm，25mm　　B. 120mm，50mm

C. 100mm，50mm　　D. 100mm，25mm

答案：(　　)

主要解答过程：

【6】某一牛腿尺寸如图 6 所示，柱截面宽度 $b=300$mm，牛腿顶部的竖向力设计值为 300kN，水平力设计值为 60kN，混凝土强度等级为 C40，牛腿水平纵筋采用 HRB400 级钢筋。试问，牛腿的水平纵筋选用下列何项满足规范要求且最为经济？

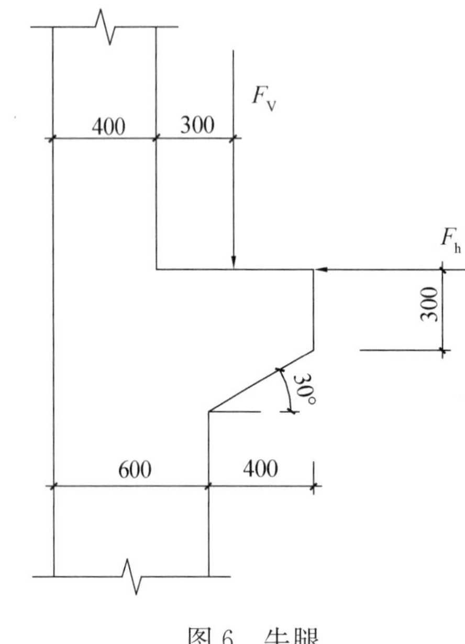

图 6　牛腿

A. 3Φ12　　B. 4Φ12　　C. 5Φ12　　D. 6Φ12

答案：(　　)

主要解答过程：

【7】如图 7 所示，某一预埋件由锚板和对称配置的弯折锚筋及直锚筋共同承受剪力，假定，其直锚钢筋按构造要求设置，考虑弯折钢筋承受全部剪力时，已知预埋件承受的剪力设计值为 150kN，直锚钢筋为 4Φ12，钢筋均为 HRB400 级，混凝土强度等级为 C40。试问，其弯折锚筋的截面面积 A_{sb}（mm^2）的最小计算值，与下列何项最为接近？

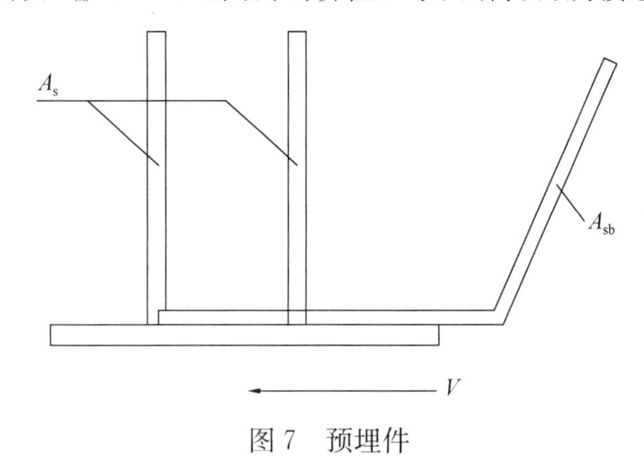

图 7　预埋件

A. 195　　B. 305　　C. 500　　D. 700

答案：(　　)

主要解答过程：

【8】图 8 为三个混凝土框架柱在某一层的弯矩图，柱截面均为 600mm×600mm。试问，以下柱子有几个需要考虑挠曲二阶效应？

提示：各柱轴压比均不大于 0.9，且 i=173mm。

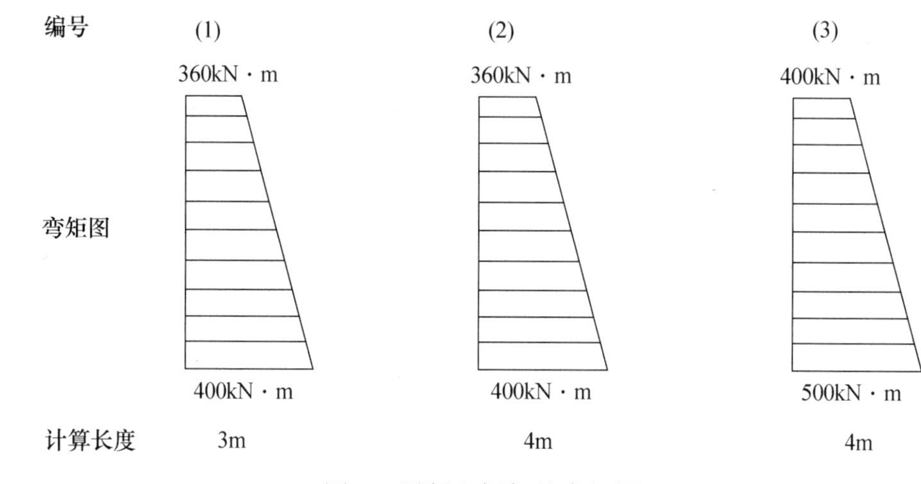

图 8　混凝土框架柱弯矩图

A. 0　　B. 1　　C. 2　　D. 3

答案：(　　)

主要解答过程：

【9】某工程轴心受压柱，截面尺寸为450mm×450mm，柱计算高度为4500mm，混凝土强度等级为C20，钢筋采用HRB400，配筋4Φ20（面积1256mm²）。后来发现设计有误，柱的承载力设计值实为2500kN，原设计承载力不足，拟采用C40置换原部分混凝土进行加固处理。试确定置换混凝土的面积（mm²），与下列何项数值最为接近？

提示：施工时无支顶措施。

A. 29000　　B. 50500　　C. 77500　　D. 93500

答案：(　　)

主要解答过程：

【10】根据《建筑结构可靠性设计统一标准》GB 50068—2018，下列说法何项正确？

Ⅰ. 结构材构件产生过度变形，应被认定为承载力能力极限状态；

Ⅱ. 结构构件丧失稳定，不是某个截面发生强度破坏，而是整个构件失稳，产生过大挠度，不宜继续承载，应被认定为正常使用极限状态；

Ⅲ. 地基丧失承载力而破坏，属于变形过大，不适宜继续承载，应被认定为正常使用极限状态；

Ⅳ. 影响耐久性能的裂缝应被认定为耐久性极限状态。

A. Ⅰ、Ⅱ、Ⅲ、Ⅳ　　B. Ⅰ、Ⅲ　　C. Ⅰ、Ⅳ　　D. Ⅱ、Ⅲ、Ⅳ

答案：(　　)

主要解答过程：

【11】关于多层建筑，房屋隔震设计时水平向减震系数有下列主张：

Ⅰ. 根据多遇地震计算结果确定；

Ⅱ. 根据设防地震计算结果确定；

Ⅲ. 取各层层间剪力比值的最大值；

Ⅳ. 取各层层间剪力比值的最小值。

试问，依据《建筑抗震设计规范》GB 50011—2010（2016 年版）的有关规定，针对上述主张正确性的判断，下列何项正确？

A. Ⅰ和Ⅲ　　B. Ⅰ和Ⅳ　　C. Ⅱ和Ⅲ　　D. Ⅱ和Ⅳ

答案：(　　)

主要解答过程：

【12】某 8 度（0.3g）的房屋隔震设计，基本周期为 3.2s，水平向减震系数为 0.236。试问，隔震层以上结构各楼层的最小地震剪力系数，与下列何项数值最为接近？

A. 0.016　　B. 0.024　　C. 0.032　　D. 0.048

答案：(　　)

主要解答过程：

【13】某9度区多层钢筋混凝土框架结构，为减小水平地震作用，采用隔震设计。在二层楼面以上设置隔震层，隔震支座布置如图13-1所示，橡胶隔震支座共计25个，其中LRB500铅芯橡胶支座8个、LRB400铅芯橡胶支座11个、LNR500非铅芯橡胶支座6个。由试验确定的隔震支座设计参数及荷载-位移关系如表13和图13-2所示。试问，对罕遇地震验算时，隔震层水平等效刚度 K_h（kN/mm），与下列何项数值最为接近？

提示：(1) 剪切变形100%表示剪切变形为100%的橡胶层总厚度；

(2) 单个LNR500非铅芯橡胶支座等效水平刚度为0.81kN/mm。

A. 18　　B. 22　　C. 26　　D. 30

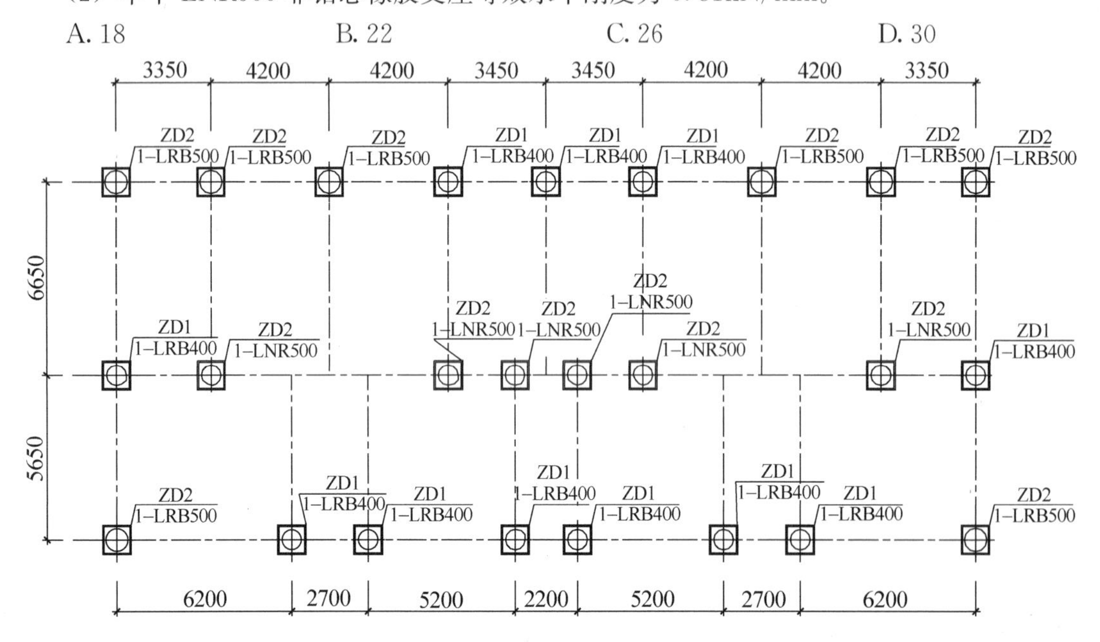

图13-1　隔震支座布置图

橡胶支座力学性能参数表　　表13

类别		单位	铅芯橡胶支座		非铅芯橡胶支座
			LRB500	LRB400	LNR500
剪切模量	G	MPa	0.392		
有效直径	D	mm	500	400	500
中孔直径	—	mm	80	65	80
第一形状系数 S_1	S_1	—	≥15	≥15	≥15
第二形状系数 S_2	S_2	—	≥5	≥5	≥5
屈服前刚度	k_u	kN/mm	10.91	8.79	—
屈服后刚度	k_d	kN/mm	0.84	0.68	—
屈服力	Q_d	kN	40	27	—
橡胶层总厚度 t_1		mm	94	75	94
法兰板厚度 t_2		mm	21	20	21
支座总高度 t_3		mm	201	178	201

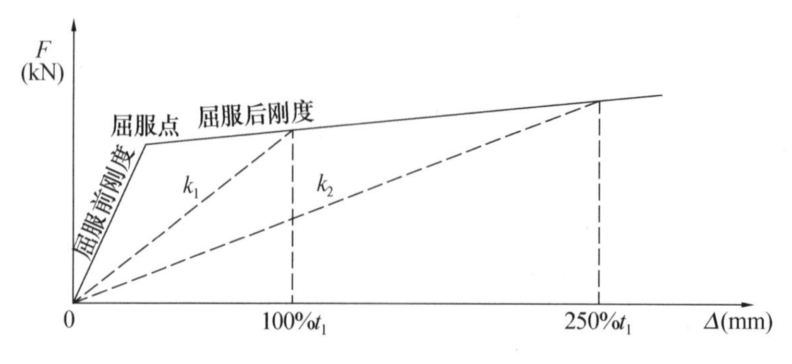

图13-2　橡胶支座荷载-位移曲线关系图

答案：(　　)

主要解答过程：

【14】如图 14 所示，某矩形边梁上有悬挑雨篷板，梁板混凝土强度等级均为 C35，边梁跨度 9m，两端刚接，雨篷板沿着梁长方向的长度为 3m。假定忽略梁自重及其他荷载，仅考虑梁上扭矩设计值 $T=18\text{kN}\cdot\text{m/m}$，按照纯扭构件设计该矩形边梁，梁宽固定为 400mm。试问，可不进行构件受扭承载力计算的最小梁高（mm），与下列何项数值最为接近？

A. 250　　B. 350　　C. 450　　D. 750

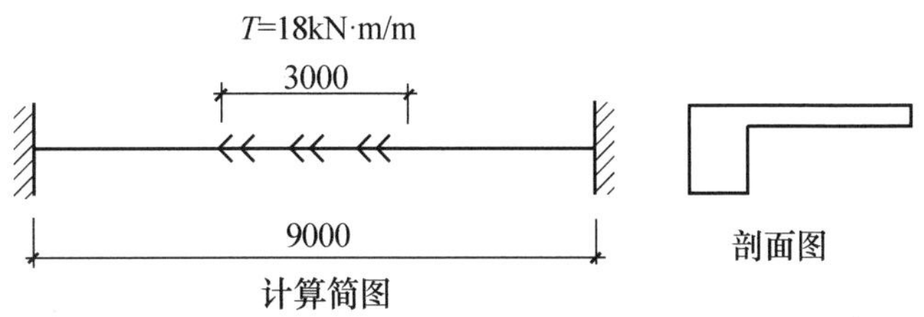

T=18kN·m/m

3000

9000

计算简图　　剖面图

图 14　悬挑雨篷板

答案：(　　)

主要解答过程：

【15】某安全等级为一级的框架结构，其有一 C30 钢筋混凝土悬挑梁，截面尺寸如图 15 所示，挑梁长度 3m，线荷载设计值为 50kN/m，底筋 2ϕ18。试问，受拉钢筋面积计算值（mm^2）与下列何项最为接近？

提示：$a_s=a'_s=40\text{mm}$，钢筋 HRB335，考虑受压钢筋作用。

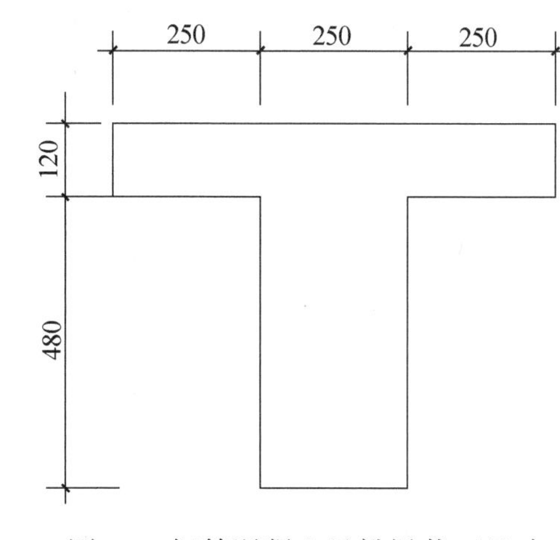

图 15　钢筋混凝土悬挑梁截面尺寸

A. 1600　　B. 1450　　C. 1325　　D. 1700

答案：(　　)

主要解答过程：

【16】某超高层核心筒采用钢板混凝土剪力墙，核心筒抗震等级为特一级，非底部加强区的某墙肢截面尺寸及配筋如图 16 所示，型钢截面为 H450×400×40×50（面积为：54000mm²），钢板厚度为 36mm，混凝土强度等级为 C60，钢材均为 Q345GJB。假定，墙肢承受的拉力设计值为 35550kN，剪跨比为 2.5，不考虑 400mm 厚内墙和中部型钢。试问，该偏心受拉剪力墙的斜截面最大抗震受剪承载力设计值（kN），与下列何项数值最为接近？

提示：$a_s = a'_s = 500$mm，钢材强度设计值按《钢结构设计标准》GB 50017—2017。

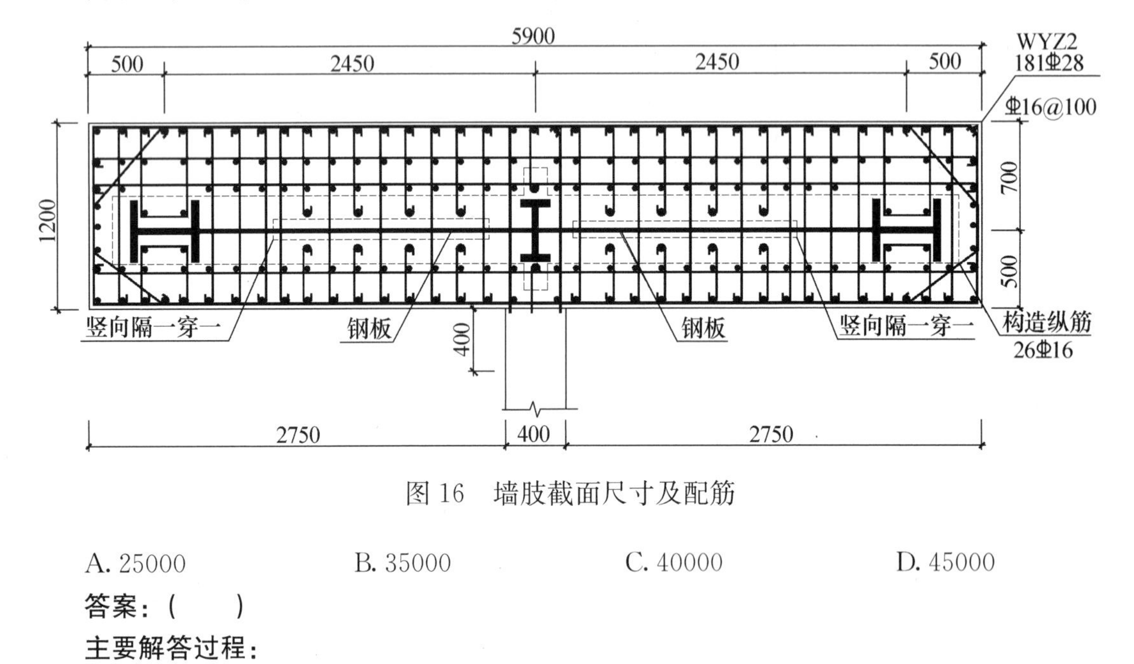

图 16 墙肢截面尺寸及配筋

A. 25000　　B. 35000　　C. 40000　　D. 45000

答案：(　　)

主要解答过程：

【17】依据《低合金高强度结构钢》GB/T 1591—2018，Q355 钢材的屈服强度如表 17 所示。

Q355 钢材的指标　　**表 17**

钢材牌号	厚度（mm）	屈服强度 f_y（N/mm²）	抗拉强度 f_u（N/mm²）
Q355	≤16	355	470
	>16，≤40	345	
	>40，≤63	335	
	>63，≤80	325	
	>80，≤100	315	

假定，其材料抗力分项系数按照 Q345 取值，则以下确定强度设计值的观点，何项正确？

Ⅰ. 厚度 $t \leqslant 16$ mm 时，取 $f = 315$ N/mm²；

Ⅱ. 厚度为 10mm 时，取 $f_v = 185$N/mm²；

Ⅲ. 厚度为 20mm 时，取 $f_{ce} = 400$N/mm²；

Ⅳ. 厚度 $t \leqslant 16$ mm 时，对接焊缝，质量等级为二级，取 $f_t^w = 315$ N/mm²。

A. Ⅰ、Ⅲ、Ⅳ正确，Ⅱ错误　　B. Ⅰ、Ⅲ正确，Ⅱ、Ⅳ错误

C. Ⅰ、Ⅱ、Ⅲ正确，Ⅳ错误　　D. Ⅰ、Ⅳ正确，Ⅱ、Ⅲ错误

答案：(　　)

主要解答过程：

【题 18～21】位于河北省沧州市的某单跨工业厂房，跨度为 40m，檐口标高为 24m。屋面设置 3.5m 高天窗，天窗架顶标高为 28.5m。厂房内设置有 2 台软钩吊车（工作级别为 A7 级），吊车梁顶面标高为 11m。每一侧柱列设置 4 道上柱柱间支撑和 2 道下柱柱间支撑，均采用双片支撑，如图 18～21 所示。地面粗糙度为 B 类，钢材采用 Q235B。建筑结构安全等级为二级，设计使用年限为 50 年。不考虑抗震。

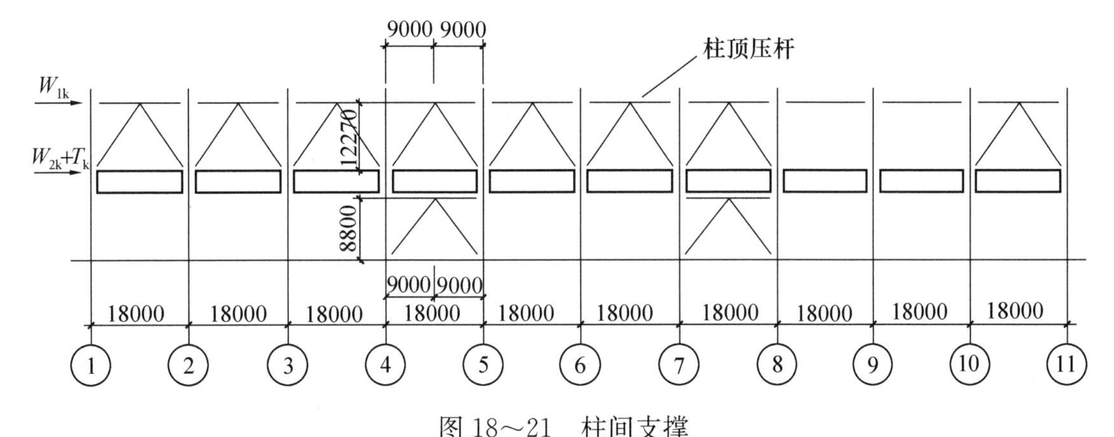

图 18～21　柱间支撑

【18】确定柱顶集中风荷载标准值 W_{1k} 时，采用如图 18 所示的计算简图（最低点为地面标高零点）。试问，图中均布风荷载标准值 w_{3k}（kN/m^2），与下列何项数值最为接近？

提示：(1) 依据《建筑结构荷载规范》GB 50009—2012 答题，并考虑体型系数；

(2) 风振系数 $\beta_z=1.0$。

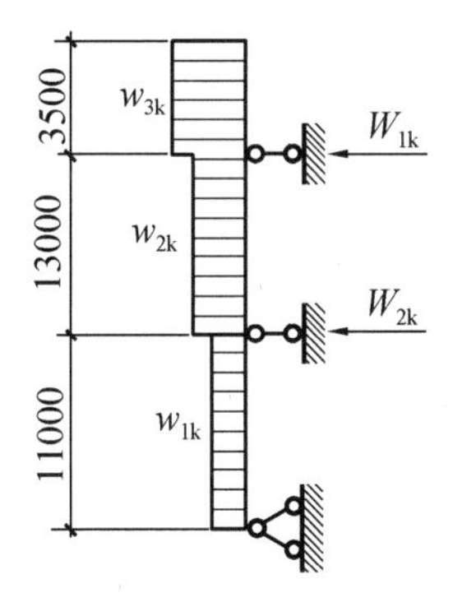

图 18　计算简图

A. 0.273　　B. 0.437　　C. 0.673　　D. 0.710

答案：(　　)

主要解答过程：

【19】吊车每侧轮数为 4 个，假定，吊车最大轮压标准值 $P_{max}=395kN$。试问，图 18～21 中作用于一侧柱列的吊车纵向水平荷载标准值 T_k（kN），与下列何项数值最为接近？

A. 79　　B. 98　　C. 129　　D. 158

答案：(　　)

主要解答过程：

【20】假定，柱顶压杆仅承受受压柱产生的剪力，已求得该力为142kN。柱顶压杆为双片，单肢采用[25a（截面特性为：$A=34.917\text{cm}^2$，$I_x=3370\text{cm}^4$，$I_y=176\text{cm}^4$，$i_x=9.82\text{cm}$，$i_y=2.24\text{cm}$，$z_0=2.07\text{cm}$），外轮廓尺寸为1200mm，两槽钢间设置∟63×6并与槽钢焊接，如图20所示。∟63×6的截面积为7.288cm^2。若已经求得整个截面绕虚轴（x轴）的惯性矩为$I_x=2.1120\times10^5\text{cm}^4$，$i_x=55\text{cm}$。试问，对该压杆进行整体稳定验算时，公式左侧所得数值，与下列何项最为接近？

A. 0.103　　B. 0.302　　C. 0.434　　D. 0.617

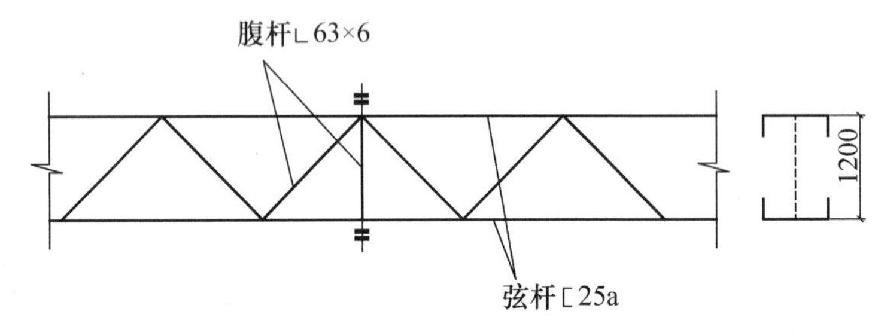

图20　连接

答案：(　　)

主要解答过程：

【21】假定，已经求得图18中$W_{1k}=242\text{kN}$，该力由上段柱的4道支撑（均为双片支撑）均匀承受。每片支撑为[22a，截面特性为：$A=31.846\text{cm}^2$，$I_x=2390\text{cm}^4$，$I_y=158\text{cm}^4$，$i_x=8.67\text{cm}$，$i_y=2.23\text{cm}$，$z_0=2.10\text{cm}$。支撑的几何长度为15.217m。双片支撑形成的组合截面，其在柱列平面内和平面外的长细比分别为176和31。试问，对支撑进行整体稳定性验算时，公式左侧所得数值，与下列何项最为接近？

提示：风荷载的分项系数取1.5。

A. 0.120　　B. 0.239　　C. 0.447　　D. 0.493

答案：(　　)

主要解答过程：

【22】某焊接工字形截面简支梁，采用Q235钢材制成，计算跨度12m，截面尺寸$h\times b\times t_w\times t_f=1028\times280\times8\times14$，截面特性：$A=15840mm^2$，$I_x=2682.1\times10^6mm^4$，$S_x=2612.4\times10^3mm^3$。该梁只承受静态的均布荷载作用，且仅在支座处设置支承加劲肋。试问，该梁可承受的最大剪力设计值V_u（kN），与下列何项数值最为接近？

提示：考虑梁腹板屈曲后强度。

A. 630　　B. 710　　C. 1020　　D. 1250

答案：(　　)

主要解答过程：

【23】某空间KT形圆管节点，其中K形受压支管的轴力设计值为102kN。假定，按平面K形节点得到的受压支管的承载力设计值为587kN，按空间KT形节点计算得到空间调整系数$\mu_{KT}=0.862$，支管轴力比影响系数$Q_n=0.651$。试问，空间KT形节点的K形受压支管的承载力设计值N_{cKT}（kN），与下列何项数值最为接近？

A. 320　　B. 220　　C. 155　　D. 55

答案：(　　)

主要解答过程：

【题 24～25】门式刚架的斜梁，采用端板的形式对接，如图 24～25 所示。采用高强度螺栓摩擦型连接。梁为工字形变截面，接头处截面尺寸 550×200×6×8。钢材采用 Q235B。

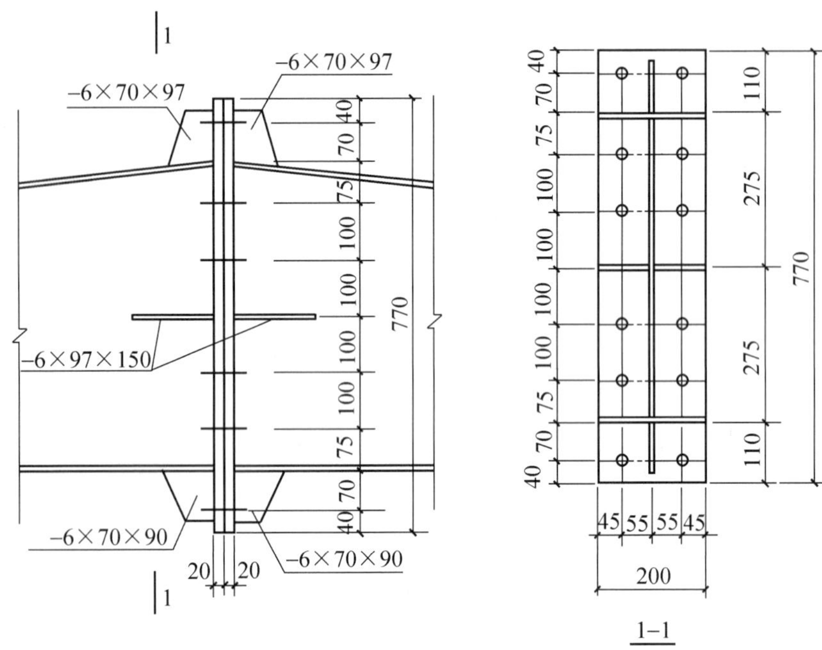

图 24～25　门式刚架斜梁对接

【24】假定连接处组合的内力设计值为：轴力 N=21.7kN（压力），剪力 V=1.4kN，弯矩 M=58.1kN·m，螺栓采用 8.8 级，标准孔，连接表面用钢丝刷除锈，抗滑移系数 μ=0.3。试问，当按照图示位置设 12 个螺栓时，螺栓选用以下何项，才能满足相关规范的受力要求和构造要求且最经济？

A. M12　　B. M16　　C. M20　　D. M22

提示：螺栓受力依据《钢结构高强度螺栓连接技术规程》JGJ 82—2011 确定。

答案：(　　)

主要解答过程：

【25】假定，已经求得受力最大螺栓所受的拉力设计值为 40.5kN，实际采用 8.8 级 M20 螺栓，预拉力 P=125kN。试问，满足要求且最经济的端板厚度 t(mm)，应为以下何项？

提示：(1) 近似取 e_f =70mm 计算；

(2) 伸臂区格已设置加劲肋，可视为两邻边支承区格。

A. 16　　B. 18　　C. 20　　D. 22

答案：(　　)

主要解答过程：

【题 26～28】某梁柱刚性连接节点，柱截面为 HW400×400×13×21，梁截面为 HN400×200×8×13，采用栓焊混合连接：梁翼缘与柱采用完全熔透的开坡口对接焊缝连接，梁腹板与柱采用高强度螺栓摩擦型连接，如图 26～28 所示。梁柱钢材均为 Q235。假定已经求得梁端剪力设计值 $V=102.7$kN，梁端弯矩设计值 $M=157.5$kN·m。

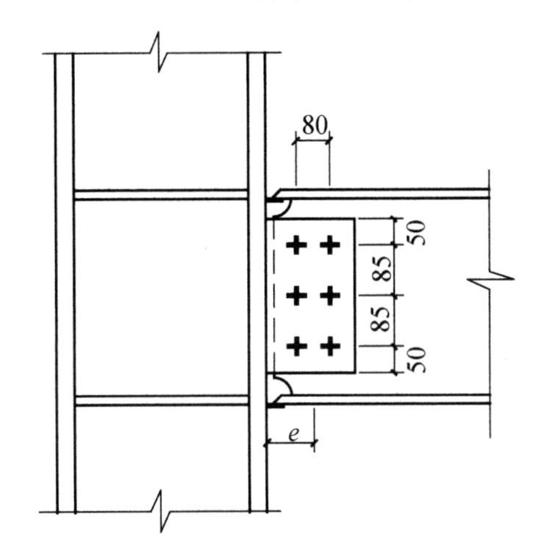

图 26～28　栓焊混合连接

【26】当按照非抗震设计利用公式 $\frac{M_{b1}+M_{b2}}{V_p}\leqslant f_{ps}$ 验算节点域的承载力时，公式两侧所得数值（N/mm^2），与下列何项数值最为接近？

A. 83，147　　B. 166，167　　C. 83，167　　D. 166，287

答案：(　　)

主要解答过程：

【27】假定，在柱腹板处未设置水平加劲肋。试问，柱腹板的厚度（mm）应采用以下何项最为经济合理？

A. 12　　B. 16　　C. 20　　D. 22

答案：(　　)

主要解答过程：

【28】假定，图26～28的刚性连接中，弯矩全部由对接焊缝承受，剪力全部由腹板处螺栓承受。试问，当螺栓群形心至柱边缘的距离 $e=100\text{mm}$ 时，受力最大螺栓所受的剪力设计值（kN），与下列何项数值最为接近？

A. 36　　B. 30　　C. 24　　D. 18

答案：(　　)

主要解答过程：

【29】某单层椭圆抛物面网壳，四边铰支在刚性横格上，两个方向的主曲率半径为25m、30m，网壳的等效膜刚度与等效抗弯刚度的乘积为 $2.57\times10^{8}\text{kN}^2$，作用于网壳上的恒荷载为 1.0kN/m^2，活荷载为 0.5kN/m^2。试问，对网壳稳定性进行初步计算时，其容许承载力标准值 $[q_{ks}]$（kN/m^2）与下列何项最为接近？

A. 2.0　　B. 3.0　　C. 4.0　　D. 5.0

答案：(　　)

主要解答过程：

【30】某承受轴心拉力的钢板，截面为400mm×20mm，Q345钢，因长度不够而用横向对接焊缝接长，如图30所示，焊缝质量为一级，但表面未进行磨平加工。钢板承受重复荷载，预期循环次数 $n=10^6$ 次，荷载标准值 $N_{max}=1350kN$、$N_{min}=0$，荷载设计值 $N=1800kN$。试问，对焊接部位进行正应力幅疲劳验算时公式左右两端的数值，与下列何项最为接近？

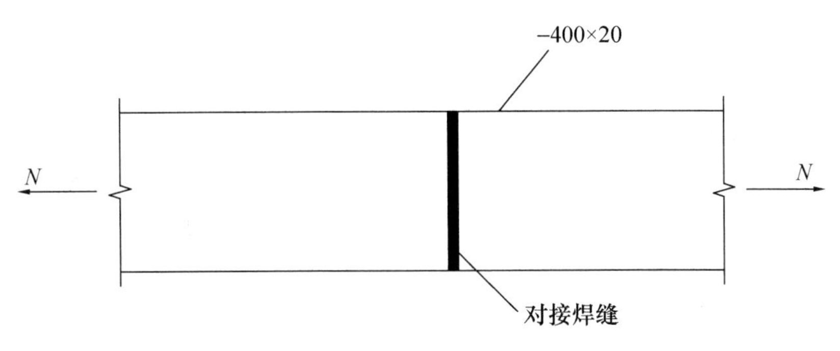

图30 对接焊缝

A. $169N/mm^2>46\ N/mm^2$　　B. $225N/mm^2>51\ N/mm^2$

C. $169N/mm^2>141\ N/mm^2$　　D. $225N/mm^2>141\ N/mm^2$

答案：(　　)

主要解答过程：

【31】关于防止或减轻墙体开裂技术措施的理解，何项不妥？

A. 加大屋顶层现浇混凝土厚度是防止或减轻房屋顶层墙体开裂的最有效措施

B. 设置屋顶保温、隔热层可防止或减轻房屋顶层墙体的开裂

C. 增大基础圈梁刚度可防止或减轻房屋底层墙体的裂缝

D. 女儿墙设置贯通其通高的构造柱并与顶部钢筋混凝土压顶梁整浇，可防止或减轻房屋顶层墙体裂缝

答案：(　　)

主要解答过程：

【32】某四层砌体结构办公楼，抗震设防烈度为 6 度。各层高及计算高度均为 3.6m，采用现浇钢筋混凝土楼盖、屋盖。砌体施工质量控制等级为 B 级，结构安全等级为二级。已知各种荷载标准值：屋面恒荷载总重为 1600kN，屋面活荷载总重为 450kN，屋面雪荷载总重 100kN；每层楼层恒荷载总重为 1500kN，按等效均布荷载计算的每层楼面活荷载为 500kN；1～4 层每层墙体总重为 2100kN，女儿墙总重为 400kN。采用底部剪力法对结构进行水平地震作用计算。试问，总水平地震作用标准值 F_{Ek}（kN），与下列何项数值最为接近？

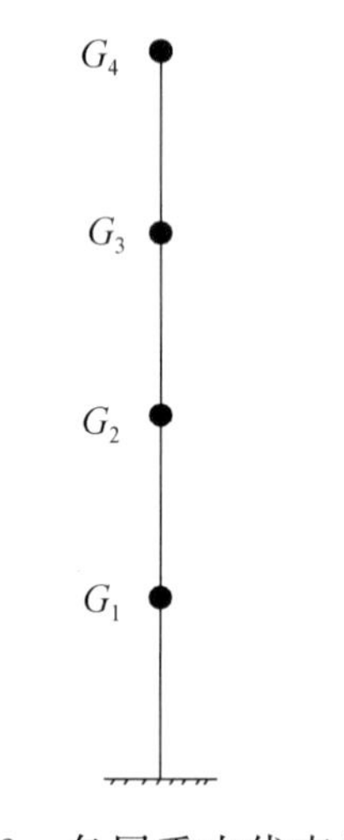

图 32　各层重力代表值

A. 460　　B. 580　　C. 500　　D. 505

答案：(　　)

主要解答过程：

【题 33～36】某抗震设防烈度为 7 度的底层框架-抗震墙多层砌体房屋的底层框架柱 KZ、钢筋混凝土抗震墙（横向 Q-1，纵向 Q-2）、砖抗震墙 ZQ（约束普通砖砌体）的设置如图33～36 所示。各框架柱 KZ 的横向侧向刚度均为 $K_{KZ}=5\times10^4$ kN/m，横向钢筋混凝土抗震墙 GQ-1（包括端柱）的侧向刚度为 $K_{GQ}=280\times10^4$ kN/m，砖抗震墙 ZQ（不包括端柱）的侧向刚度 $K_{ZQ}=40\times10^4$ kN/m，首层层高为 4m，其余楼层层高均为 3m；第二层和底层侧向刚度比较大。

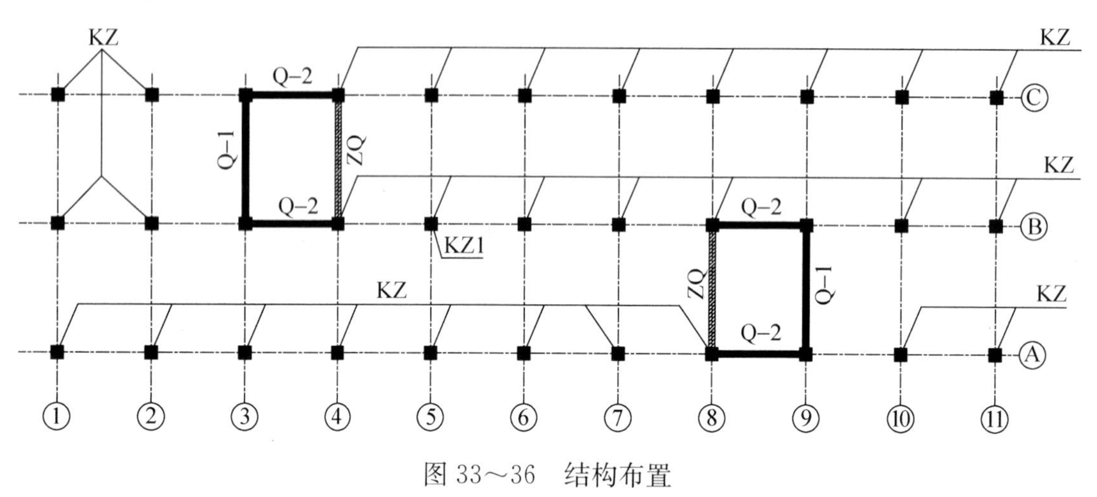

图 33～36　结构布置

【33】假设作用于底层标高处的横向地震剪力标准值 $V_k=2500$kN（满足剪重比要求）。试问，作用于每片横向砖抗震墙 ZQ 上的地震剪力设计值（kN），与下列何项数值最为接近？

A. 160　　B. 205　　C. 250　　D. 305

答案：(　　)

主要解答过程：

【34】条件同上题。试问，作用于每根框架柱上的地震剪力设计值（kN），与下列何项数值最为接近？

A. 16　　B. 21　　C. 31　　D. 75

答案：(　　)

主要解答过程：

【35】若首层横向层剪力设计值为4000kN，相应的重力荷载代表值下的KZ1柱底弯矩标准值为260kN·m。试问，在横向地震力组合工况下，KZ1的柱底弯矩设计值（kN·m），与下列何项最为接近？

A. 160　　B. 205　　C. 560　　D. 305

答案：(　　)

主要解答过程：

【36】若在上述结构中增加两片普通砖抗震墙，嵌砌于框架之间，如图 36 所示。其抗震构造符合规范要求，由于墙上孔洞的影响，两端墙体承担的地震剪力设计值分别为 $V_1=120$kN、$V_2=160$kN。试问，KZ1 的附加轴压力设计值（kN），与下列何项最为接近？

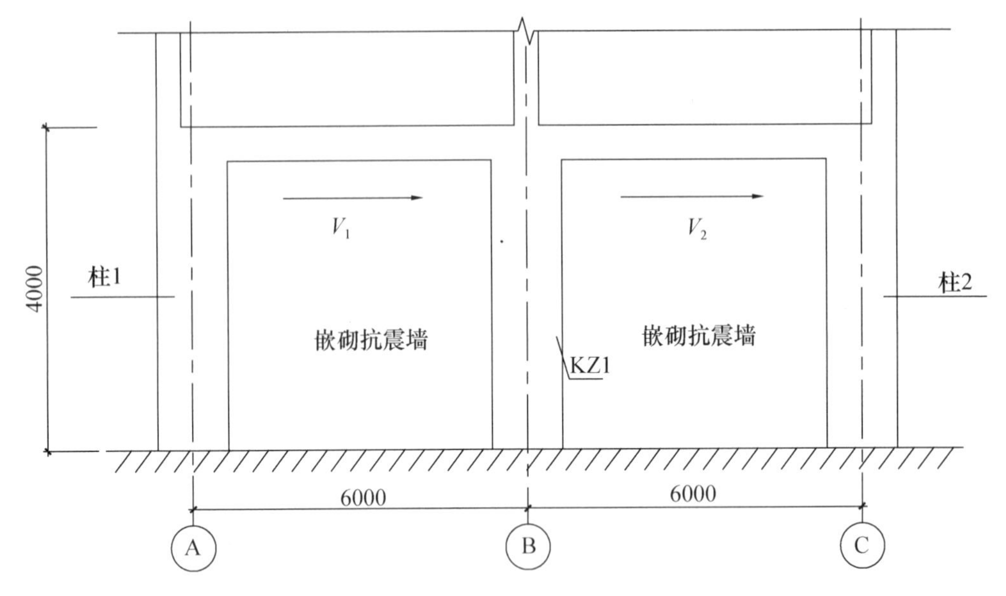

图 36　增加两片普通砖抗震墙

A. 80　　B. 106　　C. 180　　D. 240

答案：(　　)

主要解答过程：

【37】混凝土小型空心砌块块体施工时，其水平灰缝和竖向灰缝的砂浆饱满度，按净面积计算不得低于下列何项数值？

A. 60%　　B. 70%　　C. 80%　　D. 90%

答案：(　　)

主要解答过程：

【38】某单跨无重起重机仓库，跨度 12m，如图 38 所示。承重砖柱截面尺寸为 490mm ×620mm，无柱间支撑，采用 MU10 烧结普通砖、M5 混合砂浆砌筑，施工质量控制等级为 B 级。屋盖结构支撑在砖柱形心处，静力计算方案属于刚弹性方案，室内设有刚性地坪。试问，垂直排架方向砖柱的受压承载力设计值（kN），与下列何项数值最为接近？

A. 325　　B. 355　　C. 390　　D. 420

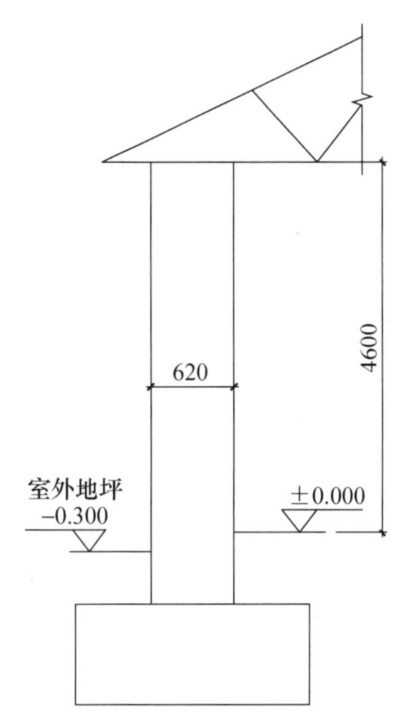

图 38　某单跨无重起重机仓库

答案：(　　)

主要解答过程：

【39】下列关于木结构的论述，其中何项不妥？

A. 木结构建筑不应超过五层

B. 对原木构件，验算抗弯强度时，可取最大弯矩处截面

C. 木衔架制作时应按其跨度的 1/200 起拱

D. 对原木构件，验算挠度和稳定时，可取构件的中央截面

答案：(　　)

主要解答过程：

【40】采用红松（TC13B）制作的木桁架中某轴心受拉构件，其截面尺寸为 180mm×180mm（方木），桁架处于室内正常环境，安全等级为二级，使用年限为 25 年。受拉构件由恒荷载产生的内力约占全部荷载所产生内力的 85%。构件中部有两个沿构件长度方向排列的直径 d=20mm 的螺栓孔，螺栓孔间距 180mm。试问，单独以恒荷载进行验算时，该轴心受拉构件所能承受的最大拉力设计值（kN），与下列何项数值最为接近？

A. 184　　B. 202　　C. 213　　D. 266

答案：(　　)

主要解答过程：

工作单位 姓名 准考证号

一级注册结构工程师
专业考试模拟试卷（三）
（下午）

应考人员注意事项

1. 本试卷科目代码为“X”，请将此代码填涂在答题卡“科目代码”相应的栏目内，否则，无法评分。

2. 书写用笔：黑色墨水笔、签字笔，考生在试卷上作答时，必须使用书写用笔，不得使用铅笔，否则视为违纪试卷。

填涂答题卡用笔：黑色2B铅笔。

3. 须用书写用笔将工作单位、姓名、准考证号填写在答题卡和试卷相应的栏目内。

4. 本试卷由40题组成，每题1分，满分为40分。本试卷全部为单项选择题，每小题的四个选项中只有一个正确答案，错选、多选均不得分。

5. 考生在作答时，必须按题号在答题卡上将相应试题所选选项对应的字母用2B铅笔涂黑。

6. 在答题卡上书写随意无关的语言，或在答题卡作标记的，作违纪试卷处理。

7. 考试结束时，由监考人员当面将试卷、答题卡一并收回。

8. 草稿纸由各地统一配发，考后收回。

注：本页仅为模拟之用，部分要求本模拟试卷不涉及。

【1】如图 1 所示，某天然地基房屋，有一层地下室，基础底标高为－5.600m，地下室地坪标高为－4.600m。原室外天然地面标高为－2.600m，室外地坪设计标高－0.600m，室外地坪填土在主体结构封顶以后进行。试问，关于基础埋置深度计算的下列说法中，何项正确？

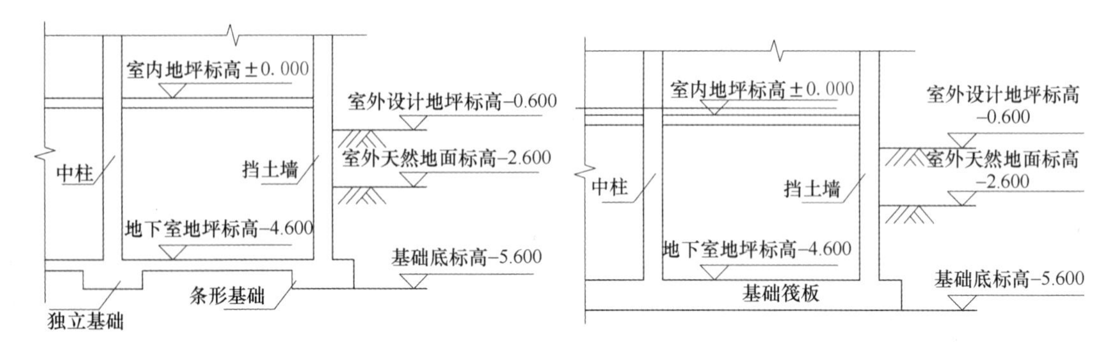

图 1　基础埋置深度

Ⅰ. 采用条形基础的地下室外墙，进行地基承载力修正时，基础埋置深度取为 5m。

Ⅱ. 采用独立基础的中柱，进行地基承载力修正时，基础埋置深度取为 1m。

Ⅲ. 采用筏板基础的地下室，进行地基承载力修正时，基础埋置深度取为 3m。

Ⅳ. 采用条形基础的地下室外墙沉降计算时，附加应力 p_0 中所扣除的土的自重应力计算深度取为 3m。

Ⅴ. 采用独立基础的中柱沉降计算时，附加应力 p_0 中所扣除的土的自重应力计算深度取为 3m。

Ⅵ. 采用筏板基础的地下室外墙沉降计算时，附加应力 p_0 中所扣除的土的自重应力计算深度取为 3m。

A. Ⅱ、Ⅲ、Ⅳ、Ⅴ、Ⅵ　　B. Ⅰ、Ⅱ、Ⅳ、Ⅴ、Ⅵ

C. Ⅰ、Ⅲ、Ⅴ、Ⅵ　　D. Ⅱ、Ⅲ、Ⅳ

答案：(　　)

主要解答过程：

【题 2～3】某多层框架结构柱下独立基础，柱截面为 1m×1m，基础平面、剖面如图 2～3 所示，基础埋深 2.5m，无地下水，基础及其上土加权平均重度取 $\gamma_G=20\text{kN/m}^3$。

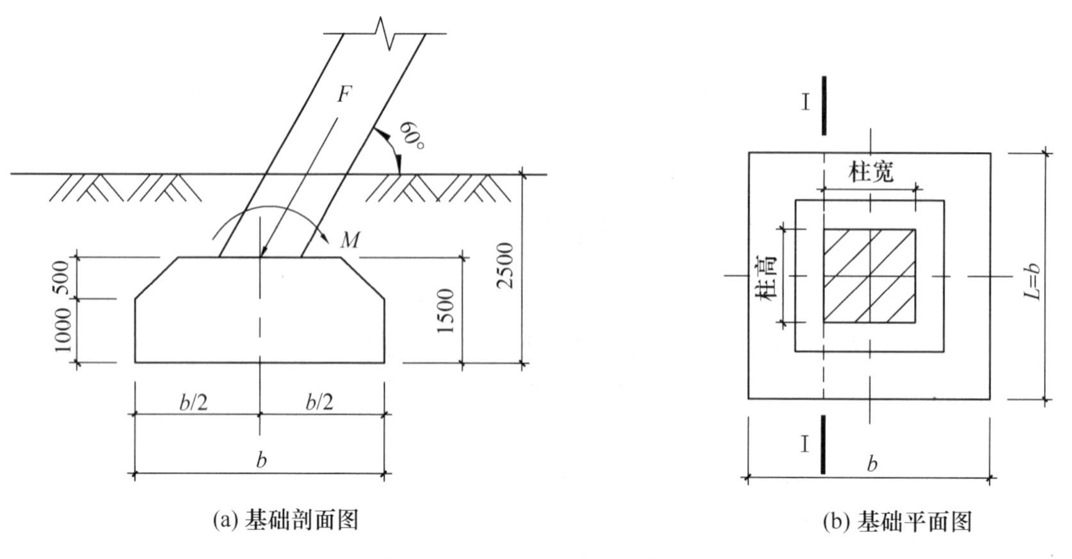

图 2～3　基础平面、剖面

【2】假定，基础底面 L（长度）×b(宽度)＝3m×3m，上部结构传递至基础顶面中心的荷载标准值为：竖向力 F＝2000kN，力矩 M＝300kN·m。假设基础底面压力呈线性分布。试问，满足要求的基础底面处修正后的地基承载力特征值 f_a（kPa）最小值，与下列何项数值最为接近？

A. 250　　B. 340　　C. 430　　D. 520

答案：(　　)

主要解答过程：

【3】假定基础长度 L、宽度 b 均为 4m，上部结构传至基础顶面中心处的标准组合值：竖向力 $F=1200$kN，弯矩 $M=900$kN·m。试问，框架柱边缘 I-I 截面处的弯矩设计值 M_{I}（kN·m），与下列何项数值最为接近？

提示：按永久荷载效应控制的基本组合计算。

A. 200　　B. 300　　C. 400　　D. 500

答案：(　　)

主要解答过程：

【4】某单层单跨工业厂房建于正常固结的黏性土地基上，跨度 15m，长度 60m，采用柱下钢筋混凝土独立基础。柱 1 截面宽度为 0.4m，基底宽度 $b=2$m，厂房基础完工后，室内外均进行填土，柱内外侧回填土及地面堆载的纵向长度均为 20m。柱 1 内、外侧回填土厚度分别为 2.0m、1.5m，回填土的重度取 $\gamma=18\ \text{kN/m}^3$，柱内侧地面堆载 30kPa，基础剖面、回填土及地面堆载情况如图 4 所示。试问，为计算大面积地面荷载对柱 1 的基础产生的附加沉降量，所采用的等效均布地面荷载 q_{eq}（kPa），与下列何项数值最为接近？

A. 40　　B. 45　　C. 50　　D. 55

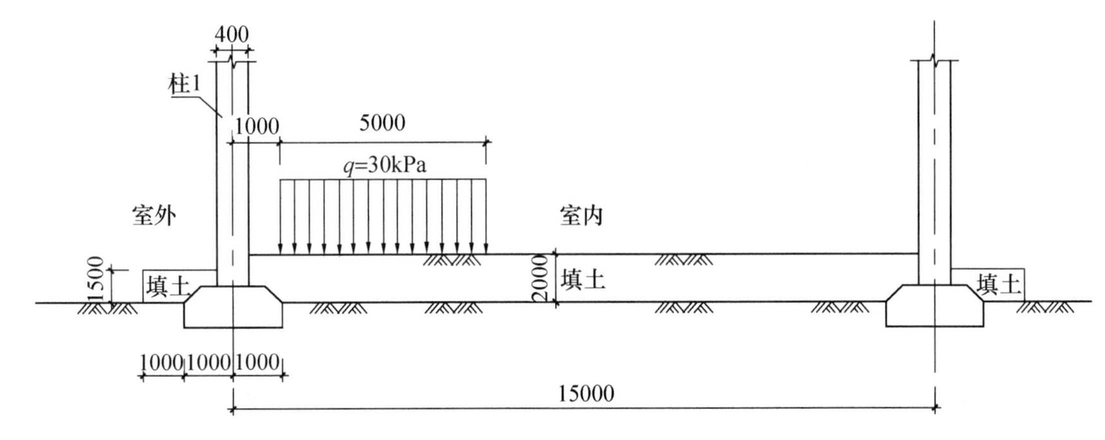

图 4　回填土及地面堆载

答案：(　　)

主要解答过程：

【5】某滑坡可分为两块，且处于极限平衡状态（如图5所示），每个滑块单位宽度的重力、滑动面长度和倾角分别为：$G_1=600\text{kN}$，$L_1=12\text{m}$，$\beta_1=35°$；$G_2=800\text{kN}$，$L_2=10\text{m}$，$\beta_2=20°$。假设各滑动面的强度参数一致（包括内摩擦角，滑坡推力安全系数，滑动面土的黏聚力标准值等），其中内摩擦角标准值 $\varphi_n=15°$，滑坡推力安全系数 $\gamma_t=1.1$。试问，滑体沿滑动面土的黏聚力标准值 c（kPa），与下列何项数值最为接近？

A. 9.5　　B. 12.5　　C. 15.5　　D. 18.5

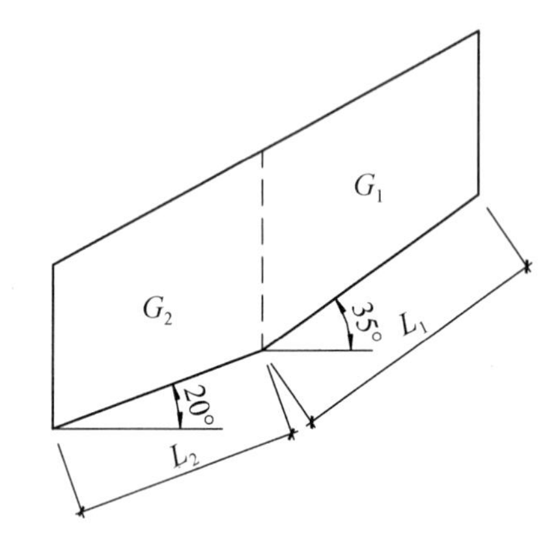

图5　滑坡的极限平衡状态

答案：(　　)

主要解答过程：

【题6～7】某多层框架结构，拟采用一柱一桩基础，桩径 $d=0.6\text{m}$，桩长12m，基础剖面、地基土层相关参数及单桥探头静力触探资料如图6～7所示，桩端持力层为密实粗砂。

提示：依据《建筑桩基技术规范》JGJ 94—2008作答。

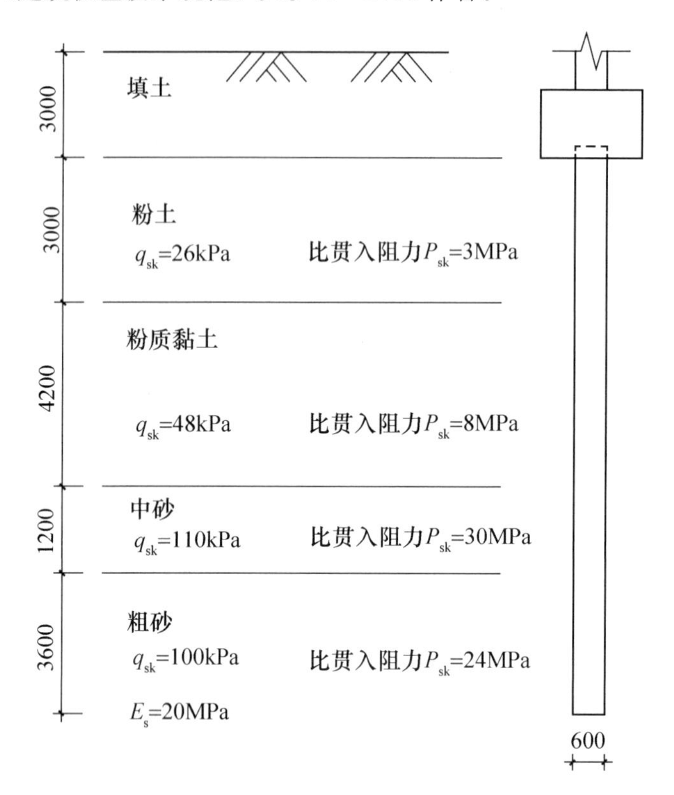

图6～7　基础剖面、地基土层相关参数

【6】假定，采用混凝土预制桩。试问，单桩竖向承载力特征值 R_a（kN），为下列何项数值？

A. 2800　　B. 3500　　C. 4000　　D. 5500

答案：(　　)

主要解答过程：

【7】假定，采用混凝土灌注桩，桩身强度等级 C30（$E_c=3\times10^4$N/mm²）。在荷载效应准永久组合作用下，桩顶附加荷载为 2500kN，承台底地基土不分担荷载。桩身中心轴线上，桩端以下附加应力假定按线性分布，桩端平面处附加应力为 120kPa，桩端以下 12m 处附加应力为 20kPa，沉降计算深度为桩端以下 12m，该范围为粗砂单一土层，压缩模型 $E_s=20$MPa，试计算该单桩最终沉降量（mm）。

提示：(1) 沉降计算经验系数 $\psi=1.0$，桩身压缩系数 $\xi_e=0.667$；

(2) 计算深度范围内土层按一层考虑。

A. 35　　B. 40　　C. 45　　D. 50

答案：(　　)

主要解答过程：

【题 8～9】某建筑采用桩筏基础，混凝土强度等级 C30（$f_t=1.43$N/mm²，$E_c=3.0\times10^4$N/mm²），满堂均匀布桩，桩径 600mm，桩间距 2400mm，桩为钢筋混凝土摩擦型灌注桩。筏板基础宽度 28m，长度 49m，筏板厚度 1.2m，$h_0=1150$mm。群桩外缘尺寸的宽度 $b_0=27$m，长度 $a_0=48$m。

提示：依据《建筑桩基技术规范》JGJ 94—2008 作答。

【8】试问，如图 8 所示局部筏板区域，受内部基桩的桩群冲切的承载力（kN），与下列何项数值最为接近？

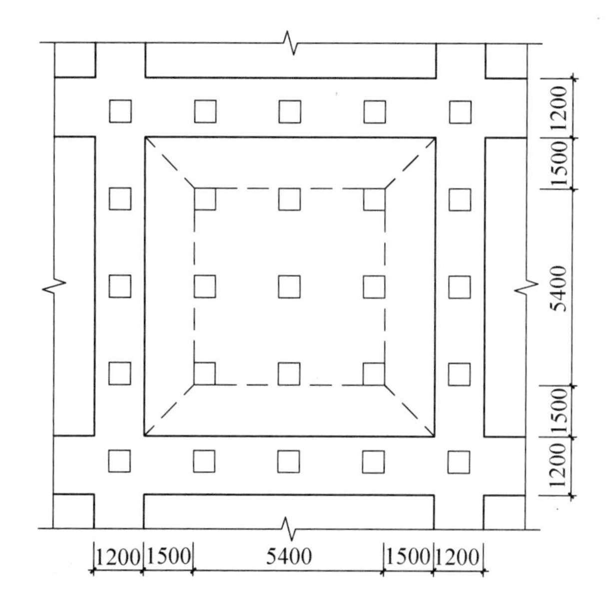

图 8　局部筏板区域

A. 15000　　B. 23000　　C. 31000　　D. 39000

答案：(　　)

主要解答过程：

【9】群桩基础中的某摩擦型灌注桩，桩长 9m，配筋率为 0.75%，承受竖向与水平荷载。试问，当考虑桩基承受水平荷载时，桩身配筋长度最小值（m），与下列何项数值最为接近？

提示：(1) 不考虑承台锚固筋长度及地震作用、负摩阻力；

(2) $E_c I_0 = 2.4 \times 10^5 \text{kN} \cdot \text{m}^2$，$m = 10\text{MN/m}^4$。

A. 6　　B. 7　　C. 8　　D. 9

答案：(　　)

主要解答过程：

【10】关于桩基的设计，下列说法中何项正确？

A. 岩溶地区，当基岩面起伏很大，且埋深较大时，宜采用嵌岩桩

B. 对于自重湿陷性黄土地基，可采用强夯、挤密土桩等先行处理，消除上部或全部土的自重湿陷

C. 新建坡地、岸边建筑桩基工程应与建筑边坡工程统一规划，同步设计，同步施工

D. 湿陷性黄土地基中，设计等级为甲、乙级建筑桩基的单桩极限承载力，应以单桩静载荷试验为主要依据

答案：(　　)

主要解答过程：

【11】拟对某10m厚的淤泥土进行预压法加固。淤泥面上铺设1m厚中粗砂垫层，重度为$20kN/m^3$，其上再覆2m厚压实填土，重度为$18kN/m^3$。地下水位与砂层顶面齐平，淤泥土三轴固结不排水试验得到的内摩擦角为10°，淤泥面处的天然抗剪强度为12kPa。如果要使淤泥面处的抗剪强度提高50%，则要求该处的固结度至少达到以下何项数值？

A. 65%　　B. 75%　　C. 85%　　D. 95%

答案：(　　)

主要解答过程：

【12】拟对某地基采用碱液法加固。加固土层的天然孔隙比$e=0.82$，灌注孔成孔深度10m，注液管底部在孔口以下4m，碱液充填系数取规范低值，试验测得加固地基半径为0.5m，碱液充填系数取0.6，考虑碱液流失影响，固体烧碱中NaOH含量为80%，配置碱液浓度为100g/L。试问，每孔灌注固体烧碱量（kg），与下列何项数值最为接近？

A. 150　　B. 200　　C. 250　　D. 300

答案：(　　)

主要解答过程：

【13】某多层住宅，地基为松散砂土，采用沉管砂石桩进行地基处理，砂石桩直径500mm，按正方形布置，不考虑振动下沉密实作用，地基处理前按原状土试验测得砂土的孔隙比为0.9，要求地基挤密后砂土孔隙比缩小为原来的70%。试问，初步设计时预估砂石桩的面积置换率，与下列何项数值最为接近？

A. 0.12　　B. 0.14　　C. 0.16　　D. 0.18

答案：(　　)

主要解答过程：

【14】假定基础底面为松散粉土，方案阶段拟采用沉管砂石桩进行地基处理，天然地基承载力特征值为100kPa，土层压缩模量为5MPa，砂石桩直径500mm，间距1.1m，等边三角形布桩，处理后桩间土承载力特征值取天然地基承载力特征值的1.2倍，复合地基桩土应力比取3.0。试估算处理后基础底面复合地基土层的压缩模量（MPa），与下列何项数值最为接近？

A. 5　　B. 8　　C. 12　　D. 15

答案：(　　)

主要解答过程：

【15】下列关于既有建筑地基基础加固的说法中，何项正确？

A. 既有建筑地基基础加固的工程，应对建筑物进行施工期间沉降观测，直至施工完成

B. 对于增加荷载的既有建筑，其地基最终变形量为增加荷载前已完成的地基变形量与增加荷载后产生的地基变形量之和

C. 采用外套结构进行增层改造时，外套结构的桩基施工时，应尽量减少对原地基基础的扰动

D. 对于淤泥质土上的浅埋基础建筑物纠倾时可采用井式纠倾法、钻孔取土纠倾法或基底掏土纠倾法

答案：（　　）

主要解答过程：

【16】某岩质边坡工程，安全等级二级，采用永久锚杆支护，锚杆倾角为30°，锚固体直径为150mm，单根锚杆地震组合工况下轴向拉力标准值为330kN，锚杆采用三根点焊成束的普通钢筋，每根钢筋直径 $d=20$mm，抗拉强度设计值 $f_y=360\text{N/mm}^2$，岩石与锚固体的极限粘结强度标准值 $f_{rbk}=1000$kPa，钢筋与锚固砂浆间粘结强度设计值 $f_b=1.68$MPa。试问，进行锚杆抗震验算时，锚杆锚固段长度（m）与下列何项数值最为接近？

提示：按《建筑边坡工程技术规范》GB 50330—2013作答。

A. 2.0　　B. 2.5　　C. 3.0　　D. 3.5

答案：（　　）

主要解答过程：

【题 17～18】某高层现浇混凝土框架结构普通办公楼，建筑高度 H＝48m，共 10 层，抗震设防烈度 7 度（0.15g），场地类别为Ⅱ类，结构设计使用年限 50 年，框架抗震等级二级，安全等级二级。

【17】该办公楼五层某框架梁局部平面如图 17 所示。该梁跨度 8m，梁上均布永久荷载标准值 72kN/m（含梁板自重），均布可变荷载标准值 30kN/m。假定，竖向荷载作用下，梁上弯矩按照两端为固定支座计算，支座弯矩调幅系数为 0.9。

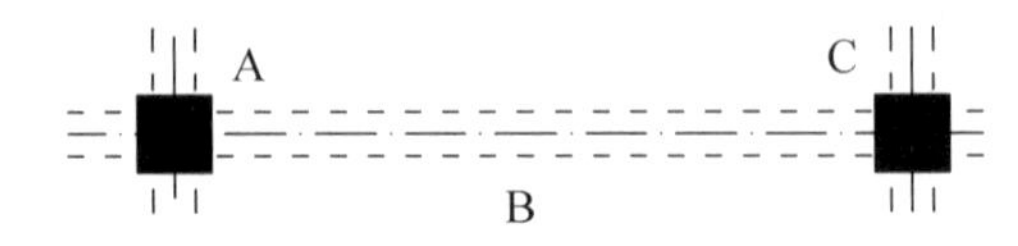

图 17　框架梁局部平面

试问，进行截面 B 梁底配筋设计时，其控制作用的梁跨中正弯矩设计值（kN・m），与下列何项数值最为接近？

提示：(1) 采用《建筑结构可靠性设计统一标准》GB 50068—2018；

(2) 活荷载按等效均布计算，不考虑梁楼面活荷载标准值折减。

A. 400　　B. 450　　C. 500　　D. 550

答案：(　　)

主要解答过程：

【18】该办公楼三层边框架局部平面如图 18 所示，框架梁 AB 跨度 26m，A 节点处与边框柱相连。各单工况下，梁 A 端支座负弯矩如表 18 所示，支座弯矩调幅系数取 0.8。试问，调整后 A 节点处，梁端弯矩设计值（kN・m）和柱端弯矩设计值（kN・m），与下列何项数值最为接近？

提示：(1) 梁柱节点上、下柱端弯矩相等，弯矩可等比例分配；

(2) 仅考虑地震设计状况，不考虑风荷载。

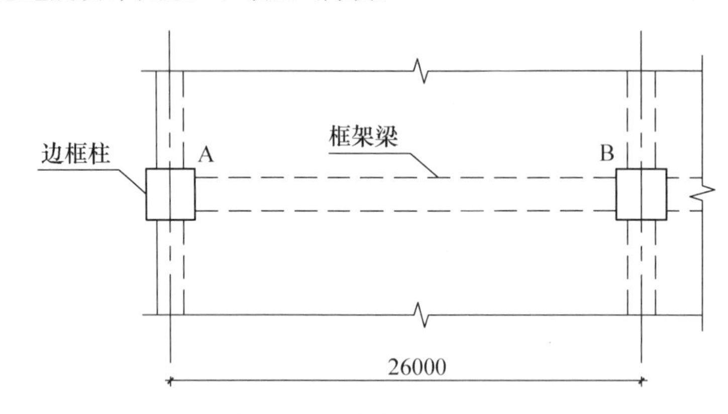

图 18　边框架局部平面

梁 A 端支座负弯矩　　表 18

荷载工况	梁 A 端支座负弯矩（kN・m）
恒荷载 D	375
活荷载 L	200
水平地震作用 E_h	420
竖向地震作用 E_v	480

A. 1250；950　　B. 1300；950　　C. 1300；1050　　D. 1400；1050

答案：(　　)

主要解答过程：

【19】高层建筑结构抗震性能设计时，下列何项说法相对准确？

A. 第2性能水准的结构，在设防烈度地震作用下，若构件能满足"屈服承载力"的全部要求，则可不进行多遇地震作用下的验算，否则也应进行多遇地震作用下的验算

B. 高度超过200m的钢结构，进行罕遇地震下弹塑性分析时，阻尼比可比多遇地震下弹性分析时增大3%

C. 中震弹性验算时，材料强度采用设计值；中震不屈服验算时，材料强度采用标准值；中震弹性和中震不屈服验算，都不考虑结构重要性系数，都不考虑风荷载，都不考虑承载力抗震调整系数

D. 性能目标A要求结构无论在多遇地震还是在设防烈度地震下都保持弹性，故对关键构件进行多遇地震和设防烈度地震设计时，均需满足强节点弱构件、强剪弱弯等抗震概念设计要求，构件的抗震等级和内力调整系数均相同

答案：(　　)

主要解答过程：

【题20～21】某高层办公楼采用框架-核心筒结构，房屋高度118m，抗震设防烈度为8度（0.2g），丙类。底部加强区范围内某L形墙肢W_1如图20～21所示，剪力墙混凝土强度等级为C50。

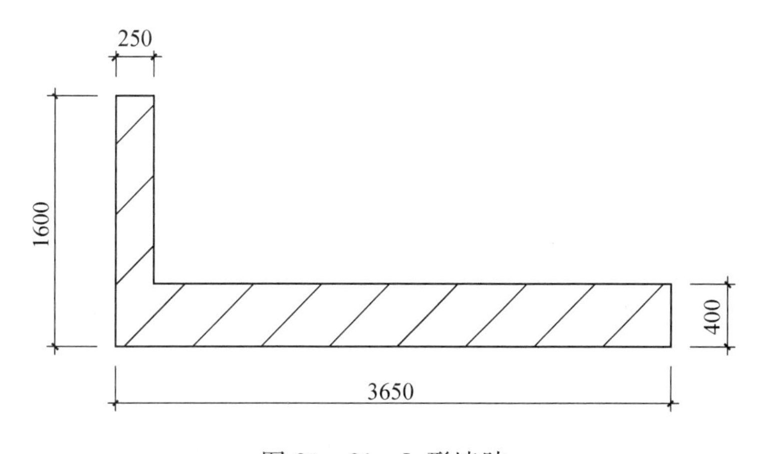

图20～21　L形墙肢

【20】已知该墙肢考虑地震作用组合的剪力计算值为2000kN。试问，该墙肢的剪力设计值（kN）与下列何项数值最为接近？

A. 2000　　B. 3200　　C. 3800　　D. 6100

答案：(　　)

主要解答过程：

【21】由于方案调整，该房屋高度调整为 99m，墙肢 W_1 在重力荷载代表值作用下墙肢底面处的轴压力标准值 $N_k=16200kN$。试问，下列关于该墙肢轴压比与轴压比限值关系的判断，何项正确？

A. 0.4<0.45，满足　　B. 0.48>0.45，不满足

C. 0.4<0.5，满足　　D. 0.48<0.5，满足

答案：(　　)

主要解答过程：

【22】某高层办公楼位于北京市国贸 CBD，该区域属于有密集建筑群且房屋较高的城市市区。房屋设计使用年限 100 年，房屋高度 60m，平面呈圆形，建筑表面较粗糙。假定风振系数 β_z 为 1.8。试问，承载力计算和位移计算时，建筑 60m 高度处风荷载标准值 w_k（kN/m^2）分别与下列何项数值最为接近？

提示：风荷载体型系数按照《高层建筑混凝土结构技术规程》JGJ 3—2010 取值。

A. 0.60、0.55　　B. 0.60、0.50　　C. 0.55、0.55　　D. 0.55、0.50

答案：(　　)

主要解答过程：

【23】某高层塔楼，采用钢筋混凝土框架-核心筒结构，建筑立面如图 23 所示，塔楼采用筏形基础，基础假定为刚性。荷载作用下的塔楼基础底面的轴向压力及弯矩标准值如表 23 所示。试问，下列关于基础底面与地基之间零应力区的说法，何项正确？

提示：重力荷载代表值不考虑偏心。

各工况下塔楼基础底面的轴向压力及弯矩标准值　　　　表 23

单工况	轴向压力标准值 N_k（kN）	弯矩标准值 M_k（kN·m）
恒荷载	10×10^4	4.0×10^5
活荷载	2×10^4	2.0×10^5
风荷载	8×10^4	3.9×10^5
地震作用	9×10^4	4.3×10^5

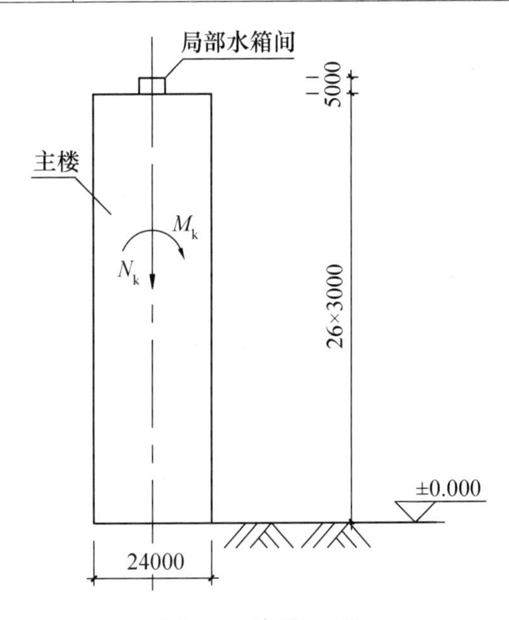

图 23　建筑立面

A. 零应力区比例最大为 9%，不满足规范限值
B. 零应力区比例最大为 12%，不满足规范限值
C. 零应力区比例最大为 9%，满足规范限值
D. 零应力区比例最大为 12%，满足规范限值

答案：(　　)

主要解答过程：

【24】某超高层塔楼顶部塔冠钢管混凝土悬臂柱，柱高 5m，直径 $D=600$mm，壁厚 30mm。柱顶弯矩 $M_1=100$kN·m，轴向压力 $N=300$kN，剪力 $V=50$kN，柱根部可作为嵌固端，其计算简图如图 24 所示。试问，该柱的等效计算长度 L_e（m）与下列何项数值最为接近？

提示：柱计算长度系数 μ 取 2.0。

A. 3　　　B. 5　　　C. 8　　　D. 10

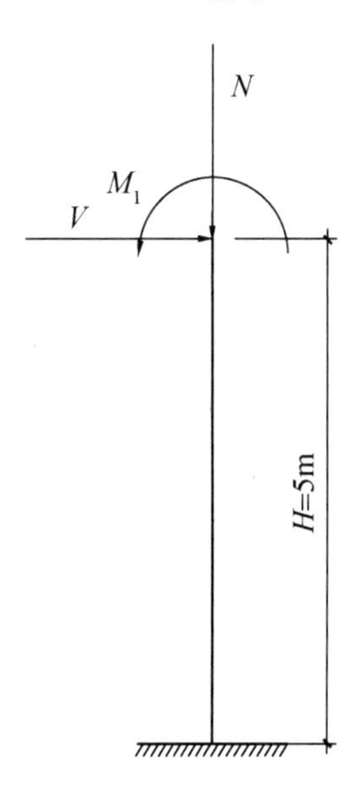

图 24　计算简图

答案：(　　)

主要解答过程：

【题 25～27】某 24 层商住楼，建筑总高度 76m，采用现浇钢筋混凝土部分框支剪力墙结构，二层为框支层，首层、二层框支柱数量为 8 根。抗震设防烈度为 8 度，建筑抗震设防类别为丙类，设计基本地震加速度为 0.2g，场地类别为Ⅱ类。二层局部框支框架及上部墙体如图 25～27 所示。

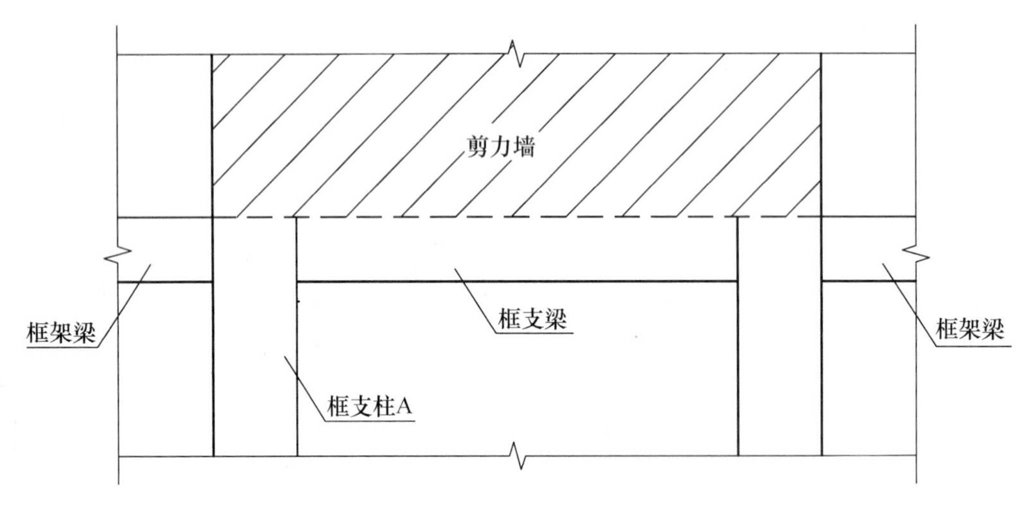

图 25～27　二层局部框支框架及上部墙体

【25】已知地震作用下，基底总剪力 V_0＝36000kN（已进行薄弱层调整，且满足剪重比），框支柱 A 的水平地震剪力标准值 V_{Ek1}＝600kN，与框支柱 A 相连的框架梁和框支梁各工况计算弯矩如表 25 所示。试问，与框支柱 A 相连的框架梁和框支梁的弯矩设计值（kN·m），与下列何项最为接近？

提示：仅考虑地震设计组合，不考虑风及竖向地震。

各工况计算弯矩　　　　表 25

荷载工况	框架梁 A 端支座负弯矩（kN·m）	框支梁 A 端支座负弯矩（kN·m）
恒荷载 D	200	360
活荷载 L	100	180
水平地震作用 E_h	220	320

A. 650；950　　B. 650；1200　　C. 700；950　　D. 700；1200

答案：(　　)

主要解答过程：

【26】已知图 25～27 中所示框支梁柱节点处（弯矩绕节点顺时针为正），框架梁端考虑地震作用组合的弯矩设计值 M_{b1}＝－800kN·m，顺时针实配正截面抗震受弯承载力 M_{bua1}＝400kN·m；框支梁端考虑地震作用组合的弯矩设计值 M_{b2}＝1200kN·m，顺时针实配正截面抗震受弯承载力 M_{bua2}＝1300kN·m，框支柱各工况柱上端弯矩计算值如表 26 所示。试问，框支柱的地震作用组合柱端弯矩设计值（kN·m），与下列何项数值最为接近？

框支柱各工况柱上端弯矩计算值　　　　表 26

荷载工况	框支柱上端弯矩（kN·m）
恒荷载 D	300
活荷载 L	150
水平地震作用 E_h	360

A. 1200　　B. 1400　　C. 1700　　D. 2000

答案：(　　)

主要解答过程：

【27】已知图 27 所示偏心受拉托墙转换框支梁，截面尺寸为 600mm×900mm，相连楼板厚度为 150mm，混凝土强度等级为 C40（f_t=1.71N/mm²），性能目标为中震弹性，大震不屈服。施工图设计时，框支梁钢筋均采用 HRB400 钢筋，中震弹性及大震不屈服对应纵筋及箍筋配筋面积计算值分别为 2200mm²、加密区 2400（非加密区 1200）mm²/m 和 2400mm²、加密区 3000（非加密区 1500）mm²/m，腰筋按构造要求设置。

试问，下列选项中，平法标注的转换梁配筋何项最合理？

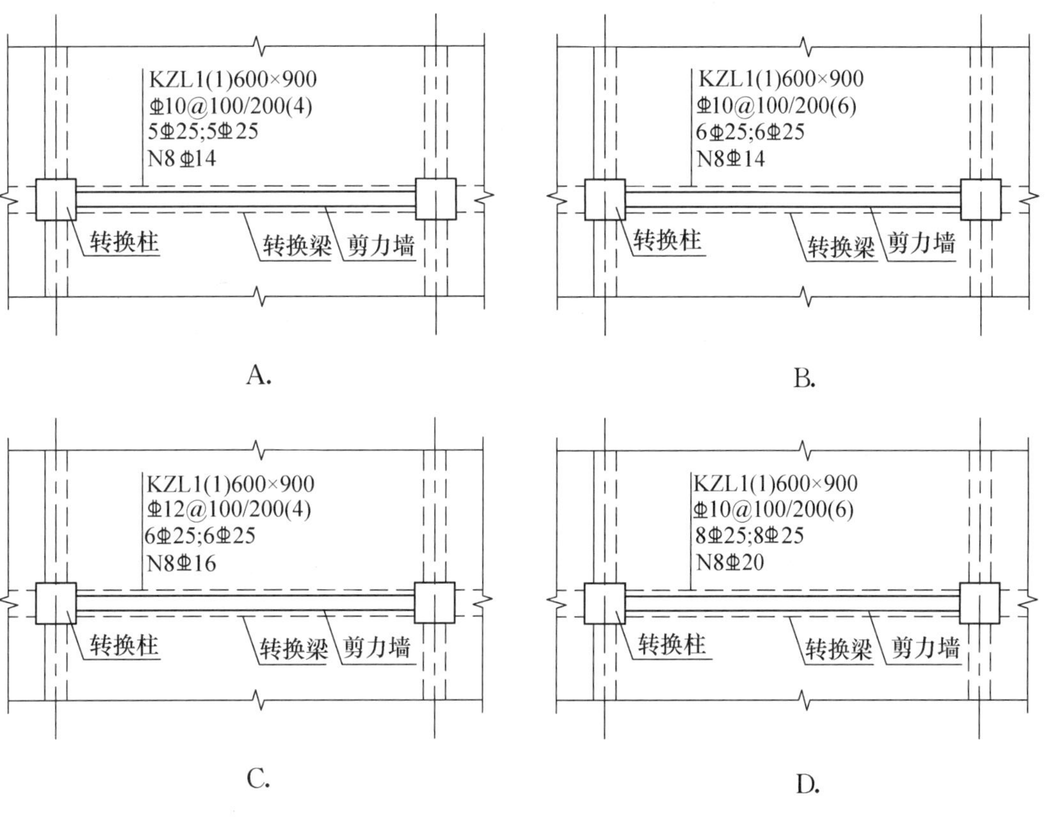

图 27 偏心受拉托墙转换框支梁

答案：（ ）

主要解答过程：

【题 28～30】某 7 度（0.10g）地区钢结构办公楼，房屋高度 60m，采用框架结构，安全等级为二级，设计使用年限 50 年，钢材采用 Q345B 钢。首层入口大厅处为实现大跨空间，取消一根落地框架柱，采用转换结构，在二层楼面处转换。首层转换柱 GZHZ-1，柱高 8m，采用焊接工字形截面 H1000×600×18×30 制作，其截面特性为 A=52920mm²，i_x=428.4mm，W_x=19433×10³mm³。二层托柱转换梁 ZHL-1，跨度 12m，采用焊接工字形截面 H1000×300×18×35 制作，其截面特性为 A=37740mm²，毛截面惯性矩 I_x=609761×10⁴mm⁴。转换梁端部与转换柱采用栓焊连接，梁腹板扣除焊接孔和螺栓孔后受剪面积为 620×20=12400mm²。

提示：分项系数按《建筑结构可靠性设计统一标准》GB 50068—2018。

【28】转换梁 ZHL-1 梁端在各工况下的沿腹板平面的剪力标准值如表 28 所示（不考虑风荷载）。

各工况下剪力标准值　　表 28

荷载工况	恒荷载	活荷载	水平地震作用
剪力标准值 V_k（kN）	700	300	500

试问，在非地震组合工况下，对该转换梁进行抗剪强度验算时，梁端最大剪应力设计值与钢材抗剪强度设计值的比值，与下列何项最为接近？

提示：中和轴以上毛截面对中和轴的面积矩 S_x=7012.27×10³mm³。

A. 0.50　　B. 0.65　　C. 0.70　　D. 0.85

答案：（ ）

主要解答过程：

【29】已知条件同上题。试问，在地震组合工况下，对该转换梁进行抗剪强度验算时，梁端最大剪应力设计值与钢材抗剪强度设计值的比值，与下列何项最为接近？

A. 0.55　　B. 0.70　　C. 0.75　　D. 0.95

答案：(　　)

主要解答过程：

【30】首层转换柱 GZHZ-1 在各工况下的内力标准值如表 30 所示（不考虑风荷载以及非地震组合）。

各工况下的内力标准值　　表 30

荷载工况	轴力标准值 N_k（kN）	X 方向弯矩标准值 M_{xk}（kN·m）
恒荷载	700	800
活荷载	300	300
水平地震作用（E_x）	1000	1460

试问，对该转换柱进行平面内稳定性验算时，验算式左侧求得的数值，与下列何项最为接近？

提示：$\varphi_x = 0.962$，$N'_{Ex} = 280207 \times 10^3$N，$\beta_{mx} = 1.0$，$\gamma_x = 1.05$。

A. 0.50　　B. 0.65　　C. 0.70　　D. 0.85

答案：(　　)

主要解答过程：

【31】某36层高层钢结构房屋，采用钢框架-延性墙板结构。房屋高度131m，无地下室，底层嵌固，底层层高5m，其余各层层高3.6m，底层与二层侧向刚度比值$\frac{V_1\Delta_2}{V_2\Delta_1}\cdot\frac{h_1}{h_2}=1.32$。该建筑物抗震设防烈度为7度（0.1g），丙类，设计地震分组为第一组，场地类别为Ⅱ类。已知该建筑物总重力荷载代表值为815000kN，结构的计算基本自振周期$T_1=3.3$s，首层对应于水平地震作用标准值的总剪力$V_{Ek}=12000$kN，对应于地震作用标准值且未经调整的各层框架总剪力中，底层最大，其计算值为2000kN，假定，底层共10根框架柱，剪力平均分配。试问，抗震设计时，底层每根框架柱的地震剪力标准值（kN）为以下何项数值时，才能满足规范的最低要求？

A. 220　　B. 250　　C. 300　　D. 380

答案：(　　)

主要解答过程：

【32】关于高层民用建筑钢结构设计，有以下观点：

Ⅰ. 钢柱脚包括外露式柱脚、外包式柱脚和埋入式柱脚，抗震设计时，宜优先采用埋入式；

Ⅱ. 一级抗震设计时，为保证不出现相对滑移，梁与梁之间的拼接宜选用全截面焊接；

Ⅲ. 对于中心支撑框架，当采用人字形或V形支撑时，若确定支撑跨跨间横梁的截面，则视支撑不存在，且在支撑处施加力作为外荷载；

Ⅳ. 对于厚钢板，图32所示的构造形式容易发生层状撕裂，应避免；

Ⅴ. 有管道穿过钢梁时，若为圆孔且直径不大于1/2梁高，可不予补强。

试问，以下何项判断正确？

A. Ⅲ、Ⅳ正确，Ⅰ、Ⅱ、Ⅴ错误　　B. Ⅰ、Ⅱ、Ⅲ、Ⅳ正确，Ⅴ错误

C. Ⅰ、Ⅳ、Ⅴ正确，Ⅱ、Ⅲ错误　　D. Ⅰ、Ⅲ、Ⅳ正确，Ⅱ、Ⅴ错误

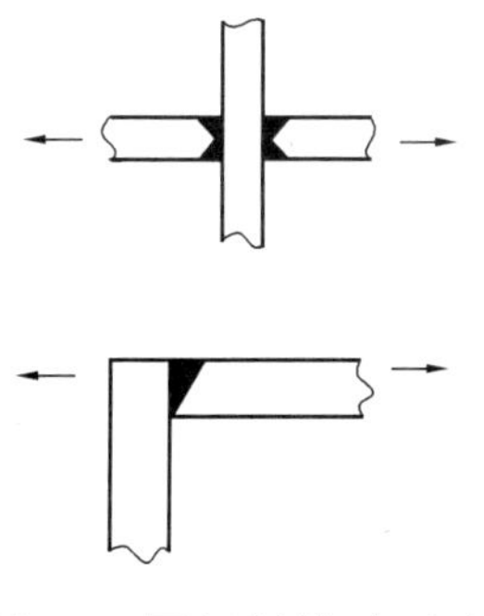

图32　厚钢板构造示意

答案：(　　)

主要解答过程：

【题 33～34】某钢筋混凝土连续梁桥，每跨计算跨径为 46m，截面轮廓尺寸如图 33～34 所示。

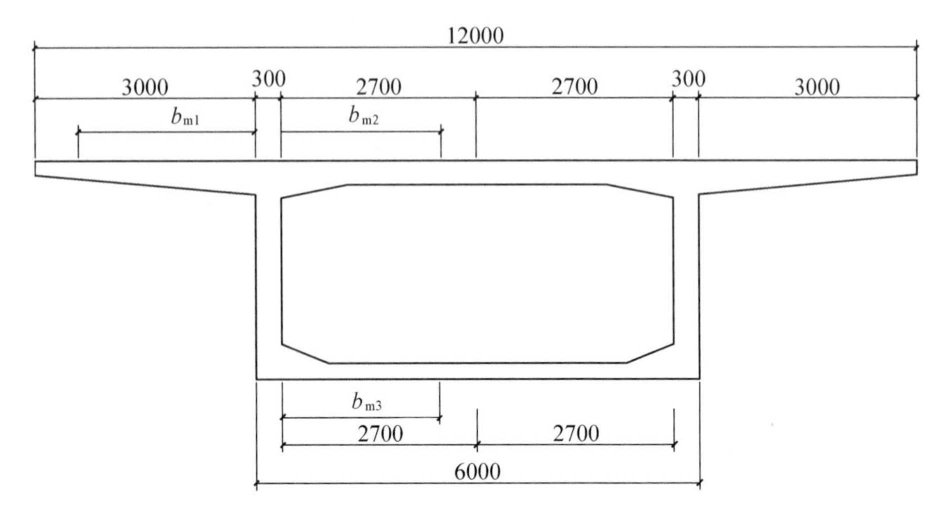

图 33～34 截面轮廓尺寸

【33】试问，对于边跨的跨中截面而言，图中腹板外侧有效宽度 b_{m1}（m），应与下列何项数值最为接近？

A. 2.68 B. 2.75 C. 2.83 D. 2.95

答案：( )

主要解答过程：

【34】假定，该梁截面高度 2800mm，桥面板（箱梁上翼缘）厚度为 500mm，该梁上覆盖 100mm 厚的沥青混凝土铺装层。试问，在该梁上缘以下高度为 100mm 的范围内，温差梯度平均值 t_y（℃），应为以下何项数值？

A. 5.5 B. 9.9 C. 13.4 D. 15.9

答案：( )

主要解答过程：

【题 35～37】某装配式钢筋混凝土简支梁桥，位于三级公路上。标准跨径 20m，计算跨径为 19.50m。主梁采用 C30 混凝土制成。冲击系数 $\mu=0.296$。

【35】对于其中的 1 号边梁，在跨中位置，已求得汽车荷载的横向分布系数为 0.538。试问，汽车荷载在该梁跨中引起的弯矩标准值（单位 kN·m，计入冲击系数），与下列何项数值最为接近？

A. 1020　　B. 1260　　C. 1360　　D. 1520

答案：(　　)

主要解答过程：

【36】假定，已求得其中 1 号边梁的内力标准值如表 36 所示。

1 号边梁的内力标准值　　表 36

序号	荷载类别	跨中弯矩（kN·m）	端部剪力（kN）
(1)	结构自重	763.4	156.6
(2)	汽车荷载（不计冲击系数）	789.5	157.4
(3)	人群荷载	73.1	18.7

对主梁进行变形验算时，假定已经求得开裂截面换算截面的抗弯刚度 $B=1.750\times10^{9}\mathrm{N\cdot m^2}$。试问，由汽车荷载和人群荷载频遇组合求得的跨中最大挠度 f_{max}（mm），应与下列何项数值最为接近？

A. 31　　B. 27　　C. 23　　D. 21

答案：(　　)

主要解答过程：

【37】条件同上题。试问，该梁需要设置的预拱度（mm），应与下列何项数值最为接近？

A. 38　　B. 31　　C. 23　　D. 0（不需要设置）

答案：(　　)

主要解答过程：

【38】关于城市快速路上的桥梁设计有以下观点：

Ⅰ. 车行道外侧应采用高度不小于40cm的路缘石与人行道分隔，且人行道宽度不小于2m；

Ⅱ. 桥面车行道应设置横坡，横坡宜为2%；

Ⅲ. 桥头宜设置搭板，搭板的长度不宜小于6m；

Ⅳ. 桥面铺装宜采用水泥混凝土材料，铺装层厚度不宜小于80mm，粒料宜与桥头引道上的沥青面层一致；

Ⅴ. 设计汽车荷载可采用城-A级或城-B级。

对这些观点的判断，何项是正确的？

A. 以上观点全正确　　B. Ⅱ、Ⅲ、Ⅴ正确，Ⅰ、Ⅳ错误

C. Ⅰ、Ⅴ正确，Ⅱ、Ⅲ、Ⅳ错误　　D. Ⅲ、Ⅴ正确，Ⅰ、Ⅱ、Ⅳ错误

答案：(　　)

主要解答过程：

【39】一级公路上某 4×30m 装配式预应力混凝土简支小箱梁桥，计算跨径 28.92m，结构布置如图 39 所示（注：图中尺寸标注单位为 cm）。盖梁采用 C40 混凝土，HRB400 钢筋，钢筋主筋直径 28mm，箍筋和防裂钢筋均采用直径 12mm，$a_s=a'_s=10$cm，计算过程中不考虑盖梁侧面防裂钢筋的作用。已知边梁单端恒荷载反力标准值为 1000 kN，活荷载反力标准值为 790kN，活荷载作用值和效应值均已考虑冲击，$1+\mu=1.3$。试问，中间 2 号墩钢筋混凝土盖梁支点 A-A 断面钢筋面积，与下列何项最为接近？

A. 20 Φ 28　　B. 18 Φ 28　　C. 10 Φ 28　　D. 9 Φ 28

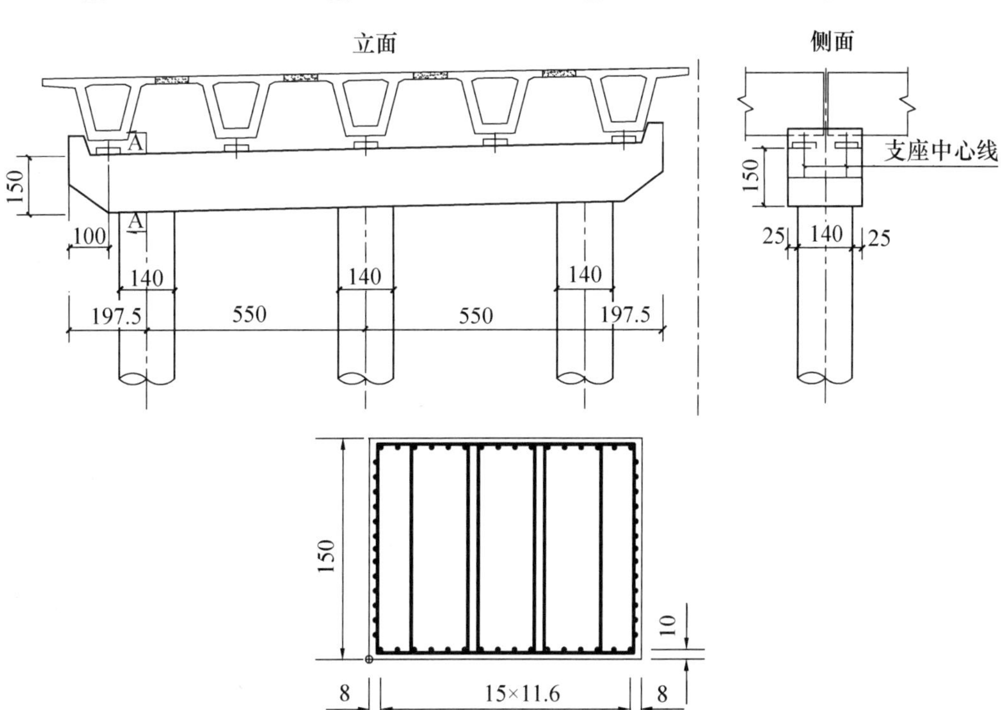

图 39　桥梁结构布置

答案：(　　)

主要解答过程：

【40】关于预应力混凝土梁的以下观点：

Ⅰ. 全预应力混凝土构件，是指在作用基本组合下控制截面的受拉边缘不出现拉应力；

Ⅱ. 采用钢丝作为预应力筋的 B 类预应力混凝土构件，在Ⅴ类环境禁止使用；

Ⅲ. 对于允许出现裂缝的预应力混凝土受弯构件，裂缝宽度验算时，钢筋应力计算公式与普通钢筋混凝土梁相同；

Ⅳ. 对于开裂的预应力混凝土受弯构件，挠度验算时，应把弯矩 M_s 分为两部分，即，M_{cr} 和 M_s-M_{cr}，并取对应的刚度；

Ⅴ. 预应力混凝土梁的挠度限值与普通钢筋混凝土梁相同。

对于以上观点，以下何项判断是正确的？

A. Ⅳ、Ⅴ正确，Ⅰ、Ⅱ、Ⅲ错误　　B. Ⅱ、Ⅳ、Ⅴ正确，Ⅰ、Ⅲ错误

C. Ⅱ、Ⅳ正确，Ⅰ、Ⅲ、Ⅴ错误　　D. Ⅱ、Ⅴ正确，Ⅰ、Ⅲ、Ⅳ错误

答案：(　　)

主要解答过程：

一级注册结构工程师
专业考试模拟试卷（一）
（上午）
参考答案

答　案　汇　总

1. D；	2. C；	3. C；	4. D；	5. B；	6. B；	7. A；	8. D；	9. D；	10. B；
11. A；	12. C；	13. B；	14. D；	15. C；	16. C；	17. C；	18. C；	19. B；	20. D；
21. D；	22. C；	23. C；	24. A；	25. B；	26. A；	27. A；	28. B；	29. B；	30. C；
31. D；	32. B；	33. B；	34. D；	35. C；	36. A；	37. B；	38. C；	39. C；	40. D。

解　答　要　点

【1】D

Ⅰ：《混规》7.1.2条。

Ⅱ：受剪截面的计算（剪压比）与剪跨比无关。

Ⅲ：《混规》8.5.1条注5。

Ⅳ：《混规》11.6.7条，应为l_{abE}。

【2】C

根据已知条件，考虑空间作用和扭转影响的调整系数取0.8，附录J是对地震作用效应的调整，故$M=1.2\times(400+100)+1.3\times200\times0.8=808\text{kN}\cdot\text{m}$。

点评：本题想让大家注意《抗规》5.1.3条、5.4.1条和附录J.2.3，对于悬吊物重力要怎么处理。对于软构吊车，算地震力的时候不考虑悬吊物重力，但计算重力荷载代表值效应的时候要考虑。

【3】C

依据《混加固规》5.3.2条，$V\leqslant\alpha_{cv}[f_{t0}bh_{01}+\alpha_c f_t b(h_0-h_{01})]+f_{yv0}\dfrac{A_{sv0}}{s_0}h_0$，代入各已知数据，$650\times10^3\leqslant0.7\times[1.43\times300\times560+0.7\times1.57\times300\times(h_0-560)]+210\times157/100\times h_0$，算得$h_0\geqslant1090\text{mm}$，故$h\geqslant1130\text{mm}$；

依据《混加固规》5.3.1条，验算斜截面条件，$h_w/b=1090/300=3.63<4$，$0.25\beta_c f_c bh_0=0.25\times1.0\times14.3\times300\times1090=1169\text{kN}>650\text{kN}$

最终$h\geqslant1130\text{mm}$。

【4】D

查《抗规》附录A，该处为7度0.15g；查《建筑工程抗震设防分类标准》6.0.5条条文说明，营业面积小于7000m²，为丙类。结合《抗规》3.3.3条，查《抗规》表6.1.2对应的大跨梁即可得到答案。

【5】B

根据实际建模的计算书结果，软件（如PKPM和YJK）中，地震作用下结构的地震反

应力 F_x 是用 SRSS 组合计算得到的，即 $F_2=(F_{12}^2+F_{22}^2+F_{32}^2)^{1/2}=(310^2+22^2+129^2)^{1/2}=336\text{kN}$，这就是结构二层 X 方向结构地震反应力标准值。

点评：下标第一个数字表示振型，第二个数字表示楼层。《抗规》5.2.2 条和《高规》4.3.9 条说的是效应（弯矩、剪力、轴向力和位移等）用 SRSS 组合，本小题是水平地震作用，不是效应，计算过程仅供参考，关键掌握后面两题。

【6】B

根据《抗规》5.2.2 条或《高规》4.3.9 条，水平地震作用效应，当相邻的振型周期比小于 0.85 时，采用 SRSS 组合计算。因为求的是楼层地震剪力，所以要先把各个振型下的楼层地震剪力求出来，然后再用 SRSS 组合。

楼层剪力，就是本楼层及以上的各层水平地震作用求和。

$V_{12}=F_{12}+F_{13}=310+490=800$；$V_{42}=F_{42}+F_{43}=22+(-19)=3$；$V_{52}=F_{52}+F_{53}=129+(-116)=13$。

然后再用 SRSS 组合，即 $V_2=(V_{12}^2+V_{42}^2+V_{52}^2)^{1/2}=(800^2+3^2+13^2)^{1/2}=800\text{kN}$。

点评：《抗规》中，可只取前 2～3 个振型，条文说明中振型个数一般可以取振型参与质量达到总质量 90%所需的振型数。本题为帮助大家学习知识点，故提示取前 7 个振型计算，而不是只取前 2～3 个振型。

【7】A

根据《高规》3.4.5 条条文说明，水平作用力的换算原则：每一楼面处的水平作用力取该楼面上、下两个楼层的地震剪力差的绝对值。所以，求二层的规定水平力，就要先求三层和二层的楼层地震剪力，方法同上题。

$V_3=(V_{13}^2+V_{23}^2+V_{33}^2)^{1/2}=(490^2+(-19)^2+(-116)^2)^{1/2}=504\text{kN}$；$V_2=800\text{kN}$。

因此，$F_{规定2}=V_3-V_2=800-504=296\text{kN}$。

点评：题【4～7】考点为大家弄不太清楚的振型分解反应谱法、SRSS、CQC、规定水平力。经过具体数值的计算，应该会有一个感性的认识。题目数据是经过实际建模计算得到的，为计算简便，将较小的数值直接取成零，同时又假定相邻振型周期比小于 0.85。题目只取了 3 层，但已可反映振型分解反应谱法的精髓，若考试中层数更多，也是同样的求法。

【8】D

根据《混规》3.4.2 条，采用准永久组合。

《混规》7.1.4 条，式（7.1.4-2）：

$$e_0=\frac{M_q}{N_q}=\frac{500\times10^6}{1500\times10^3}=333\text{mm}$$

$$e'=e_0+\frac{h}{2}-a'_s=333+\frac{1200}{2}-70=863\text{mm}$$

$$\sigma_{sq}=\frac{N_q e'}{A_s(h_0-a'_s)}=\frac{1500\times10^3\times863}{10\times615\times(1200-70-70)}=198.57\text{N/mm}^2$$

依据《混规》7.1.2 条，4.2.7 条及条文说明：

两根Φ28 并筋 $d_{eq}=1.414\times28=39.59\text{mm}$

$$\rho_{te}=\frac{A_s}{A_{te}}=\frac{10\times615}{1200\times500\times0.5}=0.0205>0.01$$

$$\psi=1.1-0.65\frac{f_{tk}}{\rho_{te}\sigma_s}=1.1-0.65\frac{2.39}{0.0205\times198.57}=0.718>0.2\text{ 且}<1$$

$c_s=45<65$ 且>20

$$w_{max}=\alpha_{cr}\psi\frac{\sigma_s}{E_s}\left(1.9c_s+0.08\frac{d_{eq}}{\rho_{te}}\right)$$

$$=2.4\times0.718\frac{198.57}{2\times10^5}\left(1.9\times45+0.08\frac{39.59}{0.0205}\right)$$

$$=0.41\text{mm}$$

点评：A 项，《混规》7.1.4 条，σ_{sq} 按受弯构件

$$\sigma_{sq}=(500\times10^6)/[0.87\times(1200-70)\,110\times616]=82.6\text{MPa}$$

$$\psi=1.1-(0.65\times2.39)/(0.0205\times82.6)=0.182$$

$$d_{eq}=28\text{mm}$$

$w_{max}=1.9\times0.182\times82.6\times(1.9\times45+0.08\times28/0.0205)/(2\times10^5)=0.028\text{mm}$，导致错误。

B 项，《混规》7.1.4 条，σ_{sq} 按受弯构件

$$\sigma_{sq}=(500\times10^6)/[0.87\times(1200-70)\,110\times616]=82.6\text{MPa}$$

$$\psi=1.1-(0.65\times2.39)/(0.0205\times82.6)=0.182$$

$w_{max}=1.9\times0.182\times82.6\times(1.9\times45+0.08\times39.6/0.0205)/(2\times10^5)=0.037\text{mm}$，导致错误。

C 项，忽略了《混规》4.2.7 条条文说明中裂缝宽度计算采用等效钢筋的等效直径 $d_{eq}=39.6\text{mm}$，而仍采用单根钢筋直径 28mm；$w_{max}=0.332\text{mm}$，导致错误。

【9】D

T 形截面双筋梁应先判别属于第几类截面，再计算其受压区高度，从而计算最大弯矩值。其中注意受压区高度要满足界限受压区高度。

依据《混规》式（6.2.11-1）：

$$f_yA_s=\alpha_1 f_c b'_f h'_f+f'_yA'_s$$

$$360\times10\times615=14.3\times650\times x+360\times2\times314$$

解得 $x=213.9\text{mm}>120\text{mm}$ 属于第二类截面。由《混规》式（6.2.11-3）：

$$\alpha_1 f_c[bx+(b'_f-b)h'_f]=f_yA_s-f'_yA'_s$$

$$14.3\times(350x+300\times120)=360\times(10\times615-2\times314)$$

解得 $x=294.33\text{mm}>\xi_b h_0=274.54$ 取 $x=274.54\text{mm}$，代入《混规》式（6.2.11-2）：

$$M\leqslant 14.3\times 350\times 274.54\left(530-\frac{274.54}{2}\right)+14.3\times 300\times 120\times(530-60)$$

$$+360\times 2\times 314(530-40)$$

$$M\leqslant 892.39\text{kN}\cdot\text{m}$$

点评：该题目改编自2017年一级真题第6题。

【10】B

由《混规》6.2.11条，$f_y A_s=\alpha_1 f_c b'_f\cdot x+f'_y A'_s$，计算得 $x=19.01\text{mm}<2a'_s$，受压筋过多。

由《混规》6.2.14条，$M\leqslant f_y A_s(h-a_s-a'_s)=360\times 490.9\times 5\times(600-40-70)=432\text{kN}\cdot\text{m}$，虽然432与450最为接近，但是能承受的最大设计值应取400kN·m。

【11】A

首先应先求得翼缘分配到的剪力和扭矩，根据《混规》6.4.9条受压翼缘按照纯扭计算，由《混规》6.4.4条、6.4.5条得：

$$W_{tw}=\frac{b^2}{6}(3h-b)=18000000\text{mm}^3$$

$$W_{tf}=\frac{h_f^2}{2}(b_f-b)=10125000\text{mm}^3$$

$$W_t=W_{tw}+W_{tf}=28125000\text{mm}^3$$

$$T_f=\frac{W_{tf}}{W_t}T=10.8\text{kN}\cdot\text{m}$$

由《混规》6.4.2条知，$\frac{V}{bh_0}+\frac{T_{tf}}{W_{tf}}>0.7f_t$，需要通过计算配筋。

由《混规》6.4.4条，$T_{tf}\leqslant 0.35f_t W_{tf}+1.2\sqrt{\zeta}f_{yv}\frac{A_{st1}A_{cor}}{s}$，式中 A_{cor} 为扣除腹板面积后的两侧小矩形的面积。

$$A_{cor}=(1200-300-30-30-6-6)\times(150-30-30-6-6)=64584\text{mm}^2$$

$$10.8\times 10^6=0.35\times 1.43\times 10125000+1.2\times\sqrt{1.2}\times 270\times\frac{A_{st1}}{s}\times 64584$$

求得 $\frac{A_{st1}}{s}=0.25\text{mm}^2/\text{mm}$，配置Φ6@100，满足计算要求。

根据《混规》9.2.10条验算最小配箍率，$\rho_{sv}=\frac{A_{sv}}{bs}$，式中 b 应取 h_f，满足要求。

点评：该题目考察T形梁剪扭的计算。若 b 取 b_f，则答案为Φ12@100，构造要求随翼缘宽度的增大远大于计算所需值，这是不合理的。

【12】C

因 $\frac{M_1}{M_2}=0.92>0.9$，故需考虑 P-δ 效应。

依据《混规》6.2.4条：

$$C_m=0.7+0.3\frac{M_1}{M_2}=0.976$$

$$\zeta_c=\frac{0.5f_c A}{N}=0.5\times\frac{14.3\times 300\times 400}{396\times 10^3}=2.17>1\text{，取 }\zeta_c=1$$

$$\eta_{ns}=1+\frac{1}{1300\dfrac{\left(\dfrac{M_2}{N}+e_a\right)}{h_0}}\left(\frac{l_c}{h}\right)^2\zeta_c=1+\frac{1}{1300\times\dfrac{\left(\dfrac{218\times 10^6}{396\times 10^3}+20\right)}{360}}(6)^2\times 1=1.014$$

$$C_m\eta_{ns}=0.976\times 1.014=0.993<1\text{，取 }C_m\eta_{ns}=1$$

题目提示可不考虑二阶效应，但此知识点大家应该通过给出的条件联想到。上述为考虑二阶效应的计算过程。

$$M=C_m\eta_{ns}M_2=218\text{kN}\cdot\text{m}$$

$e_i=e_0+e_a=\frac{218}{396}\times 10^3+20=571\text{mm}>0.3h_0=0.3\times 360=108\text{mm}$（一般来说，初步判别截面的破坏形态，当 $e_i>0.3h_0$ 时，可先按大偏心受压情况考虑计算）。

假设按照非对称配筋：

为了使钢筋（$A_s+A'_s$）的总量为最小，$x=x_b=\xi_b h_0$ 。代入《混规》式（6.2.17-2）得：

$$A'_s=\frac{Ne-\alpha_1 f_c bh_0^2\xi_b(1-0.5\xi_b)}{f'_y(h_0-a'_s)}$$

$$A'_s=\frac{396\times 10^3\times 731-1.0\times 14.3\times 300\times 360^2\times 0.518(1-0.5\times 0.518)}{360\times(360-40)}$$

$$=660\text{mm}^2>\rho'_{min}bh=0.002\times 300\times 400=240\text{mm}^2$$

$$A_s=\frac{\alpha_1 f_c bh_0\xi_b-N}{f_y}+\frac{f'_y}{f_y}A'_s=\frac{1.0\times 14.3\times 300\times 360\times 0.518-396\times 10^3}{360}+660$$

$$=1782\text{mm}^2$$

$$x=\frac{N-f'_y A'_s+f_y A_s}{\alpha_1 f_c b}=\frac{360\times 10^3-360\times 662.9+360\times 1768}{1.0\times 14.3\times 300}=185\text{mm}$$

$$\xi=\frac{x}{h_0}=\frac{185}{360}=0.514<\xi_b=0.518\text{，假设大偏心是正确的。}$$

假设按照对称配筋：

$$N=\alpha_1 f_c bx,\ 396\times 10^3=14.3\times 300\times x,\ x=92.31>2a'_s=80$$

$$e=e_i+\frac{h}{2}-a_s=571+200-40=731\text{mm}$$

$$Ne=\alpha_1 f_c bx\left(h_0-\frac{x}{2}\right)+f'_y A'_s(h_0-a'_s)$$

$$396\times10^3\times731=14.3\times300\times92.31\times\left(360-\frac{92.31}{2}\right)+360\times A'_s\times320$$

$$A_s=A'_s=1434\ mm^2$$

可以看出，对称配筋的总配筋大于非对称配筋的总配筋，因此应按照非对称配筋才能使总配筋量最为经济。

点评：该题目来自《混凝土结构设计原理》（第七版）P141 例题 5-4。目前一注考试中都是考对称配筋，该题目展示了非对称配筋的解题思路，虽然计算量较大，但重在掌握其方法。

【13】B

Ⅰ.《混验收规》9.2.2 条，错误。

Ⅱ.《混验收规》8.2.2 条，错误。

Ⅲ.《混验收规》4.2.9 条条文说明，正确。

Ⅳ.《混验收规》7.2.1 条条文说明，正确。

点评：近年来多次考《混凝土结构工程施工质量验收规范》，虽然题目难度并不大，临场基本都能做出，但平时应适度练习做不熟悉规范的题目，考试时才能游刃有余，心中不慌。

【14】D

由《荷规》8.3.3 条，$\mu_{s1}=-2.0$。

中间悬挑梁非直接承受风荷载，由《荷规》8.3.4 条，梁的从属面积为 $30m^2>25m^2$，折减系数 0.6，即 $\mu_{s1}=-1.2$。

$z=10$，B类，由《荷规》表 8.2.1，$\mu_z=1.0$。

$$\omega_k=\beta_{gz}\mu_{s1}\mu_z\omega_0=1.7\times(-1.2)\times1.0\times0.8=-1.632\ kN/m^2$$

$$q_k=\omega_k\times6=-9.792kN/m$$

$$M_k=\frac{1}{2}q_kl^2=\frac{1}{2}\times(-9.792)\times5^2=-122.4kN\cdot m$$

选项中答案与计算结果差别较大，选择 D。

点评：近年来针对风荷载的计算频繁出现，围护结构、室内空间内外压等知识点要熟悉。

对于本题可能会有争议，即使在真题中也曾出现过答案有争议的情况，在考场上纠结毫无意义。若在考场上计算该类题目时，犹豫自己是否算错，不敢确认，耽误较多时间，则非常不明智。不论你怎么理解题目的问法，迅速做出选择，然后赶紧跳过，把握住后面自己有把握的题目不失为一种明智的选择，毕竟是否通过看的是最后的总分。

【15】C

根据《建筑结构可靠性设计统一标准》GB 50068—2018 前言，2018 版标准修订的主要内容是调整了建筑结构安全度的设置水平，提高了相关作用分项系数的取值，此调整在

8.2.9 条也有体现，根据 4.3.7 条的功能函数、3.2.5 条及 3.2.6 条条文说明可知，可靠指标提高，则失效概率会降低，因此Ⅰ正确。

根据 3.2.6 条条文说明，目标可靠指标是一个基准，是可靠指标的最低要求，本次修订未上调我国建筑结构的目标可靠指标，因此Ⅱ错误。

根据 8.2.9 条条文说明，按照可靠度的概念，无论可靠度水平多高，都不能做到 100% 的安全可靠，总会有一定的失效概率存在，人们只能做到把风险控制在可接受的范围内，因此Ⅲ错误。

结构上的作用按随时间的变化分类，可分为永久作用、可变作用、偶然作用，地震作用应划分为可变作用；根据 5.2.3 条条文说明，多遇地震为可变作用，罕遇地震为偶然作用，因此Ⅳ错误。

【16】C

由《组合规》6.1.2 条知：

框架柱型钢的含钢率 $\rho=\frac{A}{S}=\frac{35600}{800\times800}=5.56\%>4\%$，满足要求。

由《组合规》6.1.3 条知：

纵筋总配筋率　$\rho_{纵}=\frac{(6\times4+4)\times314}{800\times800}=1.37\%>0.8\%$

单侧　$\rho_{单侧}=\frac{(6+2)\times314}{800\times800}=0.39\%>0.2\%$

由《混规》表 8.2.1 最小保护层厚度 $c=50mm$，8.2.1 条 2 款中提到设计使用年限为 100 年的混凝土结构最外层钢筋保护层厚度要放大 1.4 倍。

纵向钢筋与型钢的间距 s：

$$s=\frac{800-(200+150\times2+20\times2)}{2}-50\times1.4-12-20=28mm<30mm$$

不满足《组合规》6.1.3 条要求。

柱内纵筋净距 $s_{净}$：

$$s_{净}=\frac{800-1.4\times50\times2-12\times2-20}{7}=88mm>50mm$$

满足《组合规》6.1.3 要求。

由《组合规》6.1.4 条知：

型钢的混凝土保护层厚度：

$$c_{型}=\frac{800-(200+150\times2+20\times2)}{2}=130mm<200mm$$

不满足要求。

一共两处不满足规范要求。

【17】C

《钢标》14.1.1条及其条文说明，组合梁可采用弹性设计方法和塑性设计方法，对于直接承受动力荷载组合的组合梁及板件宽厚比不符合塑性设计的组合梁，只能采用弹性设计方法，故Ⅰ正确。

由《钢标》14.2.1条，可能在混凝土翼板内，也有可能在钢梁范围内，Ⅱ错误。

由《钢标》14.2.2条，部分抗剪连接组合的塑性中和轴总在钢梁内，Ⅲ正确。

由《钢标》14.1.6条，当组合梁受压上翼缘不满足塑性设计的宽厚比要求时，连接件满足其条件时，仍可采用塑性设计，Ⅳ错误。

点评：关于Ⅰ，根据童根树《钢结构设计方法》，组合梁设计可采用弹性设计方法和塑性设计方法，《钢标》中采用的是塑性设计方法，也可判断Ⅰ正确。本题若无法确定Ⅰ是否正确，依然可以选出正确答案。

【18】C

由《钢标》14.2.1条：

$$Af=10020\times215=2154300\text{N}<b_eh_cf_c=4000\times120\times14.3=6864000\text{N}$$

其中 $A=150\times12+422\times10+250\times16=10020\text{mm}^2$，说明塑性中和轴在混凝土翼板内。

混凝土受压区高度 $x=Af/b_ef_c=10020\times215/4000\times14.3=37.66\text{mm}$。

因为图14.2.1-1的计算模型是钢梁全截面受拉，故拉力作用在钢梁截面的形心，就是要求钢梁的弹性中和轴位置，因为不是双轴对称H型钢梁，故弹性中和轴不在 $h/2$ 处，需要求解。

假设钢梁截面形心到钢梁梁顶的距离为 y_s，则

$$y_s=[150\times12\times12/2+422\times10\times(12+422/2)+250\times16\times(12+422+16/2)]/[150\times12+422\times10+250\times16]=271.44\text{mm}$$

组合梁受弯承载力

$$M_u=b_exf_cy=b_exf_c(y_s+h_c-x/2)=4000\times37.66\times14.3\times(271.44+120-37.66/2)=802.66\text{kN}\cdot\text{m}$$

【19】B

由《钢标》14.2.3条、10.3.2条：

$$V=h_wt_wf_v=422\times10\times125=527500\text{N}=527.5\text{kN}$$

点评：因为是按照塑性算法，所以不按照《钢标》6.1.3条计算。

【20】D

由《钢标》14.3.1条：$N_v^c=0.43A_s\sqrt{E_cf_c}\leqslant0.7A_sf_u$

$$0.43A_s\sqrt{E_cf_c}=0.43\times3.1415926\times8\times8\times\sqrt{3\times10^4\times14.3}=56627\text{N}$$

$$0.7A_sf_u=0.7\times3.1415926\times8\times8\times400=56297\text{N}$$

则 $N_v^c=56.30\text{kN}$。

由《钢标》14.3.4条，本题是简支梁，只有正弯矩段，钢梁与混凝土交界面纵向剪力：

$$V_s=\min\{Af,\ b_eh_{c1}f_c\}=\min\{10020\times215,\ 400\times120\times14.3\}=\min\{2154300,\ 6864000\}=2154300\text{N}=2154.3\text{kN}$$

按照完全抗剪连接设计时，跨中截面到支座所需的栓钉数 $n_f=V_s/N_v^c=2154.3/56.30=38.3$ 个，取39个，则全跨为 $39\times2=78$ 个。

考虑构造要求，12000（钢梁跨度）/120（间距）=100个，全跨实配栓钉100个，第一个栓钉距离梁端部肯定有距离，所以不会是101个栓钉。

【21】D

第一处：根据《钢标》6.3.2条，横向加劲板贯通，纵向加劲板打断。

第二处：1-1剖面中，三级全熔透错误。根据《钢标》11.1.6条1款3)，50t吊车梁与翼缘焊接的全熔透焊缝质量等级不低于二级。

第三处：2-2剖面中，横向加劲肋与下翼缘直接焊接错误。根据《钢标》16.3.2条6款，通常中间横向加劲肋的下端宜在距受拉下翼缘50mm～100mm处断开。

【22】C

以整个屋架为研究对象，$\Sigma Y=0$，$R=240\text{kN}$。以图22所示为研究对象，对A点取矩。

$$h=2550\times1500/1505=2541\text{mm}$$

由 $\Sigma M_A=0$ 得：

$$240\times9-15\times9-30\times(1.5+3+4.5+6+7.5)-X_1\times2.541=0$$

$$X_1=531.3\text{kN}$$

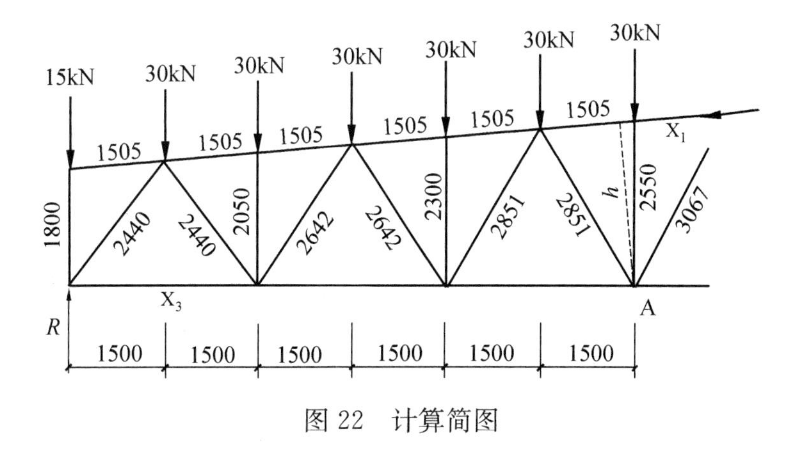

图22　计算简图

【23】C

根据《钢标》7.4.1条：

平面内：l_{0x}=1505mm，$\lambda_x = l_{0x}/i_x$=1505/25.6=58.8

平面外：l_{0y}=1505×3mm，$\lambda_y = l_{0y}/i_y$=1505×3/67.7=66.7

由《钢标》7.2.2条：

$$\lambda_z = 3.7\times b_1/t = 3.7\times 140/10 = 51.8 < \lambda_y = 66.7$$

$$\lambda_{yz} = \lambda_y\left[1+0.06\times\left(\frac{\lambda_z}{\lambda_y}\right)^2\right] = 66.7\times\left[1+0.06\times\left(\frac{51.8}{66.7}\right)^2\right] = 69.1$$

均属b类截面，取λ_{yz}=69.1，查《钢标》表D.0.2，取$\varphi_{yz}=0.757$

$$\frac{N}{\varphi_{yz}A} = \frac{516.1\times 10^3}{0.757\times 4452} = 153.1\text{N/mm}^2$$

【24】A

首先判断中间竖腹杆S_1是受拉力还是受压力，如图24所示。

由$\Sigma Y=0$得：

$$2\times 516.1\times\sin\alpha = 30+S_1$$

$$\sin\alpha = (2800-1800)/(1505\times 8) = 0.083$$

$$S_1 = 2\times 516.1\times 0.083-30 = 55.73\text{kN（拉力）}$$

图24　S_1计算简图

根据《钢标》7.2.6条：

$$n\geqslant\frac{2800}{80i_{\min}}-1=\frac{2800}{80\times 12.5}-1=1.8$$

故取2个。

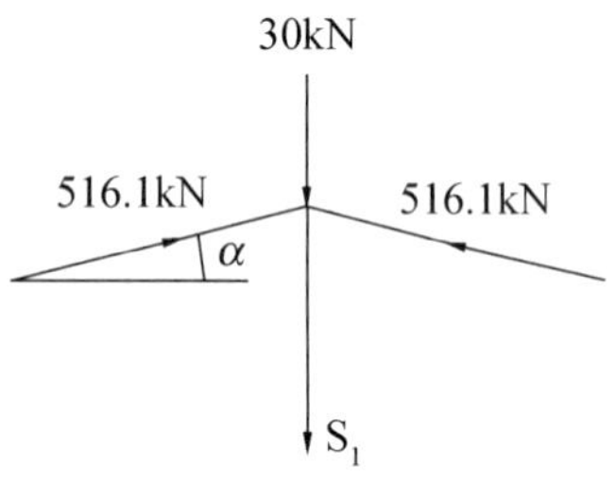

点评：若凭直观感觉，判断中间竖腹杆为压杆，则有：

$$n\geqslant\frac{2800}{40i_{\min}}-1=\frac{2800}{40\times 12.4}-1=4.6$$

误选D。

【25】B

根据《钢标》3.1.14条，抗震设防的钢结构构件和节点可按《抗规》，也可按《钢标》的抗震性能化设计，满足其中之一即可。对于钢结构构件和节点的非抗震设计内容，必须满足《钢标》的要求。

【26】A

由《钢标》11.4.1条，$N_t^b=0.25\pi d_e^2\times f_t^b$，此处直径应采用有效直径，而非螺栓直径和孔径。该有效面积可直接在《钢结构高强度螺栓连接技术规程》JGJ 82—2011表4.2.3中查到，A=157mm²（建议把出处抄在《钢标》11.4.1条边）；粗制普通螺栓对应于《钢标》表4.4.6中的C级螺栓，f_t^b=170N/mm²，故承载力N_t^b=26.7kN。

由于连接板下设支托，故剪力由支托焊缝传递。螺栓群承受的弯矩为：

$$M=60\times 0.5=30\text{kN}\cdot\text{m}$$

螺栓“1”所受拉力为：

$$N_{\max}=\frac{My_1}{\sum_{i=1}^{n}y_i^2}=\frac{30\times 10^3\times 320}{2\times(80^2+160^2+240^2+320^2)}=25\text{kN}$$

普通螺栓承受弯矩，中性轴在螺栓群底部。

点评：题26～27改编自《新钢结构设计手册》例4-5。

【27】A

由于高强度螺栓有预拉力，在弯矩作用下，若受力最大的螺栓的拉力$N_{\max}\leqslant 0.8P$，连接板与端板间仍将保持紧密接触，因此假定螺栓群受弯矩作用时的中和轴位于螺栓群的形心处，此时受力最大的“1”螺栓所受拉力为：

$$N_{t\max}=\frac{My_1}{\sum_{i=1}^{n}y_i^2}=\frac{30\times 10^3\times 160}{4\times(80^2+160^2)}=37.5\text{kN}$$

螺栓群承受弯矩和剪力。

$$N_v=\frac{60}{10}=6\text{kN}$$

由《钢标》式（11.4.2-1）得：

$$N_v^b=0.9kn_f\mu P=0.9\times 1\times 1\times 0.4\times 100=36\text{kN}$$

由《钢标》式（11.4.2-2）得：

$$N_t^b=0.8P=0.8\times 100=80\text{kN}$$

由《钢标》式（11.4.2-3）得：

$$\frac{N_v}{N_v^b}+\frac{N_t}{N_t^b}=\frac{6}{36}+\frac{37.5}{80}=0.63<1$$

【28】B

依据《钢标》13.3.9条：

$$\frac{D_i}{D}=\frac{102}{168}=0.607<0.65$$

焊缝计算长度：

$$l_w=(3.25D_i-0.025D)\left(\frac{0.534}{\sin\theta_i}+0.466\right)$$

$$l_w=(3.25\times 102-0.025\times 168)\times\left(\frac{0.534}{\sin 45^\circ}+0.466\right)=399.70\text{mm}$$

焊缝承载力设计值：

$$N_f=0.7h_fl_wf_f^w$$

由《钢标》13.3.8条，焊缝承载力不应小于节点承载力，节点承载力为180kN，求得：

$$h_f\geqslant\frac{180\times 10^3}{0.7\times 399.7\times 160}=4.02\text{mm}$$

《钢标》11.3.5条给出最小角焊缝的构造要求：$h_f\geqslant$3mm

《钢标》13.2.1条5款：$h_f\leqslant 2t_1$=2×3.5=7mm

综上，受压支管的最小焊脚尺寸与B选项最为接近。

点评：题28～29改编自《钢结构设计——方法与例题》例13.2。此处的N_f并非图中的130kN，而应按照节点承载力计算，本题的目的是让大家注意，要考虑到用节点承载力来计算焊缝。

【29】B

平面K形间隙节点中，受压支管在节点处的承载力设计值依据《钢标》式（13.3.2-10）：

$$N_{ck}=\frac{11.51}{\sin\theta_c}\left(\frac{D}{t}\right)^{0.2}\psi_n\psi_d\psi_a t^2 f$$

由《钢标》式（13.3.2-3），得主管轴力影响系数ψ_n：

$$\sigma=\frac{N_1}{A}=\frac{316.2\times10^3}{30.54\times10^2}=103.5\text{N/mm}^2$$

$$\psi_n=1-0.3\frac{\sigma}{f_y}-0.3\left(\frac{\sigma}{f_y}\right)^2=0.8097$$

由《钢标》式（13.3.2-2），得直径比：

$$\beta=\frac{D_1}{D}=\frac{102}{168}=0.607$$

由《钢标》式（13.3.2-11）：

$$\psi_a=1+\frac{2.19}{1+7.5a/D}\left(1-\frac{20.1}{6.6+D/t}\right)(1-0.77\beta)$$

$$\psi_a=1+\frac{2.19}{1+7.5\times0.1414}\left(1-\frac{20.1}{6.6+28}\right)(1-0.77\times0.607)=1.237$$

$$N_{ck}=\frac{11.51}{\sin45^\circ}28^{0.2}\times0.8097\times0.6335\times1.237\times6^2\times215\times10^{-3}=155.7\text{kN}$$

【30】C

隅撑按轴心受压构件计算。依据《门规》8.4.2条，每根隅撑所受轴心压力为：

$$N=\frac{1}{2}\frac{Af}{60\cos\theta}=\frac{1}{2}\times\frac{320\times14\times215}{60\times\cos45^\circ}=11.35\text{kN}$$

长细比：

$$\lambda=\frac{l_0}{i_y}=\frac{720}{9.8}=73.5<[\lambda]=200$$

L50×5角钢，b类截面，查《钢标》表D.0.2知：

$$\varphi=\frac{0.732+0.726}{2}=0.729$$

依据《钢标》7.6.1条，折减系数：

$$\eta=0.6+0.0015\lambda=0.6+0.0015\times73.5=0.71$$

肢件宽厚比：

$$w/t=(50-5-5.5)/5=7.9<14$$

根据《钢标》7.6.3条，稳定承载力$\rho_e=1.0$。

根据《钢标》式（7.6.1-1），稳定应力比：

$$\frac{N}{\rho_e\eta\varphi Af}=\frac{11.35\times10^3}{1.0\times0.71\times0.729\times480\times215}=0.21$$

点评：本题的出题意图是考查以下知识点：

（1）新增规范《门式刚架轻型房屋钢结构技术规范》GB 51022—2015相关知识点；

（2）用作减小轴心受压构件自由长度的支撑，其内力计算方法；

（3）轴心受力构件的稳定性计算；

（4）单面连接的单角钢计算。

本题解答常见错误：

（1）未考虑折减系数η，此时会错选A；

（2）角钢L50×5误当a类截面计算，会错选B；

（3）隅撑为双片受力，如直接套用《门规》公式计算N，会错选D。

【31】D

依据《砌规》6.1.1条注2，当与墙连接的相邻两墙间的距离$s\leqslant\mu_1\mu_2[\beta]h$时，墙的高度可不受本条限制。

M15砂浆，由《砌规》表6.1.1可知$[\beta]=26$。

由《砌规》6.1.4条，$\mu_2=1-0.4b_s/s=1-0.4\times1400/2600=0.785>0.7$，式中，$s$取中心距，短边开洞，$s=2400+100+100=2600$，$\mu_2$的取值不能小于0.7。

因为$s=2600\leqslant\mu_1\mu_2[\beta]h=1.0\times0.785\times26\times200=4082$，故墙体高度可不受高厚比限制。

点评：答案考虑μ_1也不影响最终结果。

【32】B

由《砌规》表3.2.2，$f_v=0.17$MPa，此题目搭接长度/块体高度<1，由注1可知，f_v需要折减，$f_v=0.17\times0.5=0.085$MPa。

由《抗规》7.2.6条，$\zeta_N=\frac{\sigma_0}{f_v}=10$，因此$f_{vE}=1.9\times0.085=0.16$MPa。

点评：若忽略了注1的折减，则会得到$\zeta_N=\frac{\sigma_0}{f_v}=5$，$f_{vE}=1.47\times0.17=0.25$MPa，错选C。要养成看注的习惯，尤其是当题目中出现一些特殊信息的时候，一定要注意。

【33】B

由《砌规》6.1.3条，$h=190$mm，$\mu_1=1.3$；由于上端为自由端，$\mu_1=1.3\times1.3=1.69$；

由《砌规》6.1.4条，墙无洞口$\mu_2=1.0$；

由《砌规》6.1.2条，施工阶段不考虑构造柱有利作用（注）$\mu_c=1.0$；

由《砌规》表6.1.1注3，$[\beta]=14$；

$$\mu_1\mu_2\mu_c[\beta]=1.69\times1.0\times1.0\times14=23.66$$

点评：A项未注意到6.1.3条第2款、第3款，导致错误。

C 项考虑了《砌规》6.1.2 条，$b_c/l=240/3500=0.069>0.05$ 且 <0.25，$\mu_c=1.0+1\times0.069=1.069$，导致错误。

D 项没注意到《砌规》表 6.1.1 注 3，仍取 $[\beta]=24$，导致错误。

【34】D

由《砌规》5.1.3 条，$H=3900-150=3750$mm；

由《砌规》表 5.1.3 注 2，上端为自由端，$H_0=2H=2\times3750=7500$mm；

由《砌规》表 5.1.2，$\gamma_\beta=1.1$；

由《砌规》5.1.2 条，$\gamma_\beta\times H_0/h=1.1\times7500/120=68.8$。

点评：A 项忽略了《砌规》表 5.1.3 注 2 及表 5.1.2，γ_β 取成 1.0，导致错误。

B 项忽略了《砌规》表 5.1.3 注 2，导致错误。

C 项忽略了《砌规》表 5.1.2，γ_β 取成 1.0，导致错误。

【35】C

《砌规》4.1.5 条中 $\gamma_f=1.5$，$\gamma_a=1.07$，但条文说明指出，A 级提高 5%，与正文矛盾，应按照正文作答。

【36】A

由《砌规》表 3.2.2 查得 $f_v=0.11\text{N/mm}^2$，由《混规》表 4.2.3-1 查得 $f_y=270\text{N/mm}^2$；

由《砌规》7.2.2 条 1 款，$h_w<l_n$，过梁应计入梁、板传来的荷载。

《砌规》7.2.3 条 2 款中过梁的截面高度 h，当考虑梁、板传来的荷载时，按梁、板下的高度采用，即 $h=h_w$，$h_0=h_w-a_s=1000-15=985$mm。

按受弯承载力计算，由《砌规》式（7.2.3）得：

$$M\leqslant0.85h_0f_yA_s$$

其中 M 按照简支梁计算，$M=\dfrac{1}{8}[p]l_n^2$。

$$[p]=\frac{8M}{l_n^2}=\frac{8\times0.85\times985\times270\times113}{1200^2}=141.91\text{kN/m}$$

按受剪承载力计算，$h=h_w=1\text{m}$，$V=pl_n/2$，由《砌规》5.4.2 条：

$$V\leqslant f_vbz=f_vb\frac{2}{3}h_w$$

$$[p]=\frac{f_vb\frac{4}{3}h_w}{l_n}=\frac{0.11\times370\times\frac{4}{3}\times1000}{1200}=45.2\text{kN/m}$$

故该过梁的允许均布荷载值 $[p]$ 为 45.2kN/m。

点评：本题改编自《砌体结构设计手册》例 7-2-3。

【37】B

《荷规》表 5.5.1 第 3 款给出了集中荷载的取值方法，提示中明确只取一个集中荷载。

《砌规》7.4.7 条给出了雨篷等悬挑构件的倾覆验算方法。由《砌规》7.4.2 条：

$$l_1=0.24\text{m}<2.2h_b=2.2\times0.24=0.528\text{m}$$

$$x_0=0.13l_1=0.13\times0.24=0.0312\text{m}$$

倾覆力矩由集中荷载和雨篷自重产生：

$$M_{ov}=1.3\times5.95\times(0.6+0.0312)+1.5\times1\times(1.2+0.0312)=6.73\text{kN}\cdot\text{m}$$

抗倾覆力矩：

$$M_r=0.8\{4.03\times(0.12-0.0312)+[4.6\times0.9-0.9^2+4.6\times4.2-1.8\times2]\times5.32\times(0.12-0.0312)\}=7.49\text{kN}\cdot\text{m}$$

点评：本题改编自《砌体结构疑难释义》题 27。

【38】C

由《砌规》表 3.2.1-1，$f=1.50$MPa。

（1）无构造柱时

$$\beta=\frac{H_0}{h}=\frac{4.2}{0.24}=17.5$$

查《砌规》表 D.0.1-1 得：$\varphi=0.68$

由《砌规》5.1.1 条，$\varphi fA=0.68\times1.5\times0.24\times1\times10^3=244.8\text{kN/m}<328\text{kN/m}$，其受压承载力不满足要求。

（2）构造柱间距为 3.5m 时

由《砌规》8.2.7 条：

$$\eta=\left[\frac{1}{\frac{l}{b_c}-3}\right]^{\frac{1}{4}}=\left[\frac{1}{\frac{3.5}{0.24}-3}\right]^{\frac{1}{4}}=0.54$$

$$\begin{aligned}&\varphi_{com}[fA_n+\eta(f_cA_c+f_yA_s)]\\&=0.68\times[1.5\times(3500-240)\times240+0.54\times(9.6\times240\times240+270\times452.4)]\times10^{-3}\\&=1046\text{kN}<3.5\times328=1148\text{kN}，不安全\end{aligned}$$

（3）构造柱间距为 2.5m 时

$$\eta=\left(\frac{1}{\frac{2.5}{0.24}-2.5}\right)^{\frac{1}{4}}=0.6$$

$$\begin{aligned}&\varphi_{com}[fA_n+\eta(f_cA_c+f_yA_s)]\\&=0.68\times[1.5\times(2500-240)\times240+0.6\times(9.6\times240\times240+270\times452.4)]\times10^{-3}\\&=828.7\text{kN}>2.5\times328=820\text{kN}，安全\end{aligned}$$

点评：本题改编自《砌体结构疑难释义》题 19。

【39】C

根据《木标》3.1.13 条，Ⅰ错误，可以采用，但需满足一定条件。

根据《木标》4.1.12 条，Ⅱ正确。

根据《木标》4.3.20 条，Ⅲ错误，应为不大于 0.9 的折减系数。

根据《木标》9.1.6条，Ⅳ错误，应为满足一定条件的时候。

【40】D

查《木标》表4.3.1-3，TC17B，$f_c=15\text{N/mm}^2$；根据《木标》4.3.2条，强度设计值提高1.15；根据《木标》表4.3.9-2，强度设计值提高1.05。

$$\lambda=\frac{l_0}{i}=\frac{3900}{45}=86.67$$

由《木标》5.1.4条：

$$\lambda_c=c_c\sqrt{\frac{\beta E_k}{f_{ck}}}=4.13\times\sqrt{330}=75$$

$$\lambda>\lambda_c,\ \varphi=\frac{a_c\pi^2\beta E_k}{\lambda^2 f_{ck}}=\frac{0.92\times3.14^2\times1\times330}{86.67^2}=0.398$$

由《木标》5.1.3条6款，计算稳定A可取跨中截面，由4.3.18条得：

$$d_{中}=180+\frac{3900}{2}\cdot\frac{9}{1000}=197.55\text{mm}$$

由《木标》5.1.3条2款，缺口不在边缘时$A_0=0.9A$。

由《木标》5.1.2条：

$$N=\varphi A_0 f_c=0.398\times0.9\times0.25\times3.14\times197.55^2\times15\times1.15\times1.05=198.76\text{kN}$$

一级注册结构工程师
专业考试模拟试卷（一）
（下午）
参考答案

答案汇总

1. C；	2. A；	3. B；	4. C；	5. C；	6. A；	7. D；	8. C；	9. A；	10. C；
11. D；	12. B；	13. B；	14. D；	15. A；	16. C；	17. C；	18. C；	19. C；	20. A；
21. D；	22. C；	23. C；	24. C；	25. C；	26. D；	27. D；	28. B；	29. C；	30. C；
31. B；	32. A；	33. A；	34. A；	35. B；	36. D；	37. B；	38. B；	39. C；	40. A。

解答要点

【1】C

本题中首先计算试验桩的平均值和极差。

依据《地规》Q.0.10条第6款，平均值（8400＋8020＋7000＋9200＋6900）/5＝7904kN，极差（9200－6900）/7904＝29％＜30％，满足要求，故单桩竖向极限承载力为7904kN。

依据《地规》附录Q.0.11，除以安全系数2，得到单桩竖向承载力特征值 R_a＝3952kN。

《荷规》5.1.2条和5.1.3条，设计基础时，要考虑活荷载折减，不考虑消防车荷载，故效应设计值为11000 kN，n＝11000/3952＝2.78，故取3根。

《地规》附录Q.0.10条第6款，取3根要用最小值，R_a＝6900/2＝3450kN，n＝11000/3450＝3.19，故取4根。此时，由于承台下桩数大于3根，R_a要用平均值，肯定也是满足的，故最终答案是4根。

点评：本题考查柱下独立承台桩数（结合试验）。本题需要注意《地规》附录Q单桩竖向静载荷试验要点，Q.0.10条第6款，对桩数为3根及3根以下的柱下桩台，取最小值。这里的桩数，指的是承台下桩的数量，不是试验桩的数量，一定要注意。《建筑基桩检测技术规范》JGJ 106—2014的4.4.3条有同样的知识点，这本规范不是考试范围中的，但设计中常用。

【2】A

依据《地规》附录S.0.11条第2款，当满足极差不超过平均值的30％时，可取平均值作为统计值。依据《地规》附录S.0.11条第3款，当桩身不允许裂缝时，取水平临界荷载统计值的0.75倍为单桩水平承载力特征值。

本题应取表格里的单桩水平临界荷载，平均值为(105＋90＋110＋98＋112)/5＝103，极差＝(max－min)＝112－90＝22＜0.3×103＝30.9kN。

$$R_{ha} = 0.75H_{cr} = 0.75 \times 103 = 77.25\text{kN}$$

依据《桩规》5.7.2条第7款，验算永久荷载控制的桩基水平承载力时，单桩水平承载力特征值乘以调整系数0.8，故 R_{ha}＝77.25×0.8＝61.8kN。

点评：本题考查单桩水平承载力（结合试验），改编自2014年一级结构下午第13题。本题乘0.8，因为认为是按照《桩规》5.7.2条第3款计算的，第1款是给了原则，没有说具体的方法，而第2款和第3款都是静载试验的结果，也都乘了0.80。

【3】B

变异系数=标准差/平均值=0.064/29.1=0.022。

依据《地规》附录J，岩石单轴抗压强度标准值：

$$f_{rk}=\psi\cdot f_{rm}=\left[1-\left(\frac{1.704}{\sqrt{n}}+\frac{4.678}{n^2}\right)\delta\right]\cdot f_{rm}$$

$$=\left[1-\left(\frac{1.704}{\sqrt{6}}+\frac{4.678}{6^2}\right)\times 0.022\right]\times 29.1=28.57\text{MPa}$$

《地规》5.2.6条，岩体完整，取 $\psi=0.5$，$f_a=\psi\times f_{rk}=0.5\times 28.57=14.3\text{MPa}$。其中若题目给出条件，岩体完整程度也可以通过《地规》4.1.4条判断。

点评：本题考查依据试验求岩石地基承载力特征值，改编自一级岩土2009年下午第7题和2016年一级结构12题。

【4】C

依据《地规》5.3.5条，$s=\psi_s\sum_{i=1}^{n}\frac{p_0}{E_{si}}(z_i\bar{\alpha}_i-z_{i-1}\bar{\alpha}_{i-1})$。

地下水位的降低，使地基土的自重应力增加，这部分增加的自重应力带来地层的压缩变形。地下水位下降引起的附加应力分布如图4所示。采用分层总和法计算各层土的压缩变形，其中第2层黏土层由于附加应力分布曲线变化，分为2-1和2-2两层来计算。

$$s_1=\frac{(0+50)/2}{8\times 10^3}\times 5\times 10^3=15.63\text{mm}$$

$$s_{2-1}=\frac{(50+70)/2}{9.5\times 10^3}\times 2\times 10^3=12.63\text{mm}$$

$$s_{2-2}=\frac{70}{9.5\times 10^3}\times 5\times 10^3=36.84\text{mm}$$

$$s=s_1+s_{2-1}+s_{2-2}=15.63+12.63+36.84=65.1\text{mm}$$

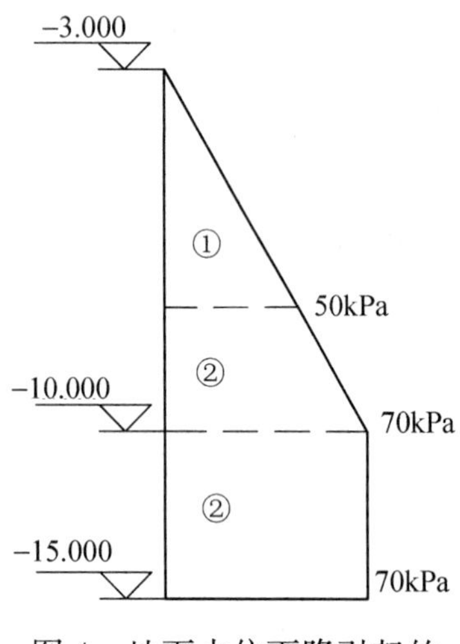

图4　地下水位下降引起的附加应力分布

点评：本题考查降水引起的沉降，改编自施岚青一注教程例题。

【5】C

依据《地规》5.2.1条、5.2.2条、5.3.5条及8.2.8条：

$$p_1=\frac{F_k}{A}、p_2=\frac{F}{A}、p_3=\frac{F_{准永久}}{A}、p_4=\frac{G_k}{A}、p_5=\frac{G}{A}、p_6=p_c$$

确定基础截面尺寸时，采用相应于作用标准组合时基础底面处平均压力值：

$$p_k=\frac{F_k+G_k}{A}=p_1+p_4$$

计算基础沉降时，采用相应于准永久组合时基础底面处的附加压力：

$$p_0=\frac{F_{准永久}+G_k}{A}-p_c=p_3+p_4-p_6$$

验算基础受弯、受剪及冲切时，采用相应于作用基本组合时的地基土单位面积净反力：

$$p_j=\frac{F_k}{A}=p_2$$

点评：本题考查基础底面平均压力区分，改编自2006年一级岩土下午案例题7。

【6】A

依据《地规》6.7.3条，当支挡结构满足朗肯条件时，主动土压力系数可按朗肯土压力理论确定。

对于黏土，$k_{a1}=\tan^2\left(45°-\frac{\varphi_1}{2}\right)=\tan^2\left(45°-\frac{20°}{2}\right)=0.490$，其土压力分布如图6-1所示，其中挡土墙顶点压力 $qk_a-2c_1\sqrt{k_a}=57.1\times 0.49-2\times 20\sqrt{0.49}=0$，本题的 q 人为设定，土压力零点恰好在挡土墙顶，所以挡土墙主动土压力分布由原梯形分布简化为三角形分布。

$$E_{a1}=\frac{1}{2}(\gamma_1 Hk_{a1}+qk_{a1}-2c_1\sqrt{k_{a1}})H=\frac{1}{2}\gamma_1 H^2 k_{a1}=\frac{1}{2}\times 17\times 6^2\times 0.49=149.94\text{kN/m}$$

对于砂土，$c_2=0$，其土压力分布如图6-1所示，$k_{a2}=\tan^2\left(45°-\frac{\varphi}{2}\right)=\tan^2\left(45°-\frac{35°}{2}\right)=0.271$。

$$E_{a2}=\frac{1}{2}\gamma_2 H^2 k_{a2}+qHk_{a2}=\frac{1}{2}\times 18\times 6^2\times 0.271+57.1\times 6\times 0.271=180.65\text{kN/m}$$

依据《地规》6.7.3条，挡土墙高度5～8m时，主动土压力增大系数宜取1.1，本题中挡土墙高度6m，故 E_a 应乘1.1的增大系数。

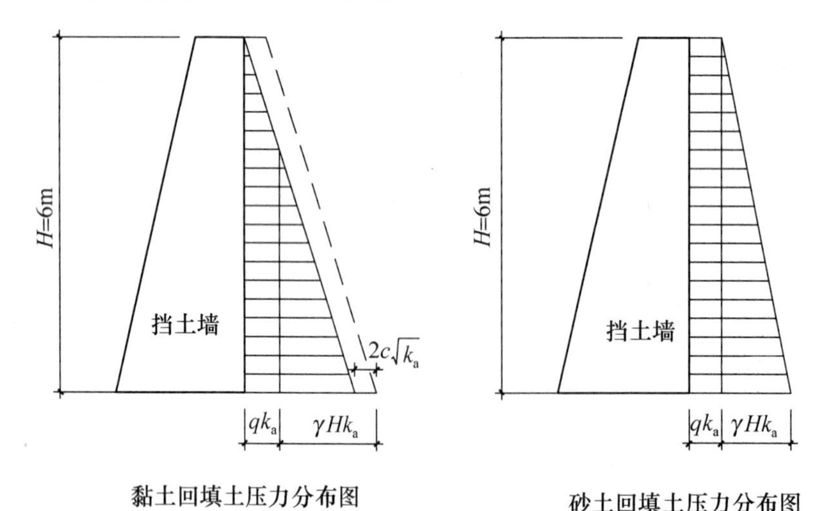

图6-1　回填土压力分布图

故挡土墙主动土压力的比值 $E_{a1}/E_{a2}=(149.94\times1.1)/(180.65\times1.1)=0.83$。

点评：本题考查挡土墙土压力计算，改编自2012年一级岩土案例19题。

黏性土主动土压力由两部分组成，一部分是由土的自重产生的土压力，是正值，随深度呈现三角形分布，大小为 γHk_a，另一部分是由黏聚力 c 引起的负侧压力，起减少土压力的作用，其值为常数，不随深度变化，大小为 $2c\sqrt{k_a}$。这两部分土压力叠加的结果如图6-2(b)所示，两项叠加使得墙后土压力在 Z_0 深度以上出现负值，即拉应力，但实际上墙和填土之间没有抗拉强度，故拉应力的存在会使填土与墙背脱开，出现 Z_0 深度的裂缝，如图6-2(d)所示。因此，在 Z_0 以上可以认为土压力为零；Z_0 以下，土压力强度按三角形 abc 分布（图6-2(c)）。任一点侧向压力 $p_a=\gamma zk_a-2c\sqrt{k_a}$。$Z_0$ 位置可由 $P_a=0$ 求出，即 $\gamma Z_0k_a-2c\sqrt{k_a}=0$，$Z_0=\dfrac{2c}{\gamma\sqrt{k_a}}$。总主动土压力 E_a 为三角形 abc 的面积，即 $E_a=\dfrac{1}{2}k_a\gamma(H-Z_0)^2=\dfrac{1}{2}k_a\gamma H^2-2c\sqrt{k_a}H+\dfrac{2c^2}{\gamma}$，$E_a$ 作用点位于墙底以上 $\dfrac{1}{3}(H-Z_0)$ 处。

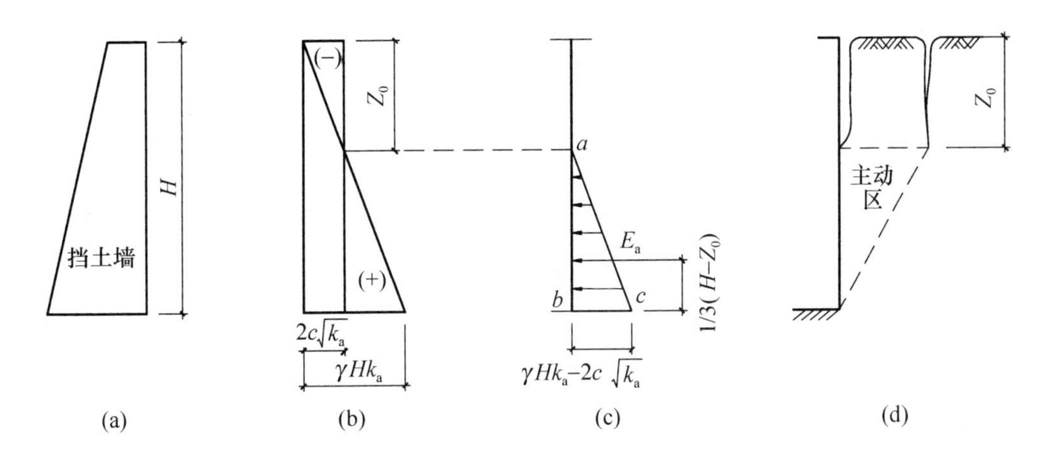

图6-2　黏性土主动土压力分布

当坡顶存在地面均布附加荷载 q 时，$p_a=\gamma zk_a-2c\sqrt{k_a}+qk_a$。

Z_0 位置可按下式求出，即 $\gamma Z_0k_a-2c\sqrt{k_a}+qk_a=0$，$Z_0=\left(\dfrac{2c}{\sqrt{k_a}}-q\right)\Big/\gamma$。

【7】D

依据《地规》3.0.1条、表3.0.1和10.3.8条，地基基础设计等级①为丙级，⑤为乙级，可不进行沉降变形观测，③为甲级，④为软弱地基上乙级，应进行沉降变形观测，①错误，③④正确；

依据《地处规》2.1.19条及《地规》10.3.8条第3款，②注浆加固属于地基处理，处理地基上的建筑物，应进行变形观测，②正确；

依据《地规》10.3.8条第4款，加层、扩建建筑物应进行变形观测，⑥正确。

点评：本题考查沉降变形观测，依据实际工程项目资料改编。

【8】C

依据《桩规》5.4.4条：

$$\sigma'=18\times2+18\times2+10\times(17-10)/2=107\text{kPa}$$

$$q_s^n=0.15\times107=16.05\text{kPa}$$

式中 $q_s^n=16.05\text{kPa}$，小于正摩阻力标准值 12kPa×2=24kPa（题目图中 $q_{sia}=12\text{kPa}$，故 $q_{sik}=24\text{kPa}$），所以 $q_s^n=16.05\text{kPa}$。

点评：本题考查负摩阻，改编自2013年一级结构下午第5题，与原真题相比，仅修改一个下标，导致结果完全不同。对于桩侧正摩阻力，《地规》用的是侧阻力特征值，符号是 q_{sia}，《桩规》中用的是极限侧阻力标准值，符号是 q_{sik}，他们之间的关系是 $q_{sia}=q_{sik}/2$。

【9】A

依据《桩规》5.9.2条，因为计算截面是到柱边，所以要将题中的圆柱转化为方柱。

$$c=0.8d=0.8\times400=320\text{mm}$$

$$M=\frac{N_{max}}{3}\left(s_a-\frac{\sqrt{3}}{4}c\right)=\frac{(6300/3-1.35\times300/3)}{3}\times\left(1200-\frac{\sqrt{3}}{4}\times0.32\right)$$

$$=695.2\text{kN}\cdot\text{m}$$

点评：本题考查等边三角形三桩承台最大弯矩，改编自2009年一级岩土上午第13题。基础设计时，只要是钢筋混凝土的构件计算，都不计承台及其上土重，依据答案中的式子，理解题目中的每个条件表达的含义，一定要注意审题。

【10】C

依据《桩规》5.1.1条，G_k 为桩基承台和承台上土自重标准值，对稳定的地下水位以下部分应扣除水的浮力。

$$N_k=\frac{(F_k+G_k)}{n}=\frac{(4000+3\times3\times3\times20-3\times3\times2\times10)}{4}=1090\text{kN}$$

其中2m为最低水位水头。

依据《桩规》5.2.1条和5.2.2条：

$$Q_{uk}=R_a\times K\geqslant N_k\times2=1090\times2=2180\text{kN}$$

点评：本题考查单桩竖向极限承载力。

【11】D

依据《桩规》6.7.4条第4款，式（6.7.4）可得注浆量：

$$G_c=\alpha_pd+\alpha_snd$$

$$=1.6\times1+0.6\times1\times1=2.2\text{t}$$

依据《桩规》6.7.4条第4款，对独立单桩、桩距大于 $6d$ 的群桩和群桩初始注浆的数根基桩的注浆量应按上述估算值乘以 1.2 的系数，故单桩注浆量大小为 1.2×2.2=2.64t。

【12】B

依据《桩规》5.3.10 条：

$$Q_{uk}=Q_{sk}+Q_{gsk}+Q_{gpk}=u\sum q_{sjk}l_j+u\sum\beta_{si}q_{sik}l_{gi}+\beta_p q_{pk}A_p$$

其中后注浆竖向增强段土层厚度 l_{gi}，对于干作业灌注桩，竖向增强段为桩端以上，桩侧注浆断面上下各 6m，扣除重叠部分，桩侧注浆管阀在桩顶以下 14m，故竖向增强段为粗砂层 6m+粉质黏土层 10m+粉土层 1m。

桩径 1000mm>800mm，为大直径桩，应按《桩规》表 5.3.6-2 进行尺寸效应修正，对于粉土层和粉质黏土层，桩侧尺寸效应修正系数为 $(0.8/d)^{1/5}$；对于粗砂层，桩侧与桩端尺寸效应修正系数均为 $(0.8/d)^{1/3}$。

代入已知参数，可求得：

$$Q_{sk}=u\sum q_{sjk}l_j=3.14\times1\times8\times26\times(0.8/1)^{1/5}=624.6\text{kN}$$

$$\begin{aligned}Q_{gsk}&=3.14\times1\times[1.4\times26\times1\times(0.8/1)^{1/5}+1.8\times48\times10\times(0.8/1)^{1/5}\\&\quad+2.1\times100\times6\times(0.8/1)^{1/3}]\\&=6376.6\text{kN}\end{aligned}$$

$$Q_{gpk}=2.6\times4600\times3.14\times(1/2)^2\times(0.8/1)^{1/3}=8715.6\text{kN}$$

$$Q_{uk}=15716.8\text{kN}$$

依据《桩规》5.2.2 条，单桩竖向承载力特征值 $R_a=\dfrac{1}{2}Q_{uk}=7858.4\text{kN}$。

点评：若未注意到所求为承载力特征值，会误选 D；若未考虑尺寸效应，$R_a=1/2\times Q_{uk}=1/2\times(653.1+6783.7+9388.6)=8412.7\text{kN}$，会误选 C；若未考虑后注浆增强及尺寸效应，$R_a=1/2\times Q_{uk}=1/2\times(653.1+3472.8+3611)=3868.5\text{kN}$，会误选 A。

【13】B

依据《地处规》7.2.2 条第 7 款及条文说明，A 正确；

依据《地处规》7.5.2 条第 8 款及条文说明，压实系数均不应低于 0.95，B 错误；

依据《地处规》7.7.2 条第 4 款及条文说明，C 正确；

依据《地处规》7.7.2 条第 4 款条文说明，D 正确。

点评：本题考查复合地基褥垫层构造要求。

【14】D

依据《地处规》7.1.5 条：

$$\gamma_m=[18\times2+(18-10)\times1]/3=14.7\text{kN/m}^3$$

依据《地处规》式（7.1.5-2）：

$$f_{spk}=\lambda m\frac{R_a}{A_p}+\beta(1-m)f_{sk}=\frac{0.9\times m\times420}{3.14\times0.5^2/4}+0.9\times(1-m)\times60=1872.1m+54(\text{kPa})$$

依据《地处规》7.1.5 条及《地规》5.2.4 条：

$$f_{spa}=f_{spk}+\eta_d\cdot\gamma_m\cdot(d-0.5)=1872.1m+54+1.0\times14.7\times(3-0.5)\geqslant210\text{kPa}$$

可得 $m\geqslant0.064$。

依据《地处规》7.7.2 条 5 款，水泥粉煤灰碎石桩可只在基础范围内布桩，$m=n\times A_p/A=0.064$，故 $n=0.064\times24\times48/(3.14\times0.5^2/4)=375.7$，取 $n=376$ 根。

点评：本题考查 CFG 复合地基承载力，改编自 2017 年一级结构下午 13 题。

【15】A

依据《地处规》7.1.7 条，复合地基变形计算应符合《地规》有关规定，复合土层的分层与天然地基相同，复合土层的压缩模量等于该层天然地基压缩模量的 ζ 倍，$\zeta=\dfrac{f_{spk}}{f_{ak}}=\dfrac{360}{60}=6$。

依据《地规》5.3.5 条，采用角点法，将基础底面分为四个矩形块，$b_1=12\text{m}$，$l_1=24\text{m}$，$l_1/b_1=2$。

$z_1/b_1=0.8$，$z_2/b_1=1.0$，依据《地规》附录表 K.0.1-2 查得，$\alpha_1=0.2403$，$\alpha_2=0.2340$。

复合地基土层变形量：

$$s=4\psi_s s'=4\times0.25\times280\times\left(\frac{9.6\times0.2403}{3\times6}+\frac{12\times0.2340-9.6\times0.2403}{8\times6}\right)=38.8\text{mm}$$

【16】C

依据《边规》3.2.2 条第 2 款，工程滑坡地段的边坡工程，破坏后果严重的安全等级应定为一级。依据《边规》8.2.2 条、表 8.2.2，锚杆杆体抗拉安全系数为 2.2。依据《边规》8.2.1 条、8.2.2 条，普通钢筋锚杆截面积：

$$A_s\geqslant\frac{K_bN_{ak}}{f_y}=\frac{K_bH_{tk}}{f_y\cos\alpha}=\frac{2.2\times80\times10^3}{360\times\cos30^\circ}=564.52\text{mm}^2$$

点评：本题考查锚杆截面面积计算，改编自 2013 年一级岩土上午 17 题。

【17】C

依据《高规》8.1.4 条和 9.1.11 条，V_f 是对应于地震作用标准值且未经调整的框架承担的地震总剪力，这里的未经调整是指未经其他调整，但应满足楼层最小地震剪力系数（剪重比）的要求，而薄弱层的调整，又是在剪重比之前。所以 V_f 要先进行薄弱层的调整，再进行剪重比的调整。若进行薄弱层的调整后，可满足剪重比要求，则本层就不需要进行剪重比的调整了，若进行薄弱层的调整后，仍不满足剪重比的要求，则还是由剪重比控制。

由《高规》3.5.2 条可知，首层与二层考虑层高修正的楼层侧向刚度比为 1.4<1.5，则

首层是薄弱层。《高规》3.5.8 条，地震作用标准值的剪力应乘以 1.25 的增大系数，故 V_0＝1.25×18000kN＝22500kN。

依据《高规》4.3.12 条，7 度，0.15g，查表得到最小地震剪力系数为 0.024，因首层为薄弱层，故首层剪力应满足 $V_{\mathrm{Ek}} \geqslant \lambda \sum_{j=1}^{n} G_j = 1.15 \times 0.024 \times 883500 = 24384.6\mathrm{kN} >$ 22500kN（取地上结构重力荷载代表值计算）。

综上，地震作用下满足剪重比要求的结构底层总剪力标准值为 24384.6kN，V_f＝0.07×24384.6＝1707kN。

点评：17～20 题考查 0.2V_0 调整，框筒角柱、底加区墙抗震等级，改编自 2013 年二级结构真题。

1. 本题考框架作为二道防线的剪力调整，对于框架-剪力墙结构，依照《高规》8.1.4 条调整，框架-核心筒结构及混合结构在《高规》9.1.11 条、10.2.17 条和 11.1.6 条都有相关规定。应注意每个参数的取值及相关注意事项。另一个考点是抗震等级，这也是注册结构考试的重点，查抗震等级时，先判断是否有下述四种情况，否则一不小心抗震等级就判断错了。

(1) 是否为 A 级高度？若 B 级高度不是同一个表；

(2) 是否为重点设防类（乙类）、特殊设防类（甲类）？场地类别也有影响；

(3) 提高一度后，是否超房屋最大高度？超过后要注意《高规》3.9.7 条，应采取比对应抗震等级更有效的抗震构造措施；

(4) 是否是复杂结构？复杂高层建筑结构在《高规》第 10 章有更严格的具体规定。

2.《高规》4.3.12 条剪重比的公式，薄弱层时，公式左边×1.25（《抗规》是 1.15），公式右边×1.15，这样可以约掉，有什么意义呢？从这个算例就能看到，无论是 1.25，还是 1.15，最终结构的地震剪力标准值都是放大了的，不要仅仅看这个不等式，而应该关注结构的地震剪力，就能看到意义。

3. 本题为什么不按照《高规》9.1.11 条进行二道防线的调整？其实本题想问的是进行二道防线判断的时候，底部总剪力应该取多少，还没有开始判断二道防线。

【18】C

依据《高规》3.3.1 条，房屋高度 H＝15＋30×4.5＝150m，现浇钢筋混凝土框架-核心筒结构，抗震设防烈度 7 度，B 级高度。依据《高规》3.9.4 条，框架一级，筒体一级。

点评：查抗震等级时，依照 17 题点评中所述进行“查前四问”，“查前四问”没有其他特殊调整。

【19】C

参见上题。

【20】A

若改成钢框架后，结构体系变为混合结构，需要按照《高规》11.1.2 条和 11.1.4 条，确定结构的抗震等级，依据表 11.1.4，房屋高度 H＝15＋30×4.5＝150m ＞130m，7 度，核心筒抗震等级为特一级。

【21】D

依据《高规》4.3.5 条及条文说明，弹性时程分析时，从安全性的角度出发，每条时程曲线计算所得结构底部剪力不得小于振型分解反应谱法计算结果的 65%；多条时程曲线计算所得结构底部剪力不得小于振型分解反应谱法计算结果的 80%。从经济性的角度出发，每条时程曲线计算所得结构底部剪力不大于振型分解反应谱法计算结果的 135%；多条时程曲线计算所得结构底部剪力不大于振型分解反应谱法计算结果的 120%。

由于 7500kN＜12000×65%＝7800kN，故 P2 淘汰，A、B 排除；（15300＋14800＋13500）/3＝14533kN＞12000×120%＝14400kN，故 C 排除。

点评：本题考查弹性时程分析选波，改编自 2014 年二级结构 37 题。关于“选波”的其他注意要点，请仔细阅读规范正文和条文说明。

【22】C

依据《高规》3.5.2 条判断，第 1 层与第 2 层侧向刚度之比为 $6.5\times10^4/7.5\times10^4$＝86.7%＞70%；与其上 3 层侧向刚度平均值之比为 6.5×10^4/（（7.5＋9＋8.5）/3）＝78%＜80%，故 1 层的侧向刚度比不满足要求，为薄弱层。

同理验算其他楼层，侧向刚度比均满足规范要求，非薄弱层。

依据《高规》3.5.8 条，薄弱层地震作用标准值的剪力应乘以 1.25 的增大系数。

依据《高规》4.3.12 条，8 度（0.2g），楼层最小地震剪力系数为 0.032，竖向不规则结构的薄弱层，水平地震剪力系数尚应乘以 1.15 的增大系数。

依据《高规》4.3.12 条条文说明，先调整薄弱层，再满足剪重比。

（以上规定在《抗规》中也有，但《抗规》薄弱层的调整系数是 1.15，由于本题结构属于高层，当两本规范要求不同时，应该采用《高规》作答。）

对于第 1 层，1.15×0.032×（3900＋3×3300＋3200）＝625.6kN＜1.25×510＝637.5450kN，故第 1 层满足规范要求。

对于第 2 层，0.032×（3×3300＋3200）＝419kN＞390kN，故第 2 层不满足规范要求。

对于第 3 层，0.032×（2×3300＋3200）＝313kN＜320kN，故第 3 层满足规范要求。

点评：本题考查剪重比，依据 2017 年一级结构第 3 题改编。

【23】C

依据《抗震设防分类标准》3.0.3 条，根据抗震设防类别同时调整抗震措施和抗震构造措施，①错误。

依据《抗规》3.3.2 条及 3.3.3 条，②正确；6.1.3 条第 3 款及条文说明，③正确；6.1.3 条第 2 款，④正确；附录 M 表 M.1.1-3，⑧正确。

依据《高规》3.9.7 条，⑤正确；10.4.4 条第 2 款，错层处框架柱同时调整抗震措施和抗震构造措施，⑥错误；10.3.3 条第 1 款，⑦错误。

点评：本题考查抗震等级与抗震构造等级。

熟练掌握有可能导致抗震构造措施的抗震等级与抗震等级不相同的各种情况，是判断抗震等级的高阶水平，可以帮助快速解题。比如2017年的高层真题25题，题目中没有仅提高抗震构造措施的情况，故选项中如果出现抗震等级与抗震构造等级不同的选项，都可以直接排除掉。

本题中选项①～⑧，规范中都有对应的条文，强调一下⑧，采用性能设计的结构构件，按照《抗规》附录M的表M.1.1-3可知，存在可以降低抗震构造措施的情况。

【24】C

依据《抗规》A.0.2条，天津市武清区为8度区。

依据《高规》8.1.8条，因为建筑长宽比 $L/B=80/20=4>3$，为长矩形平面。

由于现浇层厚度80mm大于60mm，故可作为现浇板考虑，8度，楼盖现浇，剪力墙间距取 $3.0B$ 和40m的较小值，即40m。

【25】C

依据《抗震设防分类标准》6.0.4条，大型电影院为乙类建筑，依据《高规》3.9.1条第1款，1～3层按乙类提高一度查表确定抗震等级。

依据《高规》3.3.1条、表3.3.1-1，6度区框架结构，房屋高度 $H=35.0\text{m}<60.0\text{m}$，为A级高度。

依据《高规》3.9.3条、表3.9.3，6度区丙类建筑框架结构抗震等级为三级，7度抗震等级为二级，即1～3层为二级框架，4～6层为三级框架。

依据《高规》10.2.1条，10.2节带转换高层建筑结构，指带托墙转换层的剪力墙结构（部分框支剪力墙结构），或带托柱转换的筒体结构，本题为托柱转换框架结构，不属于上述情况，不需要按10.2.6条规定调整抗震等级。

对于框架结构中的转换构件——框支梁和框支柱，虽然规范中没有明确规定需要提高其抗震等级，但考虑到转换构件的重要性，转换出的层数较多且跨度较大，在实际工程中，参考框支剪力墙结构中框支框架的规定，将转换构件抗震等级提高一级也是合理做法，此时KZL1和KZZ1的抗震等级均为一级。

点评：本题选项设置时为避免歧义，未设定抗震等级均为二级的选项。

【26】D

依据《高规》3.11.2条、表3.11.2注及条文说明，可知框支柱、框支梁为关键构件，框架柱为普通竖向构件，框架梁为耗能构件。

依据《高规》3.11.1条和3.11.2条，依据转换构件的性能目标为B类，KZL1和KZZ1在多遇地震、设防烈度地震和预估的罕遇地震下的性能目标分别为1、2和3，对应表3.11.2，关键构件的震后性能状况，分别为无损坏、无损坏、轻度损坏。

KZ1为普通竖向构件，C类性能目标，在多遇地震、设防烈度地震和预估的罕遇地震下的性能水准分别为1、3和4，由表3.11.2，分别对应无损坏、轻微损坏、部分构件中度损坏。

KL1为耗能构件，C类性能目标，在多遇地震、设防烈度地震和预估的罕遇地震下的性能水准分别为1、3和4，由表3.11.2，分别对应无损坏、轻度损坏（部分中度损坏）、中度损坏（部分比较严重损坏）。

【27】D

依据《高规》9.3.1条，筒中筒结构的平面外形宜选用圆形、正多边形、椭圆形或矩形等；9.3.2条，矩形平面的长宽比不宜大于2。

依据《高规》9.3.1～9.3.5条条文说明，研究表明，筒中筒结构的空间受力性能与其平面形状和构件尺寸等因素有关，选用圆形和正多边形等平面，能减小外框筒的“剪力滞后”现象，使结构更好地发挥空间作用。矩形和三角形平面的“剪力滞后”现象相对较严重，矩形平面的长宽比大于2时，外框筒的剪力滞后更突出，应尽量避免。三角形平面切角后，空间受力性质会相应改善。

点评：本题考查剪力滞后。

【28】B

依据《抗规》附录A，吉林省长春市朝阳区抗震设防烈度为7度；8.1.6条抗震等级为四级。

《抗规》8.1.6条第2款，三四级且高度不大于50m的钢结构宜采用中心支撑，也可采用偏心支撑，Ⅳ正确。

《高钢规》7.5.1条及《抗规》8.1.3条第3款，不得采用K形斜杆体系，Ⅲ错误。

《高钢规》7.5.1条及《抗规》8.1.6条第3款，当采用只能受拉的单斜杆体系时，应同时设不同倾斜方向的两组单斜杆，Ⅰ正确，由于采用压杆设计，故Ⅱ正确。

点评：本题考查防屈曲支撑。

【29】C

依据《高钢规》3.8.1条，性能目标C级时，设防烈度地震的性能水准为第3性能水准，依据3.8.2条，宏观损坏程度为轻度损坏，Ⅰ错。

依据《高钢规》3.8.2条，性能化设计时，中震不考虑风荷载参与组合，Ⅱ错。

依据《高钢规》3.8.2条第3款，关键构件及普通竖向构件的承载力应满足不屈服的要求，故Ⅲ正确，Ⅳ错误。

点评：因本题考查的是高层民用建筑钢结构的抗震性能化设计，故应采用《高钢规》，若采用《高规》则会错选。

【30】C

依据《抗规》3.3.3条，Ⅲ、Ⅳ类场地，设计基本加速度 $0.15g$ 和 $0.30g$ 的地区，除本规范另有规定外，宜分别按抗震设防烈度8度（$0.20g$）和9度（$0.40g$）要求采取抗震构造措施。因轴压比为抗震构造措施，故按8度（$0.20g$）对应的抗震构造等级确定轴压比限值。

依据《抗规》8.1.3条、表8.1.3，房屋高度等于50m，8度时抗震等级为三级。

依据《高钢规》6.4.3条、式（6.4.3）及6.4.4条、表6.4.4，房屋高度小于60m，不考虑风与地震的组合，地震组合下，柱轴向压力设计值 $N_c=1.2\times(2100+0.5\times700)+1.3\times2800=6580\text{kN}$。

依据《高钢规》7.3.4条，$\frac{N_c}{A_c f}\leqslant\beta$，抗震等级三级时 β 取0.75，可得

$$A_c\geqslant\frac{N_c}{\beta f}=\frac{6580\times10^3}{0.75\times295}=29740\text{mm}^2$$

其中，依据《高钢规》4.2.1条、表4.2.1，Q345B钢材，$16\text{mm}<t\leqslant40\text{mm}$ 时，钢材强度设计值 $f=295\text{N/mm}^2$。

点评：本题考查高层钢结构房屋框架柱轴压比。

【31】B

依据《高钢规》5.4.5条及《抗规》5.2.5条，抗震验算时，结构任一楼层的水平地震剪力 $V_{Eki}>\lambda\sum_{j=i}^{n}G_j$，基本周期3.8s，介于3.5s与5s之间，则

$$\lambda=0.018+\frac{0.024-0.018}{5-3.5}\times(5-3.8)=0.0228$$

依据《抗规》5.1.3条，重力荷载代表值

$$\sum_{j=i}^{n}G_j=20\times12000+19\times0.5\times4000=278000\text{kN}$$

$$\lambda\sum_{j=i}^{n}G_j=0.0228\times278000=6338.4\text{kN}>5600\text{kN}$$

地震作用下基底剪力标准值调整为6339kN。

依据《高钢规》6.4.4条，地震剪力设计值 $V_E=1.3\times6339=8240.7\text{kN}$。

风荷载作用下基底剪力标准值 $V_{wk}=\frac{1}{2}qH=\frac{1}{2}\times120\times98=5880\text{kN}$。

依据《可靠性标准》8.2.9条，风荷载分项系数为1.5，风荷载作用下基底剪力设计值为 $V_w=1.5\times5880=8820\text{kN}$。

点评：本题考查剪重比调整，基底剪力设计值。

【32】A

依据《高钢规》6.1.7条第2款，框架-支撑结构的高层民用建筑钢结构的整体稳定性应满足下式要求：

$$EJ_d\geqslant0.7H^2\sum_{i=1}^{n}G_i$$

其中 $G_i=1.2\times12000+1.4\times4000=20000\text{kN}(i=1\sim19)$，屋顶层 $G_{20}=1.2\times12000+1.4\times1500=16500\text{kN}$。

依据《高规》5.4.1条条文说明，结构的弹性等效侧向刚度 $EJ_d=\frac{11qH^4}{120u}$，故有

$$\frac{11qH^4}{120u}\geqslant0.7H^2\sum_{i=1}^{n}G_i$$

$$u\leqslant\frac{11qH^4}{120\times0.7H^2\sum_{i=1}^{n}G_i}=380.6\text{mm}$$

依据《高钢规》3.5.2条，在风荷载或多遇地震标准值作用下，按弹性方法计算的楼层层间最大水平位移与层高之比不宜大于1/250，故 $u\leqslant\frac{H}{250}=392\text{mm}$。综上，结构最大顶点侧移 $u=\min(380.6,392.0)=380.6\text{mm}$。

点评：本题考查二阶效应，层间位移角限值。

【33】A

依据《公预规》8.7.1条，支座反力设计值采用竖向荷载（汽车荷载计入冲击系数）标准值组合。依据8.7.3条，可得

$$A_e\geqslant\frac{(505.308+427.451)\times10^3}{10}=9.33\times10^4\text{ mm}^2$$

【34】A

依据《公预规》8.7.3条第2款计算。

$$A_g=105000\text{mm}^2$$

不计入制动力时，令 $t_e=2\Delta_l$，则可得

$$t_e=2\times\left[16.5+\frac{(2.527+2.137)\times10^3}{1.0\times105\times10^3}\times t_e\right]$$

解方程，得到 $t_e=36.2\text{mm}$。

计入制动力时，令 $t_e=1.43\Delta_l$，则可得

$$t_e=1.43\times\left[16.5+\frac{(2.527+2.137+6.799)\times10^3}{1.0\times105\times10^3}\times t_e\right]$$

解方程，得到 $t_e=28.0\text{mm}$。

综上，36.2mm可满足要求。

【35】B

依据结构力学影响线知识，图（a）为中孔跨中截面a的弯矩影响线。确定截面底部受拉钢筋截面积，需要最大的正弯矩。汽车均布荷载应布置在BC跨，P_k 应布置在峰值处。

【36】D

依据《公预规》6.5.3条计算。C35混凝土，$\eta_\theta=1.60$。

汽车和人群按频遇组合产生的长期挠度值为 $35\times1.6-20\times1.6=24\text{mm}$，由于 $24\text{mm}<L/600=19.5\times103/600=33\text{mm}$，故挠度满足要求。

依据6.5.5条，由荷载频遇组合并考虑长期影响产生的挠度值为 $35\times1.60=56\text{mm}>L/1600=12\text{mm}$，因此，应设置预拱度。

预拱度为 $20\times1.6+(35\times1.6-20\times1.6)/2=44\text{mm}$。

【37】B

依据《公预规》5.7.2 条计算。

$$d_{cor}=220-12=208\text{mm}$$

$$\rho_v=\frac{4A_{ss1}}{d_{cor}s}=\frac{4\times113}{208\times60}=0.0362$$

$$\beta_{cor}=\sqrt{\frac{A_{cor}}{A_l}}=\sqrt{\frac{3.14\times208^2/4}{23767}}=1.1954$$

$$\begin{aligned}&0.9(\eta_s\beta f_{cd}+k\rho_v\beta_{cor}f_{sd})A_{ln}\\&=0.9\times(1.0\times3\times16.1+2\times0.0362\times1.1954\times330)\times19478\\&=1347.4\times10^3\text{N}\end{aligned}$$

【38】B

依据《城桥规》10.0.2 条第 1 款，Ⅰ正确，Ⅱ错误。

依据《城桥规》10.0.5 条第 1 款，Ⅲ正确。

依据《城桥规》10.0.7 条，Ⅳ错误。

【39】C

依据《城桥抗规》表 3.1.1，快速路上的桥梁，属于乙类。

依据《城桥抗规》3.3.2 条和表 3.3.3，应采用 A 类抗震设计方法，Ⅰ正确，Ⅲ错误。

依据《城桥抗规》表 3.2.2，乙类，E2 地震作用下的地震调整系数为 2.05，Ⅱ错误。

依据《城桥抗规》3.1.3 条，Ⅳ错误。

【40】A

依据《城桥抗规》7.4.2 条，斜截面抗剪承载力设计值为 $\phi(V_c+V_s)$。

$$A_g=180\times200=36000\text{cm}^2$$

$$A_e=0.8A_g=28800\text{cm}^2$$

$$v_c=\lambda\left(1+\frac{P_c}{1.38A_g}\right)\sqrt{f_{cd}}==0.3\left(1+\frac{11500}{1.38\times36000}\right)\sqrt{18.4}=1.58\text{MPa}$$

$0.355\sqrt{f_{cd}}=1.52$，$1.47\lambda\sqrt{f_{cd}}=1.89$，最小值为 1.52<1.58，故取 $v_c=1.52\text{MPa}$。

$$V_c=0.1v_cA_e=0.1\times1.52\times28800=4378\text{kN}$$

$$V_s=0.1\frac{A_vf_{yh}h_0}{s}=0.1\times\frac{6.12\times250\times190}{10}=2907\text{kN}$$

$$\phi(V_c+V_s)=0.85\times(4378+2907)=6192\text{kN}$$

一级注册结构工程师
专业考试模拟试卷（二）
（上午）
参考答案

答　案　汇　总

1. D；	2. C；	3. C；	4. B；	5. D；	6. A；	7. B；	8. D；	9. B；	10. D；
11. A；	12. B；	13. D；	14. D；	15. A；	16. A；	17. B；	18. C；	19. B；	20. C；
21. D；	22. A；	23. B；	24. A；	25. C；	26. C；	27. D；	28. D；	29. B；	30. D；
31. C；	32. A；	33. B；	34. C；	35. B；	36. A；	37. D；	38. D；	39. B；	40. D。

解　答　要　点

【1】D

根据《可靠性标准》4.3.3条和8.3.2条条文说明，建筑结构中的钢梁之所以采用标准组合验算钢梁的挠度，是因为钢梁下有隔墙，钢梁的挠度会使隔墙损坏，因此被认定是不可逆的，因为钢梁在弹性阶段，故其本身的挠度是可逆的，所以Ⅰ错误。Ⅱ、Ⅲ的思想和8.3.2条条文说明一致，是正确的。

【2】C

依据《混规》8.5.3条及式（8.5.3-1）：

$$\rho_s \geqslant \frac{h_{cr}}{h}\rho_{min}$$

由《混规》表8.5.1：

$$\rho_{min} = \min(0.2\%, 45 \times 1.71/360\%) = 0.21\%$$

按《混规》式（8.5.3-2）：

$$h_{cr} = 1.05\sqrt{\frac{M}{\rho_{min} f_y b}} = 1.05 \times \sqrt{\frac{20 \times 10^6}{0.21 \times 0.01 \times 360 \times 400}} = 270\text{mm}$$

$$\rho_s = \frac{270}{800} \times 0.21\% = 0.07\%$$

【3】C

由《混加固规》15.3.5条，用于植筋的钢筋混凝土构件，其最小厚度 $h_{min} = l_d + 2D = 400 + 2 \times 20 = 440\text{mm}$。

D 为钻孔直径，取值见《混加固规》表15.3.5。

【4】B

本题目应由受剪截面和抗剪承载力双控。

计算受剪截面：

由《组合规》表4.3.3，$\gamma_{RE} = 0.85$。

由《组合规》式（6.2.14-3）：

$$V_c \leqslant \frac{1}{\gamma_{RE}}(0.30\beta_c f_c b h_0) = \frac{1}{0.85} \times (0.3 \times 1 \times 19.1 \times 800 \times 760) \times 10^{-3} = 4099\text{kN}$$

计算抗剪承载力：

由《组合规》6.2.15 条知，十字型钢的钢筋混凝土转换柱，其斜截面受剪承载力计算中可折算计入腹板两侧的侧腹板面积，等效腹板厚度按 6.2.3 条计算：

$$t'_w = t_w + \frac{0.5\sum A_{aw}}{h_w} = 20 + \frac{0.5\times2\times200\times20}{360} = 31.1\text{mm}$$

$$0.3f_cA_c = 0.3\times19.1\times(800^2-30000)\times10^{-3} = 3495.3\text{kN} < N$$

由《组合规》公式（6.2.16-2）得：

$$V_c \leqslant \frac{1}{\gamma_{RE}}\left[\frac{1.05}{\lambda+1}f_tbh_0 + f_{yv}\frac{A_{sv}}{s}h_0 + \frac{0.58}{\lambda}f_at_wh_w + 0.056N\right]$$

$$V_c = \frac{1}{0.85}\left[\frac{1.05}{3+1}\times1.71\times800\times760 + 360\times\frac{113\times4}{100}\times760 + \frac{0.58}{3}\times295\times31.1\times360 + 0.056\times3495.3\times10^3\right] = 2757.5\text{kN}$$

【5】D

偏心受压时，用到的效应（内力）必须是同一个工况组合下的，也就是说弯矩 M、轴力 N 和剪力 V，必须是采用同一个组合，不能弯矩取最大，轴力却取最小，因为这个情况并不存在。

点评：本题还可以扩展延伸，同一根梁，上面的荷载分项系数也要相同，同一个节点设计时，节点上的各内力也要是同一个荷载工况组合，命题组即是这样的观点。

通常选择以下四个项目作为可能的截面最不利组合：

（1）$+M_{max}$及相应的 N，V；

（2）$-M_{max}$及相应的 N，V；

（3）N_{max}及相应的$+M_{max}$或$-M_{max}$，V；

（4）N_{min}及相应的$+M_{max}$或$-M_{max}$，V。

对于（1）、（2）两项组合，当弯矩取为最大正值或最大负值时，相应的轴力就唯一地确定了。而对于（3）、（4）两项组合，当轴力取定为最大或最小值时，相应的弯矩可能不止一种，这是因为当风荷载及吊车水平刹车力作用时，轴力为零，但都产生弯矩。因此，要取相应可能产生最大正弯矩或最大负弯矩。

以上四项内力组合有时还不一定能够控制柱子的配筋量，但在一般情况下，按上述四项进行内力组合，已能满足工程设计要求。

详见沈蒲生《混凝土结构设计》（第四版）136 页。

【6】A

根据《抗规》12.2.3 条 3 款，计算橡胶隔震支座在重力荷载代表值的竖向压应力，压应力$=(1.0\text{DEAD}+0.5\text{LIVE})/S=-(2230+0.5\times290)\times1000/(1/4\times3.14\times800\times800)=-4.73\text{MPa}$

点评：本题考查橡胶支座的长期面压计算，设计隔震工程时最基本的内容，需要掌握。

【7】B

根据《抗规》12.2.1 条，9 度区竖向地震作用标准值按照重力荷载代表值的 40%计算。

根据《抗规》12.2.4 条，橡胶支座拉应力校核，是在罕遇地震的水平和竖向地震同时作用下。故本题要考虑水平地震和竖向地震。

计算拉力时，重力荷载代表值 1.0DEAD+0.5LIVE 中的活荷载是有利的，故活荷载组合系数取 0，在计算竖向地震时，竖向地震是±0.4 重力荷载代表值，故活荷载是不利的，所以活荷载的组合系数取 0.5（工程中的做法）。

罕遇地震下荷载组合（这个组合在《抗规》中没有直接给出来，需要结合规范体系理解，在《隔震标准》有）：

$$\begin{aligned}&1.0\text{重力荷载代表值}+1.0E_{hk}-0.5E_{vk}\\&=1.0\text{DEAD}+1.0E_{hk}-0.5E_{vk}\\&=1.0\text{DEAD}+1.0E_{hk}-0.5\times0.4\times(1.0\text{DEAD}+0.5\text{LIVE})\\&=0.8\text{DEAD}+1.0E_{hk}-0.1\text{LIVE}\\&=0.8\times(-2230)+1.0\times4000-0.1(-290)\\&=2245\text{kN(拉力)}\end{aligned}$$

$$\text{拉应力} = 2245\times1000/(1/4\times3.14\times800\times800) = 4.486\text{MPa}$$

点评：压力取负号，拉力是正号，因为重力荷载代表值是负的，竖向地震要取拉力，所以是要减掉竖向地震，《隔震标准》竖向地震前面的组合值系数 0.5，笔者认为应该是 0.4，因为 0.5 考虑了分项系数 1.3，《高规》式（3.11.3-2）可支持此观点。

高烈度、高宽比较大、层数较高时，支座拉应力问题较为突出，有时还需要设置抗拉装置。橡胶支座拉、压刚度不同，抗拉能力弱，故工程中在计算支座拉应力时，重力荷载代表值中的 LIVE 组合系数取为零，这样计算出来的拉应力更大，是一种保守的做法。

活荷载有利时，分项系数取零，规范条文在《可靠性标准》7.0.4 条。

本题虽然题目中没有说到竖向地震，但是给了重力荷载代表值，依此可以计算竖向地震，这个概念要有。

而对于重力荷载代表值中的活荷载是否能取零，有不同观点认为，重力荷载代表值就应该按照《抗规》5.1.3 条计算，这里的活荷载组合值并没有说有利时可以取零，所以重力荷载代表值就应该是（1.0DEAD+0.5LIVE），同时《可靠性标准》中活荷载有利时，是分项系数取零，并不是组合系数。其实，对于工程中不考虑活荷载的有利作用，笔者认为也是可以接受的，而且《隔震规范》已经明确给出这个组合。从解题角度，两个观点答案一致，都选 B。

【8】D

根据《抗规》12.2.4 条，橡胶支座拉应力校核，是在罕遇地震的水平和竖向地震同时作用下，拉应力限值是 1MPa。故拉应力$=1200\times1000/(1/4\times3.14\times D\times D)<1$，解得 $D>1237$mm，取 $D=1300$mm。

点评：7 题和 8 题，帮助大家理解橡胶支座拉应力这个知识点。

【9】B

《混规》表 8.2.1 条，保护层厚度 $c=50$mm，设计使用年限 100 年，保护层厚度放大 1.4 倍，$c=70$mm。

由《混规》7.1.2 条，$c_s=70+12=82\text{mm}>65\text{mm}$，取 $c_s=65\text{mm}$。

由《混规》式（7.1.4-1）：

$$\sigma_{sq}=\frac{N_q}{A_s}=\frac{400+0.5\times200}{3920}=127.55\text{N/mm}^2$$

$$\rho_{te}=\frac{A_s}{A_{te}}=\frac{3920}{400\times400}=0.0245$$

$$\psi=1.1-0.65\frac{f_{tk}}{\rho_{te}\sigma_s}=1.1-0.65\frac{2.39}{0.0245\times127.55}=0.603$$

由《混规》式（7.1.2-1）：

$$w_{max}=\alpha_{cr}\psi\frac{\sigma_s}{E_s}\left(1.9C_s+0.08\frac{d_{eq}}{\rho_{te}}\right)$$

$$=2.7\times0.603\times\frac{127.55}{2\times10^5}\times\left(1.9\times65+0.08\times\frac{25}{0.0245}\right)=0.213\text{mm}$$

点评：本题改编自2016年一级结构真题。裂缝题目本身难度不大，但应注意其各种限定条件，做到快准稳。

【10】D

《混规》式（6.3.4-2）：

$$V_{cs}=\alpha_{cv}f_th_0+f_{yv}\frac{A_{sv}}{s}h_0$$

由于独立梁，$V_{集}=220\times1.5=330\text{kN}$，$V_{总}=220\times1.5+20\times7.2\times0.5\times1.3=423.6\text{kN}$，$V_{集}/V_{总}=330/423.6=0.779>0.75$。

$\lambda=a/h_0=2400/690=3.48>3$，取$\lambda=3$。

$$423.6\times10^3=\frac{1.75}{3+1}\times1.71\times250\times690+360\times\frac{A_{sv}}{s}\times690$$

$$\frac{A_{sv}}{s}=1.186$$

只有D选项满足要求。

【11】A

由于可配置适当受压钢筋，充分利用拉压受力点之间的力臂可使得受拉钢筋最小，即人为配置适当受压钢筋使得$x<2a'_s$，则由《混规》式（6.2.14）得：

$$M=f_yA_s(h-a_s-a'_s)$$

$$M_{中}=1.3\times\frac{1}{8}\times20\times7.2^2+1.5\times(140\times3.6-140\times1.2)=672.48\text{kN}$$

$$A_s=\frac{672.48\times10^6}{360\times(750-60-35)}=2852\text{ mm}^2$$

所以6Φ25最为接近。

点评：其实本题不需要配置受压钢筋，如果按照《混规》式（6.2.11-2）计算，可得到$x=29.4\text{mm}<2a'_s=70\text{mm}$，依然用式（6.2.14）计算，结果相同，但求$x$的过程较为繁琐，因此“可配置适当受压钢筋”可大幅简化计算量。本题中的提示为干扰，一般真题不会用提示来干扰。

【12】B

依据《混规》式（7.2.3）求短期刚度B_s：

$$B_s=\frac{E_sA_sh_0^2}{1.15\psi+0.2+\dfrac{6\alpha_E\rho}{1+3.5\gamma'_f}}$$

准永久组合下，$M_q=\frac{1}{8}\times20\times7.2^2+0.4\times140\times2.4=264\text{kN}\cdot\text{m}$。

由《混规》式（7.1.4-3），$\sigma_{sq}=\frac{M_q}{0.87h_0A_s}=\frac{264\times10^6}{0.87\times690\times2945}=149.33\text{N/mm}^2$。

由《混规》式（7.1.2-4），$\rho_{te}=\frac{A_s}{A_{te}}=\frac{2945}{0.5\times250\times750}=0.0314$。

$$\psi=1.1-0.65\frac{f_{tk}}{\rho_{te}\sigma_s}=1.1-0.65\times\frac{2.39}{0.0314\times149.33}=0.769$$

$$\alpha_E=\frac{E_s}{E_c}=\frac{2\times10^5}{3.25\times10^4}=6.154,\ \rho=\frac{A_s}{bh_0}=\frac{2945}{250\times690}=0.0171$$

代入《混规》式（7.2.3）：

$$B_s=\frac{2\times10^5\times2945\times690^2}{1.15\times0.769+0.2+\dfrac{6\times6.154\times0.0171}{1+3.5\times0.278}}=1.997\times10^{14}\text{N}\cdot\text{mm}^2$$

由《混规》7.2.5条，$\theta=2.0$。

由《混规》式（7.2.2-2）得：

$$B=\frac{B_s}{\theta}=\frac{2\times10^{14}}{2}=1\times10^{14}\text{N}\cdot\text{mm}^2$$

【13】D

《混凝土结构构造手册》中提及，当板上圆形开洞直径d及矩形开洞宽度b（b为垂直于板跨度方向的开洞宽度）不大于300mm时，可将受力钢筋绕过洞边，不需切断并可不设洞口的补强钢筋。

当300mm<d（或b）≤1000mm，且洞口周边无集中荷载时，应在洞口每侧配置补强钢筋，其面积不应小于孔洞宽度内被切断的受力钢筋的一半，且根据板面荷载大小选用不小于2Φ8～2Φ12。

本题目洞口不大于300mm，可不切断受力钢筋。

点评：本题可以扩展延伸，若洞口改为320mm×320mm，受力钢筋根据其间距在此处断开的可能为1根也可能为2根，在没有更多已知条件下，应按照不利情况计算。

【14】D

《混规》式（9.7.2-1）：$A_s\geqslant\frac{V}{\alpha_r\alpha_vf_y}+\frac{N}{0.8\alpha_bf_y}+\frac{M}{1.3\alpha_r\alpha_bf_yz}$。

《混规》式（9.7.2-2）：$A_s\geqslant\frac{N}{0.8\alpha_bf_y}+\frac{M}{0.4\alpha_r\alpha_bf_yz}$。

其中，$\alpha_b=0.6+0.25\frac{t}{d}=0.6+0.25\times\frac{16}{12}=0.93$，$\alpha_r=0.85$，$f_y\leqslant300\text{N/mm}^2$。

代入《混规》式（9.7.2-1）：

$$113\times8=\frac{N_1}{0.8\times300\times0.93}+\frac{N_1\times90}{1.3\times0.93\times300\times270\times0.85},N_1=162.5\text{kN}$$

代入《混规》式（9.7.2-2）：

$$113\times8=\frac{N_2}{0.8\times0.93\times300}+\frac{N_2\times90}{0.4\times0.93\times0.85\times300\times270},N_2=113\text{kN}$$

依据《混规》11.1.9条，考虑地震作用的预埋件，直锚钢筋面积应增大25%，则

$$N=N_2/1.25=113/1.25=90.4\text{kN}$$

【15】A

《混规》5.4.4条条文说明第1款，平衡扭转由平衡条件引起，Ⅰ正确；

《混规》5.4.4条条文说明第1款，平衡扭转在梁内不会产生内力重分布，所以与构件刚度无关，Ⅲ正确；

《混规》5.4.4条条文说明第2款，Ⅱ正确；

《混规》5.4.4条条文说明第2款，协调扭转的扭矩会由于支承梁的开裂产生内力重分布而减小，与构件的刚度有关，Ⅳ错误；

综上，选择A。

点评：本题解答虽只涉及一条规范条文说明，但题干未提及内力重分布，如考生对结构概念和规范不熟悉，将不知从何处寻找答案。

【16】A

由《抗规》表6.3.3，箍筋最小直径为10mm，结合《抗规》B.0.3条1款最小直径应为10+2=12mm，Ⅰ错；

由《抗规》表6.3.6，框架结构的轴压比限值为0.65，结合《抗规》B.0.3条2款，应为0.65−0.05=0.6，Ⅱ错；

由《抗规》表6.3.7-1，框架角柱纵向钢筋的最小配筋率为1.1%+0.05%+0.1%=1.25%，结合《抗规》B.0.3条3款，答案一致，Ⅲ正确；

由《抗规》表6.3.9，最小配箍特征值为0.15，结合《抗规》B.0.3条4款，应为0.15+0.02=0.17，Ⅳ正确。

【17】B

依据《钢标》7.4.8条及条文说明，计算长度系数 $\mu=1-0.3(1-\beta)^{0.7}=1-0.3\times\left(1-\frac{4}{6\times0.8}\right)^{0.7}=0.91$。采用平板柱脚，底板厚度不小于翼缘厚度两倍，下段长度乘以系数0.8，故计算长度=0.91×0.8×6000=4368。

【18】C

根据《抗规》附录A查得8度（0.20g），《分类标准》6.0.7条，中型展览馆为丙类，《钢标》表17.1.4-1，A项正确。

根据《钢标》17.2.3条，B项正确。

根据《钢标》表17.1.4-1，多遇地震作用验算，不用满足《抗规》中的构造要求，C项错误。

根据《钢标》17.1.5条条文说明，D项正确。

【19】B

根据《钢标》17.1.4条，结构构件最低延性等级为Ⅲ，故延性等级可选Ⅰ、Ⅱ、Ⅲ。

点评：需注意，Ⅰ级延性等级最高（板件宽厚比控制最严格）。

【20】C

弹性截面模量：

$$W=[1/12\times16\times600^3+2\times(1/12\times(300-16)\times20^3+(600/2-16)\times20\times(600/2-10)^2]/(600/2)=4145\text{cm}^3$$

塑性截面模量：

$$W_p=2\times[300\times20\times(600/2-10)+16\times(600/2-20)\times(600/2-20)/2]=4734\text{cm}^3$$

由《钢标》17.2.2条及表17.2.2-2，根据截面板件宽厚比等级确定 W_E 的取值。

由《钢标》表3.5.1，$h_w/t_w=(600-2\times20)/16=35<65\times\sqrt{235/420}=48.62$，S1级；$b/t=(300-16)/2/20=7.1<11\times\sqrt{235/420}=8.228$，且$>9\times\sqrt{235/420}=6.732$，S2级。故截面板件宽厚比等级为S2级。

塑性耗能区截面模量：$W_E=W_p=4734\text{cm}^3$。

点评：复习阶段，这种类型的题目对每个知识点要自己动手算。如果考场上遇到，不一定能自己算出具体数值，则可以结合选项去选答案。比如本题，知道塑性截面模量应该比弹性截面模量大，且 $W_E=W_p$，那就可以选出正确答案C。类似的应试技巧，要多总结，多运用。

【21】D

按《钢标》式（17.2.4-1）：

$$V_{pb}=V_{Gb}+2W_{Eb}\times f_y/l_n=300+0.5\times200+2\times4500000\times400/6000/1000=1000\text{kN}$$

【22】A

根据《钢标》17.3.4条，延性等级为Ⅲ级。

根据《钢标》表3.5.1，$h_w/t_w=(900-2\times20)/16=53.75<72\times\sqrt{\frac{235}{420}}=53.856$，且$>65\times\sqrt{\frac{235}{420}}=48.62$，S2级；$b/t=(300-16)/2/20=7.1<11\times\sqrt{\frac{235}{420}}=8.228$，且$>9\times\sqrt{\frac{235}{420}}=6.732$，S2级。

故截面板件宽厚比等级为S2级，满足S3级要求。

$$V_{pb}\leqslant0.5h_wt_wf_v=0.15\times(900-2\times20)\times16\times215=1479.2\text{kN}$$

点评：注意框架梁材质是Q420C，腹板16mm厚，对应的 $f_v=215\text{MPa}$。

【23】B

做计算简图如图 23 所示。

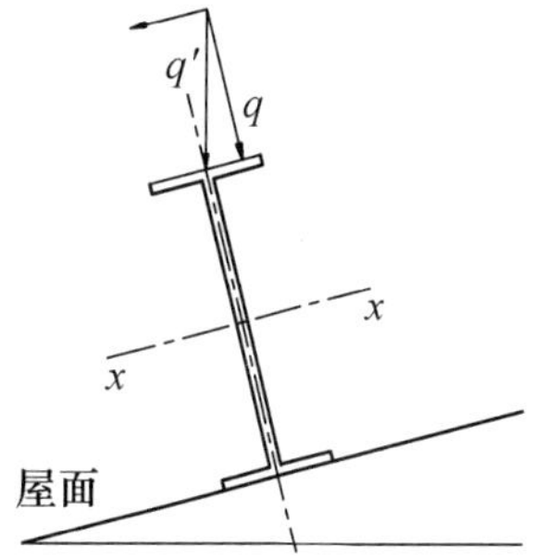

先求出竖向线荷载分别为：

$$q'_1 = 3 \times 0.5 = 1.5\text{kN/m}$$

$$q'_2 = 3 \times \frac{1}{\cos 15^\circ} \times 1 = 3.11\text{kN/m}$$

$$q'_3 = \left(3 \times \frac{1}{\cos 15^\circ} \times 0.8\right) / \cos 15^\circ = 2.57\text{kN/m}$$

图 23　计算简图

本题荷载涉及恒、活、风的荷载组合，很明显，风荷载控制。由《可靠性标准》8.2.4 条，竖向荷载设计值为：

$$q' = 1.3 \times q'_2 + 1.5 \times q'_3 + 1.5 \times 0.7 \times q'_1$$
$$= 1.3 \times 3.11 + 1.5 \times 2.57 + 1.5 \times 0.7 \times 1.5 = 9.473\text{kN/m}$$

$$M_x = \frac{1}{8}ql^2 = \frac{1}{8} \times (q' \times \cos 15^\circ) \times l^2 = \frac{1}{8} \times 9.473 \times \cos 15^\circ \times 9^2 = 92.65\text{kN} \cdot \text{m}$$

点评：本题要注意图中荷载集度是以何种形式给出，力的方向是什么，对应的力的长度是什么，求出其合力，合力的方向是什么等。

【24】A

先把竖向力沿 x、y 轴分解，沿 x 轴的力产生绕梁弱轴方向的弯矩。

$$q_x = 15 \times \sin 15^\circ = 3.88\text{kN/m}$$

由于次梁跨中系杆可以限制次梁在此处平面外方向的变形，所以在平面外次梁的计算模型和弯矩图如图 24 所示。

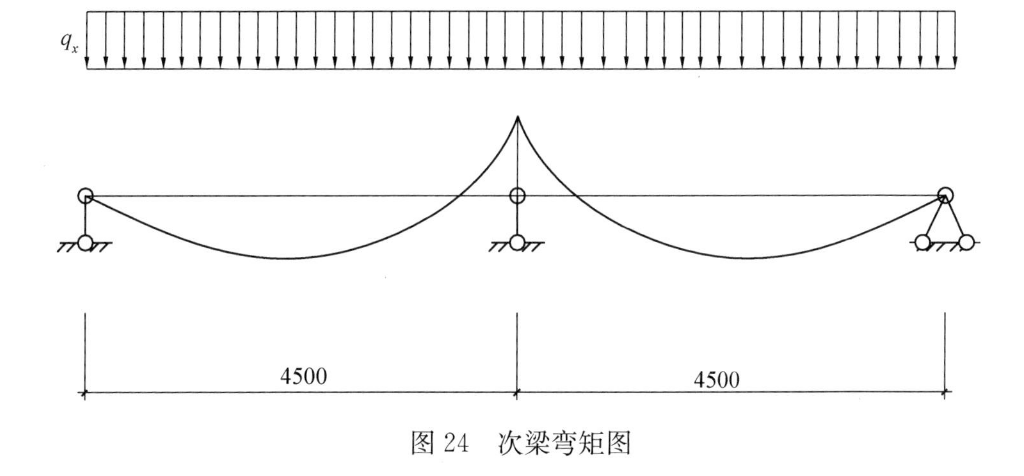

图 24　次梁弯矩图

跨中处弯矩为负弯矩：

$$M = -\frac{1}{8}q_x l^2 = -\frac{1}{8} \times 3.88 \times 4.5^2 = 9.8\text{kN} \cdot \text{m}$$

【25】C

沿竖直方向的弯矩 M 为：

$$M = \frac{1}{8}ql^2 = \frac{1}{8} \times 10 \times 9^2 = 101.25\text{kN} \cdot \text{m}$$

沿 x 轴、y 轴的弯矩分别为：

$$M_x = M \cdot \cos 15^\circ = 101.25 \times \cos 15^\circ = 97.8\text{kN} \cdot \text{m}$$

$$M_y = M \cdot \sin 15^\circ = 101.25 \times \sin 15^\circ = 26.2\text{kN} \cdot \text{m}$$

截面宽厚比 $b/t = (250 - 6)/2/8 = 12.2$，S3 级。

高厚比 $h_w/t_w = (400 - 10 \times 2)/6 = 63.3$，S1 级。

综上，该截面为 S3 级。

由《钢标》式（6.1.1）得：

$$\sigma = \frac{M_x}{\gamma_x W_{nx}} + \frac{M_y}{\gamma_y W_{ny}} \leqslant f,\ \sigma = \frac{97.8 \times 10^6}{1.05 \times 108.8 \times 10^4} + \frac{26.2 \times 10^6}{1.2 \times 20.84 \times 10^4}$$
$$= 190.38\text{N/mm}^2$$

【26】C

$$M = \frac{1}{8}ql^2 = \frac{1}{8} \times 10 \times 9^2 = 101.25\text{kN} \cdot \text{m}$$

沿 x 轴、y 轴的弯矩分别为：

$$M_x = M \cdot \cos 15^\circ = 101.25 \times \cos 15^\circ = 97.8\text{kN} \cdot \text{m}$$

$$M_y = M \cdot \sin 15^\circ = 101.25 \times \sin 15^\circ = 26.2\text{kN} \cdot \text{m}$$

$$\lambda_y = \frac{l_y}{i_y} = \frac{9000}{59.8} = 150.5$$

$$\varphi_b = \beta_b \frac{4320}{\lambda_y^2} \frac{Ah}{W_x} \left[\sqrt{1 + \left(\frac{\lambda_y t_1}{4.4h}\right)^2} + \eta_b\right] \varepsilon_k^2$$

由《钢标》表 C.0.1：

$$\beta_b = 0.69 + 0.13\xi = 0.69 + 0.13 \times \frac{9000 \times 10}{250 \times 400} = 0.807 \leqslant 1.0$$

$$\beta_b = 0.807 \times 0.95 = 0.767$$

$$\varphi_b = 0.767 \times \frac{4320}{150.5^2} \frac{7280 \times 400}{108.8 \times 10^4} \left[\sqrt{1 + \left(\frac{150.5 \times 10}{4.4 \times 400}\right)^2} + 0\right] = 0.515 < 0.6$$

《钢标》式（6.2.3）：

$$\frac{M_x}{\varphi_b W_x f} + \frac{M_y}{\gamma_y W_y f} = \frac{97.8 \times 10^6}{0.515 \times 108.8 \times 10^4 \times 215} + \frac{26.2 \times 10^6}{1.2 \times 20.84 \times 10^4 \times 215} = 1.30$$

【27】D

沿竖直方向截面的最大剪力 V 为：

$$V = \frac{8 \times 12}{2} = 48\text{kN}$$

垂直屋面方向剪力 V_y 为：

$$V_y = V \times \cos 15^\circ = 48 \times \cos 15^\circ = 46.36\text{kN}$$

H 形截面剪应力最大值在腹板中部，计算剪应力处以上毛截面对中和轴的面积矩 S 为：

$$S = 250 \times 10 \times (200-5) + (200-10) \times 6 \times \frac{(200-10)}{2} = 595800\text{mm}^3$$

由《钢标》式（6.1.3）得：

$$\tau = \frac{VS}{It_w} = \frac{46.36 \times 10^3 \times 595800}{217.6 \times 10^6 \times 6} = 21.16\ \text{N/mm}^2$$

【28】D

由《钢标》6.1.5 条知，应计算梁腹板边缘处的折算应力：

$$\sigma_{折} = \sqrt{\sigma^2 + 3\tau^2}$$

$$\sigma = \frac{M_x}{I_n} y_1 = \frac{140 \times 10^6}{217.6 \times 10^6} \times (200-10) = 122.24\text{N/mm}^2$$

$$\tau = \frac{VS}{It_w} = \frac{100 \times 10^3 \times 595800}{217.6 \times 10^6 \times 6} = 45.63\text{N/mm}^2$$

$$\sigma_{折} = \sqrt{122.24^2 + 3 \times 45.63^2} = 145.56\text{N/mm}^2$$

翼缘边缘处正应力最大，剪应力为 0，此处正应力为：

$$\sigma_{边} = \frac{M_x}{I_n} y = \frac{140 \times 10^6}{217.6 \times 10^6} \times 200 = 128.67\ \text{N/mm}^2$$

因此，最大应力在翼缘与腹板交接处。

【29】B

依据《空间网格》3.2.11 条：

$$g_{ok} = \sqrt{q_w} L_2 / 150 = \sqrt{1.5} \times 30/150 = 0.24$$

【30】D

依据《门规》9.3.2 条，直径不宜小于 10mm，A 错误；

依据《门规》4.1.2 条，当吊挂位置固定不变时，可以按恒荷载考虑，B 错误；

依据《门规》8.4.2 条，隅撑按轴心受压构件设计，C 错误；

依据《门规》A.0.6 条第 3 款，D 正确。

【31】C

（1）计算折算厚度 h_T

$$A = 3.6 \times 0.24 + 0.5 \times 0.49 = 1.109\text{m}^2$$

$$y_1 = \frac{3.6 \times 0.24 \times 0.12 + 0.49 \times 0.5 \times 0.49}{1.109} = 0.202\text{m}$$

$$e = 115\text{mm} < 0.6 y_1 = 121\text{mm}$$

$$y_2 = 0.5 + 0.24 - 0.202 = 0.538\text{m}$$

$$I = \frac{3.6 \times 0.24^3}{12} + 3.6 \times 0.24 \times (0.202-0.12)^2 + \frac{0.49 \times 0.5^3}{12}$$
$$+ 0.49 \times 0.5 \times (0.538 - 0.25)^2 = 0.0352\text{m}^4$$

$$i = \sqrt{\frac{0.0352}{1.109}} = 0.178\text{m}$$

$$h_T = 3.5i = 3.5 \times 0.178 = 0.623\text{m}$$

（2）求 φ

$$\beta = \gamma_\beta \frac{H_0}{h_T} = 1.0 \times \frac{9.5}{0.623} = 15.24$$

$$\frac{e}{h_T} = \frac{0.115}{0.623} = 0.185$$

查《砌规》表 D.0.1-1，有 $\varphi = 0.40$。

查《砌规》表 3.2.1-1，$f = 1.83$MPa。

根据《砌规》式（5.1.1）：

$$N = \varphi f A = 0.40 \times 1.83 \times 1.109 \times 10^3 = 811.79\text{kN}$$

点评：本题改编自《混凝土结构 中册 混凝土结构与砌体结构设计》（第七版）【例 15-3】。

【32】A

取 1m 宽竖向板带按悬臂受弯构件计算，在固定端的弯矩为：

池底水压力 $p = \gamma_G \gamma H = 1.3 \times 10 \times 1.5 = 19.5\text{kN/m}^2$

$$M = \frac{1}{6} pH^2 = \frac{1}{6} \times 19.5 \times 1.5^2 = 7.31\text{kN} \cdot \text{m}$$

受弯承载力验算：

$$W = \frac{1}{6} bh^2 = \frac{1}{6} \times 1 \times 0.49^2 = 0.04\text{m}^2$$

查《砌规》表 3.2.2，$f_{tm} = 0.14$MPa。

受弯承载力为 $f_{tm} W = 0.14 \times 0.04 \times 10^3 = 5.6\text{kN} \cdot \text{m}$。

点评：本题改编自《混凝土结构 中册 混凝土结构与砌体结构设计》（第七版）【例 15-6】。计算注意分项系数。

【33】B

取 1m 宽竖向板带按悬臂受弯构件计算，在固定端的剪力为：

池底水压力 $p = \gamma_G \gamma H = 1.3 \times 10 \times 1.5 = 19.5\text{kN/m}^2$

$$V = \frac{pH}{2} = 0.5 \times 1.5 \times (1.3 \times 10 \times 1.5) = 14.625\text{kN}$$

查《砌规》表 3.2.2，$f_v = 0.14\text{MPa}, z = 2h/3 = 2 \times 490/3 = 326.7\text{mm}$，则

$$f_v bz = 0.14 \times 1 \times 0.3267 \times 10^3 = 45.7\text{kN}$$

点评：本题改编自《混凝土结构 中册 混凝土结构与砌体结构设计》（第七版）【例 15-6】。

【34】C

横墙最大间距 $s = 3 \times 3.6 = 10.8$m，底层层高 $H = 3.3 + 0.45 + 0.5 = 4.25$m。

由《砌规》表 4.2.1 知，本结构房屋类别为刚性方案。

由 $s>2H=2\times4.25=8.50$m，查《砌规》表 5.1.3 得，$H_0=1.0H=4.25$m。

外纵墙为承重墙，所以 $\mu_1=1.0$。

外纵墙每开间有尺寸为 1800mm×1800mm 的窗洞，由《砌规》式（6.1.4）：

$$\mu_2=1-0.4\frac{b_s}{s}=1-0.4\times\frac{1.8}{3.6}=0.8$$

砂浆强度为 M5，查《砌规》表 6.1.1 得 $[\beta]=24$。

由《砌规》式（6.1.1）：

$$\beta=\frac{H_0}{h}=\frac{4250}{370}=11.49<\mu_1\mu_2[\beta]=19.2$$

点评：本题改编自《混凝土结构 中册 混凝土结构与砌体结构设计》（第七版）【例 15-13】。

【35】B

墙体 A 截面 $A=0.37\times1.8=0.666\text{m}^2>0.3\text{m}^2$。

顶层墙体上端Ⅰ-Ⅰ截面处轴力设计值 N=116.72kN。

荷载设计值引起的偏心距 $e=\frac{M}{N}=\frac{8.88}{116.72}=0.0761$m。

$\frac{e}{h}=\frac{0.0761}{0.37}=0.2056$，构件高厚比 $\beta=\gamma_\beta\frac{H_0}{h}=\frac{3300}{370}=8.92$。

由《砌规》表 D.0.1-1 得，$\varphi=0.47$。

由《砌规》表 3.2.1-1 得，$f=1.50$MPa。

由《砌规》式（5.1.1）得，其受压承载力 $N=\varphi fA=0.47\times1.5\times0.666\times1000=469.5$kN。

点评：本题改编自《混凝土结构 中册 混凝土结构与砌体结构设计》（第七版）【例 15-13】。

【36】A

由弯矩图可知，Ⅳ-Ⅳ截面处 e=0。

顶层墙体下端Ⅳ-Ⅳ截面处轴力设计值 $N=116.72+1.3\times67.9=205$kN。

由《砌规》表 D.0.1-1 得，$\varphi=0.89$。

由《砌规》式（5.1.1）得，其受压承载力 $N=\varphi fA=0.89\times1.5\times0.666\times1000=889.1$kN。

点评：本题改编自《混凝土结构 中册 混凝土结构与砌体结构设计》（第七版）【例 15-13】。本题与上一题考查的是《砌规》4.2.5 条多层刚性砌体的计算模型假定，题干中给出了墙体的弯矩图，如果不给出弯矩图，难度会大大增加。另外，注意自重需要换算成设计值。

【37】D

由《砌规》表 3.2.1-1 得，$f=1.50$MPa。

由《砌规》式（5.2.4-5），梁端有效支承长度：

$$a_0=10\cdot\sqrt{\frac{h_c}{f}}=10\times\sqrt{\frac{500}{1.5}}=183\text{mm}$$

$$A_l=a_0b=183\times250=45750\text{mm}^2$$

$$A_0=h(2h+b)=370\times(2\times370+250)=366300\text{mm}^2$$

由《砌规》式（5.2.2）：

$$\gamma=1+0.35\sqrt{\frac{A_0}{A_l}-1}=1.93\leqslant2.0$$

墙体的上部荷载设计值 N=656.69kN。

$$\sigma_0=\frac{656690}{370\times1800}=0.99\text{ N/mm}^2$$

$$N_0=\sigma_0A_l=0.99\times45750\times10^{-3}=45.29\text{kN}$$

由于 $\frac{A_0}{A_l}=8.00>3$，所以 $\psi=0$，$N_l=45.86$kN。

由《砌规》式（5.2.4-1）得：

$$45.86\text{kN}<\eta\gamma A_lf=0.7\times1.93\times45750\times1.5=92.71\text{kN}$$

点评：本题改编自《混凝土结构 中册 混凝土结构与砌体结构设计》（第七版）【例 15-13】。

【38】D

由《砌规》6.2.7 条，对砖砌体应为 4.8m，A 错误。

由《砌规》7.2.1 条，B 错误。

由《砌规》表 4.3.3 注 3、注 4 可知，特殊限定条件下，钢筋保护层厚度应在表格基础上增加，C 错误。

由《砌规》6.5.2 条第 7 款，D 正确。

【39】B

依据《木标》3.1.12 条，原木受拉构件的连接板，木材的含水率不应大于 18%，Ⅰ错误。

依据《木标》表 3.1.3-1，Ⅱ正确。

依据《木标》表 4.3.15，木檩条的计算跨度为 3.0m 时，其挠度限值为 3000/200=15mm，故Ⅲ错误。

依据《木标》4.1.10 条，Ⅳ正确。

点评：本题改编自 2017 年二级结构真题。

【40】D

依据《木标》6.1.1 条条文说明，A 正确。

依据《木标》6.1.4 条条文说明，B 、C 正确，D 错误。

点评：本题引自张庆芳、杨开主编《二级注册结构工程师专业考试历年试题与考点分析》（第七版）。

一级注册结构工程师
专业考试模拟试卷（二）
（下午）
参考答案

答案汇总

1.B；	2.D；	3.C；	4.A；	5.A；	6.B；	7.A；	8.A；	9.A；	10.B；
11.B；	12.C；	13.B；	14.B；	15.B；	16.B；	17.B；	18.C；	19.A；	20.D；
21.C；	22.D；	23.B；	24.A；	25.A；	26.A；	27.D；	28.D；	29.C；	30.B；
31.C；	32.B；	33.B；	34.C；	35.D；	36.A；	37.A；	38.D；	39.C；	40.B。

解答要点

【1】B

Ⅰ错误，《桩规》表3.5.3及其注2，二a类环境中，位于稳定地下水位以下的基桩，其最大裂缝宽度限值可采用括弧中的数值0.3mm；

Ⅱ错误，《桩规》4.2.7条，承台及地下室外墙与基坑侧壁间隙应灌入素混凝土或搅拌流动性水泥土，或采用灰土、级配砂石、压实性较好的素土分层夯实，其压实系数不宜小于0.94；

Ⅲ错误，《地规》9.1.6条第2款，基坑工程设计采用的土的强度指标，对正常固结的饱和黏性土应采用土的有效自重应力下预固结的三轴不固结不排水抗剪强度指标；

Ⅳ正确，《地规》9.3.2条，对支护结构水平位移有严格限制时，应采用静止土压力计算；

Ⅴ正确，《地规》9.5.3条，支撑结构的施工与拆除顺序，应与支护结构的设计工况相一致，必须遵循先撑后挖的原则。

点评：本题考查钻孔灌注桩相关概念。

【2】D

依据液性指数的定义及《地规》4.1.10条：

$$I_L = \frac{w - w_p}{w_L - w_p} = \frac{45-23}{42-23} = 1.158$$

$I_L > 1$，流塑。

《地规》4.2.6条，$a_{1-2} < 0.1\text{MPa}^{-1}$，为低压缩性土。

《地规》4.1.9条，塑性指数，$I_p = (w_L - w_p)\times 100 = 42-23 = 19 > 17$，粉质黏土。

《地规》4.1.12条，天然含水量大于液限而1.0≤天然孔隙比<1.5的黏性土或者粉土为淤泥质土；故选D。

点评：本题考查土的分类及特性，改编自2012一级结构下午第14题。

【3】C

依据《地规》5.4.3条，抗浮稳定安全系数一般情况下取1.05。

取纵向1m进行计算，顶板结构覆土厚度为3.8m，水头高度取为16.73m。抗浮计算时不计活荷载，因此不考虑设备检修活荷载、地面超载、人群荷载。

取单位长度进行计算，则主体结构承受的水浮力为：19.9×16.73×10=3329.27kN。

当不增加抗浮措施时，抗浮荷载=车站结构自重+车站内部设备自重+顶板覆土荷载，抗浮安全系数=（1700+200+3.8×18×19.9）/3329.27=0.9795<1.05，抗浮不满足要求。

采用抗浮压顶梁方案：

抗浮荷载=车站结构自重+车站内部设备自重+顶板覆土荷载+冠梁自重+围护桩自重

$$=1700+200+3.8\times18\times19.9+1\times2\times25\times2+G/2.2\times2$$

$$=3361.16+G/1.1$$

$$3361.16+G/1.1\geqslant1.05\times3329.27$$

$G\geqslant148.03$kN，选 C。

点评：本题考查抗浮稳定，参考 2014 年一级结构下午第 4 题并结合实际工程改编。本工程中单根桩实际重量为（15.23+2.7）×3.14×0.6²×25=506.7kN>148.03kN，满足要求。注意当抗浮压顶梁方案无法满足抗浮要求时，需采取中柱底部加抗拔桩等其余辅助措施抗浮。当漏考虑冠梁自重时，会错选 D。

【4】A

依据《地规》5.2.4 条计算，基础底面以上土的平均重度 $\gamma_m=(19\times3+9\times2)/5=15\text{kN/m}^3$。

依据《地规》5.2.4 条条文说明：$B_1+B_3=30+25=55\text{m}>2B_2=2\times25=50\text{m}$。

1）裙楼一平均地基反力 P_{k1} 的折算土层厚度 $d_{1e}=64.5/15=4.3$m；

2）裙楼二平均地基反力 P_{k2} 的折算土层厚度 $d_{1e}=105/15=7$m；

则主楼基础用于基底地基承载力修正的计算埋深 d 取最小值，即 $d=\min$（4.3m，5m，7m）=4.3m。

由《地规》式（5.2.4）：

$$\begin{aligned}f_a&=f_{ak}+\eta_b\gamma(b-3)+\eta_d\gamma_m(d-0.5)\\&=220+0.3\times9\times(6-3)+1.6\times15\times(4.3-0.5)\\&=319.3\text{kPa}\end{aligned}$$

点评：本题考查带裙房结构主楼的地基承载力修正，改编自 2012 年一级岩土上午第 8 题。

干扰选项 B：基础埋置深度未按条文说明取，即取 $d=5$m，得到 $f_a=336.1$kPa；

干扰选项 C：基础底面以上水位以下土层的重度未取有效重度，即取 $\gamma=19.0\text{kN/m}^3$，得到 $f_a=352.6$kPa；

干扰选项 D：基础底面以上水位以下土层的重度未取有效重度，且基础埋置深度未按条文说明取，即 $\gamma=19.0\text{kN/m}^3$，$d=5$m，得到 $f_a=373.9$kPa。

【5】A

依据《地规》表 5.2.5，$\varphi_k=20°$，可以得到 $M_b=0.51$，$M_d=3.06$，$M_c=5.66$。依据《地规》附录 C.0.2 条，平板载荷试验规定，必须预先在试验深度处开挖 $3b$ 的宽度，b 为荷载板宽度，因而在荷载板周围是没有 γb 超载，所以计算深度取 $d=0$。

$$\begin{aligned}f_a&=M_b\gamma b+M_d\gamma_m d+M_c c_k\\&=0.51\times19\times1+3.06\times19\times0+5.66\times40\\&=236.09\text{kPa}\end{aligned}$$

点评：本题考查浅层平板静载荷试验，改编自 2007 年一级岩土上午案例第 5 题。

在使用平板载荷试验得到的承载力特征值 f_{ak} 确定一定宽度和一定深度基础的地基承载力时，需要对该承载力进行深度与宽度修正，得到所谓“修正后的地基承载力特征值 f_a”，若取 $d=1.5$m，相当于重复计算了深度对承载力的影响。本题实际用于堆载法进行载荷试验之前预先估算承载力，以便准备堆载材料。

干扰选项 B：对于砂土小于 3m 时按 3m 取值，本题为黏性土，非砂土，若取 $b=3$m，得到错误答案 $f_a=255.47$kPa。

干扰选项 C：d 取值错误，取 $d=1.5$m，得到 $f_a=323.3$kPa。

干扰选项 D：b、d 取值错误，取 $b=3$m，$d=1.5$m，得到 $f_a=342.68$kPa。

【6】B

依据《地规》9.3.3 条，作用于支护结构的土压力和水压力，对砂性土宜按水土分算计算，对黏性土宜按水土合算计算。依据《地规》6.7.3 条，当支挡结构满足朗肯条件时，主动土压力系数可按朗肯土压力理论确定。

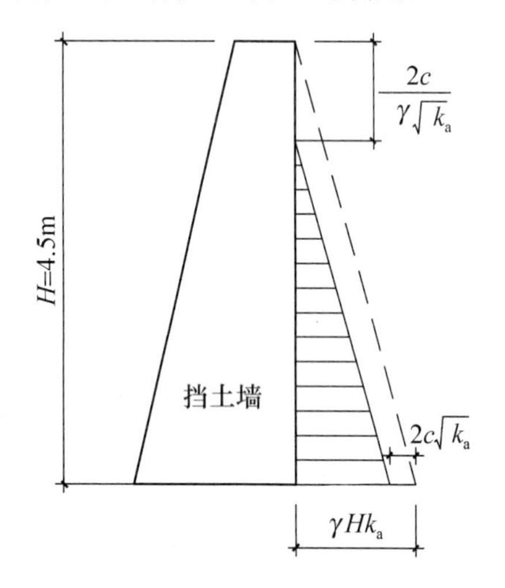

黏土回填土压力分布图

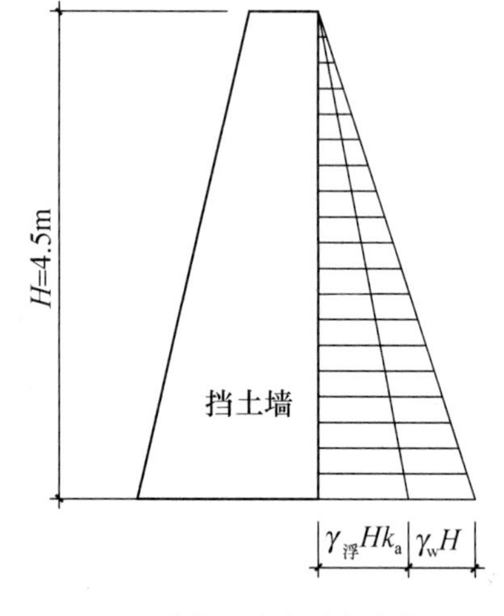

砂土回填土压力分布图

图 6

对于黏土，$k_{a1}=\tan^2\left(45°-\dfrac{\varphi_1'}{2}\right)=\tan^2\left(45°-\dfrac{10°}{2}\right)=0.704$，采用水土合算，其土压力分布如图 6 所示，取土的饱和重度计算：

$$E_{a1}=\frac{1}{2}(\gamma_{sat1}Hk_{a1}-2c_1\sqrt{k_{a1}})\left(H-\frac{2c_1}{\gamma\sqrt{k_{a1}}}\right)=\frac{1}{2}(19\times4.5\times0.704-2\times5\sqrt{0.704})\times\left(4.5-\frac{2\times5}{19\sqrt{0.704}}\right)=100.31\text{kN/m}$$

对于砂土，$k_{a2}=\tan^2\left(45°-\frac{\varphi}{2}\right)=\tan^2\left(45°-\frac{35°}{2}\right)=0.271$，采用水土分算，其土压力分布如图 6 所示：

$$E_{a2}=\frac{1}{2}(\gamma_{sat2}-\gamma_w)H^2k_{a2}+\frac{1}{2}\gamma_wH^2=\frac{1}{2}\times(20-10)\times4.5^2\times0.271+\frac{1}{2}\times10\times4.5^2$$
$$=27.44+101.25=128.69\text{kN/m}$$

故挡土墙主动土压力的比值 $E_{a1}/E_{a2}=100.31/128.69=0.78$。

点评：本题考查挡土墙土压力计算，改编自 2012 年一级岩土案例 19 题。

【7】A

依据《地规》5.1.7 条，有实测资料时，场地冻结深度 $z_d=h'-\Delta z=2.5-(409.65-409.53)=2.38\text{m}$。

依据《地规》表 G.0.1，黏性土，$w_p=20\%$，$25\%<w=28\%\leqslant29\%$，$h_w=2.5\text{m}>2\text{m}$，地基土层为胀冻土，表 G.0.1 注 3，塑性指数大于 22 时，冻胀性降低一级，对于该土层，塑性指数 $I_p=(w_L-w_p)\times100=25>22$，故降为弱冻胀土。

依据《地规》表 G.0.2 及注 4，基底平均压力取 $0.9\times188.89=170\text{kPa}$，$h_{max}=1.10\text{m}$。依据《地规》5.1.8 条，基础最小埋深 $d_{min}=z_d-h_{max}=2.38-1.10=1.28\text{m}$。

【8】A

依据《桩规》5.8.2 条 1 款，桩身承载力：

$\psi_cf_cA_{ps}+0.9f'_yA'_s=(0.7\times16.7\times3.14\times800^2/4+0.9\times360\times16\times314)/1000=7500.8\text{kN}$

$$N\leqslant\psi_cf_cA_{ps}+0.9f'_yA'_s$$

$$F_k=N_k-G_k\leqslant(\psi_cf_cA_{ps}+0.9f'_yA'_s)/1.35-G_k=7500.8/1.35-500=5056.1\text{kN}$$

依据《桩规》5.3.6 条，单桩极限承载力标准值：

$$Q_{uk}=u\Sigma\psi_{si}q_{sik}l_i+\psi_pq_{pk}A_p=3.14\times0.8\times(30\times8+80\times6+180\times4)$$
$$+6000\times3.14\times0.8^2/4$$
$$=6631.7\text{kN}$$

依据《桩规》5.2.1 条 1 款、5.2.2 条和 5.2.3 条，$N_k\leqslant R=\frac{1}{2}Q_{uk}=3315.8\text{kN}$，故

$$F_k=N_k-G_k\leqslant3315.8-500=2815.8\text{kN}$$

综上，$\Delta F_k\leqslant\min(5056.1,2815.8)-2000=815.8\text{kN}$。

点评：本题考查单桩承载力，改编自 2019 年一级岩土上午第 10 题。

【9】A

依据《桩规》5.3.6 条，扩底后单桩极限承载力标准值：

$$Q'_{uk}=u\Sigma\psi_{si}q_{sik}l_i+\psi_pq_{pk}A_p$$
$$=3.14\times0.8\times(30\times8+80\times6+180\times(4-1.6-2\times0.8))$$
$$+0.794\times6000\times3.14\times1.6^2/4$$
$$=11744\text{kN}$$

其中 $\psi_p=(0.8/D)^{1/3}=(0.8/1.6)^{1/3}=0.794$。

点评：如未考虑不计斜面及变截面以上 $2d$ 长度范围内侧阻，会误选 B；如未考虑扩底后的大尺寸效应，会误选 C；如以上两项均未考虑，会误选 D。

通过计算可以发现，当持力层承载力较高时，采用扩底灌注桩可以较大幅度提高单桩极限承载力，当承载力提高较多时，应注意复核桩身配筋。

【10】B

依据《桩规》5.9.10 条，$\lambda_x=\lambda_y=a_x/h_0=(2-0.5-0.25)/1.4=0.893$，满足 $0.25\leqslant\lambda\leqslant3$。

$$\alpha_x=\alpha_y=\frac{1.75}{\lambda+1}=\frac{1.75}{0.893+1}=0.924$$

$$\beta_{hs}=\left(\frac{800}{h_0}\right)^{1/4}=\left(\frac{800}{1400}\right)^{1/4}=0.869$$

依据《桩规》5.9.10 条及 5.9.16 条，进行承台的抗震验算时，承台受剪承载力应进行抗震调整。

$$V=9300\times10^3\leqslant\frac{1}{\gamma_{RE}}\beta_{hs}\alpha f_tb_0h_0=\frac{1}{0.85}\times0.869\times0.924\times f_t\times5000\times1400$$

$$f_t\geqslant1.406\text{N/mm}^2$$

其中，依据《抗规》5.4.2 条，受剪计算时取 $\gamma_{RE}=0.85$，依据《混规》4.1.4 条、表 4.1.4-2，C30 混凝土 $f_t=1.43\text{ N/mm}^2$，满足要求。C40 混凝土 $f_t=1.71\text{ N/mm}^2$。

点评：本题考查承台受剪计算，改编自 2013 年一级岩土上午 10 题。

本题若未注意剪力设计值为地震组合，忽略 γ_{RE} 会误选 D，在读题过程中只要看到“地震组合”相关信息，就把 γ_{RE} 标记在旁，可减小出错概率。

【11】B

依据《桩规》5.5.8 条，承台底面处附加应力 $p_0=700-3\times17=649\text{kPa}$。

假定，$z_n=10\text{m}$，则土的自重应力为 $\sigma_c=3\times17+12\times18+10\times18.5=452\text{kPa}$，$0.2\sigma_c=90.4\text{kPa}$。

依据《桩规》附录 D，表 D.0.1-1，$a=b=5/2=2.5\text{m}$，$a/b=1$，$z_n/b=4$，查表得角点附加应力系数 $\alpha=0.027$，故 $\sigma_z=4\times0.027\times649=70.1\text{kPa}<0.2\sigma_c$，满足《桩规》式（5.5.8-1）要求。

同理，可计算出取 $z_n=5\text{m}$ 时 $\sigma_z=218\text{kPa}>0.2\sigma_c=71.9\text{kPa}$，不满足要求。

点评：本题考查桩基沉降计算深度，改编自 2019 年一级岩土 11 题及 2006 年一级结构真题。题干中 700kPa 为承台底面处的平均压力，并不是附加应力，应注意区分。

【12】C

依据《桩规》5.5.9 条，桩基等效沉降系数：

$$\psi_e=C_0+\frac{n_b-1}{C_1(n_b-1)+C_2}=0.063+\frac{3-1}{1.441\times(3-1)+6.114}=0.285$$

依据《桩规》5.5.11 条及表 5.5.11，$\overline{E}_s=35\text{MPa}$，预制桩挤土效应系数 1.5，桩基沉降

计算经验系数 $\psi=0.5\times1.5=0.75$。

取承台 1/4 矩形截面，矩形长宽比 $a/b=2.5/2.5=1$，深宽比 $z_1/b=12/2.5=4.8$，依据《桩规》表 D.0.1-2，角点平均附加应力系数 $\bar{\alpha}_i=0.0967$。依据《桩规》5.5.7 条、式(5.5.7)：

$$s=4\cdot\psi\cdot\psi_e\cdot p_0\sum_{i=1}^{n}\frac{z_i\bar{\alpha}_i-z_{i-1}\bar{\alpha}_{i-1}}{E_{si}}$$
$$=4\times0.75\times0.285\times600\times12\times10^3\times0.0967/(35\times10^3)$$
$$=17.01\text{mm}$$

点评：桩沉降计算时需注意：附加应力 p_0 取承台底处，而非桩端平面；在查表确定 $\bar{\alpha}_i$ 时，z/b 中的 b 依据承台短边宽度取值，z 从桩端平面向下取值。

本题若未考虑挤土效应，会计算得到 $s=11.34$mm；若 p_0 误用桩端平面附加压力，会计算得到 $s=13.6$mm；若 z 错用 12+12=24m，会计算得到 $s=18.75$mm。

【13】B

依据《桩规》5.8.12 条、式 (5.8.12)：

$$\sigma_p=\frac{\alpha\sqrt{2eE\gamma_pH}}{\left[1+\frac{A_c}{A_H}\sqrt{\frac{E_c\cdot\gamma_c}{E_H\cdot\gamma_H}}\right]\left[1+\frac{A}{A_c}\sqrt{\frac{E\cdot\gamma_p}{E_c\cdot\gamma_c}}\right]}$$
$$=\frac{1.0\times\sqrt{2\times0.6\times3.25\times10^4\times26\times10^{-6}\times1.5\times10^3}}{\left[1+\frac{36\times10^4}{45\times10^4}\sqrt{\frac{3.6\times10^4\times26\times10^{-6}}{2.05\times10^5\times78\times10^{-6}}}\right]\left[1+\frac{25\times10^4}{36\times10^4}\sqrt{\frac{3.25\times10^4}{3.6\times10^4}}\right]}$$
$$=\frac{39}{1.194\times1.660}=19.67$$

点评：本题需要注意各参数的单位换算。最大锤击压应力计算结果大于混凝土轴心抗压强度设计值，不安全。

【14】B

依据《地处规》5.1.1 条，Ⅰ正确；

依据《地处规》7.3.1 条，Ⅱ正确；

依据《地处规》7.4.1 条，Ⅲ正确；

依据《地处规》6.1.2 条，Ⅳ错误；

依据《地处规》7.5.1 条，Ⅴ错误。

点评：本题考查地基处理方案选择。

【15】B

依据《地处规》4.2.2 条计算，$z/b=0.25$，依据表 4.2.2，取 $\theta=20°$。

$$p_c=\Sigma\gamma_ih_i=19\times1=19\text{kPa}$$
$$p_k=69120/(36\times12)=160\text{kPa}$$

应用《地处规》式 (4.2.2-3)，可得：

$$p_z=\frac{bl(p_k-p_c)}{(b+2z\tan\theta)(l+2z\tan\theta)}$$
$$=\frac{36\times12\times(160-19)}{(36+2\times3\times\tan20°)(12+2\times3\times\tan20°)}$$
$$=112.5\text{kPa}$$
$$p_{cz}=\Sigma\gamma_ih_i=19\times1+(19.5-10)\times3=47.5\text{kPa}$$
$$p_z+p_{cz}=160\text{kPa}$$

点评：本题考查换填垫层法，改编自《地规》4.2.9 条条文说明例题。

【16】B

依据《地处规》附录 A.0.7 条，试验点 1 比例界限对应荷载为 180kPa，极限荷载一半为 170kPa，故试验点 1 承载力特征值取二者较小值 170kPa，同理试验点 2 取 175kPa。

试验点 3，无比例界限，$s/b=0.01$ 时，$s=10$mm，对应荷载 200kPa，最大加载量的一半为 180kPa，取二者较小值 180kPa。

依据《地处规》附录 A.0.8 条，180－170＝10kPa＜30％×(170＋175＋180)/3＝52.5kPa，取三个测点的平均值 175kPa 作为处理地基的承载力特征值。

点评：本题考查处理后地基静载荷试验，改编自 2018 年一级结构下午 16 题。

【17】B

依据《抗规》表 A.0.28，张掖市甘州区为 7 度 0.15g。

依据《高规》3.9.1 条、3.9.2 条，按照 8 度采取抗震构造措施。

房屋高度 $H=0.45+6+19\times3.5=72.95\text{m}<80\text{m}$，依据《高规》3.9.3 条，框支框架抗震措施为二级，抗震构造措施为一级。

依据《高规》10.2.6 条，转换层位置在 3 层时，框支柱抗震等级提高一级，本题框支梁顶标高为 13.000m，是在 3 层顶，即转换层是在 3 层，故框支框架抗震措施为一级，抗震构造措施为特一级。

依据《高规》表 6.4.2 及注 4、注 5，由于复核螺旋箍和芯柱配筋率 14×491/(900×900)＝0.85％＞0.8％，轴压比限值可增加 0.1＋0.05＝0.15。

首层柱剪跨比＝(6.0－0.8)/2/(0.9－a_s)≈2.89＞2，轴压比限值无需调整。

[11600000 / (900×900×23.1)]/(0.6＋0.1＋0.05)＝0.62/0.75＝0.83。

点评：本题考查轴压比，改编自张庆芳、杨开主编《一级注册结构工程师专业考试历年试题·疑问解答·专题聚焦》(第十版) 高层建筑第 40 题。

查轴压比需要先确定抗震构造措施的抗震等级。

【18】C

抗震等级解法同 17 题。剪跨比＝ (3.5－0.8) /2/ (0.9－a_s) ≈1.5＜2，依据《高规》6.4.2 条、表 6.4.2 注 3，轴压比限值降低 0.05，又依据表 6.4.2 注 4 和注 5，由于采用复合螺旋箍且芯柱配筋率 14×491/ (900×900) ＝0.85％＞0.8％，轴压比限值可增加 0.1＋0.05＝0.15。故最终该柱地下一层轴压比限值为 0.6－0.05＋0.15＝0.70。

地下一层，该柱轴压比为12700000/（900×900×23.1）=0.679。

依据《高规》表6.4.2，注5，配箍特征值按照轴压比（注：轴压比限值）增加0.1的要求确定，即（0.6－0.05）+0.1=0.65。

依据《高规》表6.4.7，一级，复合螺旋箍，轴压比0.65，查表得配箍特征值 λ_v = 0.14。

依据《高规》3.10.4条第3款，特一级框支柱，λ_v 增大0.03采用，即0.14+0.03=0.17。

【19】A

抗震等级解法同17题。该梁在二层楼面标高，是框架梁，不是框支梁，所以不需要按照《高规》10.2.4条调整。

房屋高度 H=0.45+6+19×3.5=72.95m>60m，依据《高规》表5.6.4，抗震设计时需考虑风荷载。

地震设计状况弯矩设计值 M=1.2×（300+150×0.5）×0.8+1.3×520+1.4×0.2×410=1150.8kN·m。

依据《可靠性标准》8.2.9条、表8.2.9和《高规》5.6.1条，持久设计状况（非地震设计状况）弯矩设计值 M=1.3×300×0.8+1.5×410+1.5×0.7×150×0.8=1053kN·m，显然是风荷载为主是控制工况，楼面活荷载组合值系数取0.7。

对该梁设计时，依据《高规》3.8.1条的式（3.8.1-2），地震设计状况的抗力可放大 $1/\gamma_{RE}$，本题中比较内力，可把 γ_{RE} 移项到公式左边，让两个设计状况右边的抗力相等，此时比较左边的内力设计值。持久设计状况弯矩设计值 M=1053kN·m，地震设计状况弯矩设计值 M=1150.8×0.75=863.1kN·m，故该梁设计时，梁端弯矩由持久设计状况控制。

【20】D

房屋高度 H=0.45+6+19×3.5+2×4=80.95m>80m，依据《高规》表3.9.3，框支框架抗震措施等级为一级。

依据《高规》10.2.6条，转换层位置在3层时，框支柱抗震等级提高一级，本题框支梁顶标高为13.000m，是在3层顶，即转换层是在3层，故框支框架抗震措施为特一级。

依据《高规》10.2.11条2款、3.10.4条，转换柱地震作用产生的轴力特一级增大系数取1.8。

风荷载虽然不控制层间位移角，但是承载力计算时，按照《高规》5.6.4条，60m以上的高层建筑要考虑风荷载和水平地震同时组合，题目中的风荷载已是标准值，故不需要再考虑4.2.2条的放大系数1.1（因为是基本风压乘1.1）。

轴力设计值 N=1.2×（5200+2700×0.5）+1.3×2700×1.8+1.4×0.2×1200=14514。

点评：本题的考点是特一级的放大系数1.8，故有提示仅考虑地震工况，否则还需要考虑地震工况和非地震工况谁控制配筋。

【21】C

先确定抗震等级，依据《高规》3.3.1条、3.9.3条，框支梁的抗震等级为二级。因为所求的是框支梁，不是框支柱，故不需要查《高规》10.2.6条。

依据《高规》10.2.8条8款及图10.2.8，抗震设计时，梁上部钢筋应伸至柱纵筋内侧，且 $L_1 \geqslant 0.4L_{abE}$。

依据《混规》8.2.1条2款及表8.2.1，设计使用年限100年，环境类别二a类，柱的保护层 c=1.4×25=35mm，故 L_1=900－35－12－28=825mm。

$0.4L_{abE}$=0.4×1.15×0.14×360/2.04×25=284。最终取 L_1=825mm。

点评：本题考查框支梁柱节点钢筋锚固长度。

【22】D

先确定抗震等级，依据《高规》3.3.1条、3.9.3条，框支梁的抗震等级为二级。因为所求的是框支梁，不是框支柱，故不需要查《高规》10.2.6条。

依据《高规》10.2.8条8款及图10.2.8，抗震设计时，梁上部钢筋应伸过梁底再满足 L_{aE}。

依据《混规》8.2.1条2款及表8.2.1，设计使用年限100年，环境类别二a类，梁的保护层 c=1.4×25=35mm。故 L_1=900－35－12－28=825mm。

L_{aE}=1.15×0.14×360/2.04×25=710mm。故最终取 L_2=1200－35－10+710=1865mm。

点评：求 L_a 的时候，勿忘考虑《混规》8.3.2条的锚固长度修正系数 ζ_a，比如《混规》8.3.2条第5款，但本题未在此设置考点。

【23】B

依据《抗规》表A.0.18，湖南省长沙市，6度0.05g，第一组。

1. 依据《高规》3.3.1条表3.3.1-1，6度，剪力墙结构，A级高度房屋最大高度140m。

2. 疾病预防与控制中心实验室，依据《分类标准》4.0.6条，为重点设防类（乙类）。6度区，场地类别不影响抗震等级。

依据《高规》表3.9.3，按7度，130m，剪力墙结构，剪力墙抗震等级二级。

3. 提高一度后，依据《高规》3.3.1条表3.3.1-1，7度，房屋最大高度120m，130m超了最大适用高度，依据《高规》3.9.7条，应采取比对应抗震等级更有效的抗震构造措施。这里不一定要调高一级，但是一定要更有效。依据题意选项，更合适的是选择提高一级，所以从二级提高到一级。

4. 是否复杂结构？不是。

最终抗震构造措施的抗震等级按照一级，比按照二级更合理。

点评：切记抗震等级要“查前四问”（“查前四问”详见第一套模拟试卷题17～20解析）。

【24】A

依据《高规》表7.2.15，注2，剪力墙的翼墙长度小于翼缘厚度的3倍，按无翼墙处理。

研究图中 Y 方向墙肢（200mm×900mm），其翼墙长度 550mm，翼墙厚度 300mm，故按照无翼墙处理。X 方向墙体不能作为翼墙，按照一字墙研究 Y 方向墙肢。

依据《高规》D.0.3 条 1 款，单片独立墙肢按两边支承板计算。

依据《高规》D.0.1 条，式（D.0.1），$q \leqslant \frac{E_c t^3}{10 l_0^2} = \frac{3.6 \times 10^4 \times 200^3}{10 \times 4000^2} = 1800\text{N/mm} = 1800\text{kN/m}$。

【25】A

研究图中 X 方向墙肢（300mm×550mm），依据《高规》表 7.2.15，注 2，Y 方向墙体长度大于厚度的 3 倍，可以作为有效翼缘。依据《高规》D.0.3 条第 2 款，L 形剪力墙的翼缘采用三边支承板计算。

研究 X 方向墙肢，b_f 取 350mm，规范中之所以规定取 b_f 的较大值，是因为取大值时对局部稳定更不利，现在这个题规定了，只验算 X 方向。

依据《高规》D.0.3 条，式（D.0.3-1），$\beta = \frac{1}{\sqrt{1+\left(\frac{h}{2b_f}\right)^2}} = \frac{1}{\sqrt{1+\left(\frac{4000}{2\times 350}\right)^2}} = 0.17 < 0.25$，故取 $\beta = 0.25$。

依据《高规》D.0.1 条，式（D.0.1），$q \leqslant \frac{E_c t^3}{10 l_0^2} = \frac{3.6 \times 10^4 \times 300^3}{10 \times (0.25 \times 4000)^2} = 97200\text{N/mm} = 97200\text{kN/m}$，这是局部稳定计算结果，还需进行整体稳定验算。

依据《高规》D.0.4 条，由于 L 形剪力墙的翼缘截面高度小于截面厚度的 2 倍和 800mm，故需验算整体稳定。

依据《高规》D.0.4 条，式（D.0.4），$N \leqslant \frac{1.2 E_c I}{h^2} = \frac{1.2 \times 3.6 \times 10^4 \times 6.7 \times 10^9}{4000^2} = 18090000\text{N}$，墙肢中线长度是 $600+150+100+350=1200\text{mm}$，$q \leqslant 18090000\text{N}/1200\text{mm} = 15075\text{N/mm} = 15075\text{kN/m}$，这里是简化按照墙中线分配，精确算时，按照面积分配更准确。

点评：本题的关键点是要按照《高规》D.0.4 条，验算墙肢整体稳定，最终也是该项控制。

【26】A

依据《高规》8.1.4 条 2 款、9.1.11 条，不需要调整框架柱轴力，Ⅲ、Ⅳ错误；

依据《高规》10.2.17 条，不需要调整框支柱轴力，Ⅴ错误。

点评：本题考查框架、框支柱内力调整。关于楼层剪力、框架总剪力和框支柱剪力的调整，要非常熟悉，做到能迅速定位到规范条文，依据具体条文，确定是否需要调整柱弯矩、梁端弯矩、梁端剪力以及柱轴力。

【27】D

依据《高规》10.2.24 条、《抗规》附录 E，部分框支剪力墙结构中，由不落地剪力墙传到落地剪力墙处的剪力设计值增大系数（8 度时取 2.0，7 度时取 1.5），仅针对框支层楼板斜截面承载力计算，包括受剪截面计算（剪压比）和承载力计算（配筋）。

点评：本题考查框支剪力墙剪力增大系数，注意题目问的是"不适用"。朱炳寅"四大名著"中，楼面平面内受弯承载力计算时也建议采用该放大系数。

【28】D

依据《高钢规》7.6.4 条，式（7.6.4-2），$\left(\frac{M}{h}+\frac{N}{2}\right)\frac{1}{b_f t_f} \leqslant f$，等式左侧，Ⅰ、Ⅱ、Ⅲ、Ⅳ截面计算结果分别为 400.0、330.9、292.3、276.7（N/mm^2）。

依据《高钢规》7.6.4 条，有地震作用组合时，钢材抗压强度设计值 f 应除以 γ_{RE}；依据《高钢规》3.6.1 条，结构构件和连接强度计算时，$\gamma_{RE}=0.75$；依据《高钢规》4.2.1 条、表 4.2.1，Q345 钢材，$16<t\leqslant 40$ 时，$f=295\text{N/mm}^2$；$f/\gamma_{RE} = 295/0.75 = 393.3\ \text{N/mm}^2$，故截面Ⅱ、Ⅲ、Ⅳ满足式（7.6.4-2）。

依据《高钢规》3.7.1 条和《抗规》8.1.3 条、表 8.1.3，丙类，8 度区，大于 50m 的钢结构房屋，抗震等级为二级，消能梁段也是框架梁，故依据《高钢规》7.4.1 条、表 7.4.1，应符合板件宽厚比限值，抗震等级为二级的框架梁，工字形截面翼缘外伸部分宽厚比限值为 $9\sqrt{235/f_y} = 7.43$，腹板限值为 $(72-100\rho)\sqrt{235/f_y}$，其中 $\rho = N/(Af)$。

截面Ⅱ、Ⅲ、Ⅳ翼缘外伸部分宽厚比分别为 5.93、5.93、7.64；腹板宽厚比分别为Ⅱ截面 $(h-2t_f)/t_w = 30 < (72-100N/(Af))\sqrt{235/f_y} = (72-100\times 2200000/(27720\times 295))\sqrt{235/345} = 37.22$，Ⅲ截面 $35.78 < 37.22$，Ⅳ截面 $46.35 > 37.22$，Ⅳ截面翼缘外伸部分不满足宽厚比要求。

点评：本题考查消能梁段受弯承载力，改编自 2009 年一级结构 69 题。

【29】C

依据《高钢规》7.6.6 条，式（7.6.6）$\frac{N_{br}}{\varphi A_{br}} \leqslant f/\gamma_{RE} = 295/0.8 = 368.75\ \text{N/mm}^2$，其中稳定系数 φ 按《钢标》7.2.1 条及附录 D 计算。依据《高钢规》3.6.1 条，$\gamma_{RE}=0.8$。四种截面的截面分类均为 b 类，计算结果详见表 29。

计 算 结 果 **表 29**

截面	λ_x/ε_k	λ_y/ε_k	φ	$N_{br}/\varphi A_{br}$（N/mm^2）
H600×300×18×32	29.3	102.8	0.535	324
H700×350×18×32	24.9	88.4	0.631	234
□420×420×18×18	44.2	44.2	0.881	196
□450×450×20×20	41.4	41.4	0.893	163

四种截面均满足轴向承载力要求，由于支撑斜杆为轴心受力构件，H 型钢属于不合理的截面，箱形截面更经济合理。

点评：本题考查偏心支撑斜杆轴向承载力。对于板件宽厚比等级的要求，因为支撑斜杆不是耗能构件，偏心支撑不需要满足《高钢规》7.5.3条中心支撑的板件宽厚比要求，即偏心支撑的构造要求较中心支撑宽松，本题不考查构造要求。

【30】B

依据《高钢规》3.7.1条和《抗规》8.1.3条、表8.1.3，丙类，8度区，大于50m的钢结构房屋，抗震等级为二级。依据《高钢规》7.5.3条、表7.5.3，中心支撑，工字形截面翼缘外伸部分宽厚比限值为$9\sqrt{235/f_y}=7.43$，腹板限值为$26\sqrt{235/f_y}=21.46$，箱形截面壁板为$20\sqrt{235/f_y}=16.51$，经验算，H形截面满足宽厚比要求，箱形截面均不满足宽厚比限值要求，排除C、D选项。

依据《高钢规》7.5.5条，验算支撑斜杆截面为H450×300×25×30的受压承载力。依据《钢标》7.2.1条，该截面两个方向均为b类截面，最不利方向长细比λ_y/ε_k为130.2，依据《钢标》表D.0.2，受压稳定系数φ为0.386。依据《高钢规》7.5.5条：

$$\lambda_n=(\lambda/\pi)\sqrt{f_y/E}=(107.4/3.14)\times\sqrt{295/206000}=1.295$$

$$\psi=1/(1+0.35\lambda_n)=1/(1+0.35\times1.295)=0.688$$

$$\psi f/\gamma_{RE}=0.688\times295/0.8=253.7\text{N/mm}^2$$

$$N/(\varphi A_{br})=3000\times10^3/(0.386\times27750)=280\text{N/mm}^2>253.7\text{N/mm}^2$$

截面不满足要求，依据排除法，符合要求的只有B选项。

B选项验算：$N/(\varphi A_{br})=3000\times10^3/(0.475\times33250)=189.9\text{N/mm}^2<253.7\text{N/mm}^2$，满足要求。

点评：首先验算构造要求，排除不满足构造的选项，以减小计算量。在注册考试中，可以采用排除法做题，当三个选项都排除后，可不验证最后一个选项。对于本题，在排除C、D选项后，如果先验算B选项，结果满足，则仍需验算A选项，因为最终要选择的是一个满足规范要求的最小截面。

【31】C

依据《高钢规》8.8.8条，消能梁段与支撑连接处，其上、下翼缘应设置侧向支撑，支撑的轴力设计值不应小于消能梁段翼缘轴向极限承载力的6%，即

$$0.06f_yb_ft_f=0.06\times335\times300\times32=192.960\times10^3\text{N}$$

点评：本题考查框架梁侧向支撑。对于框架梁的侧向支撑，涉及的条文很多，《钢标》、《高钢规》和《抗规》都有相关规定，且不同规范的规定也不尽相同，区别主要在于钢材强度的取值，有的规定采用屈服强度，而有的则采用设计强度。人字形和V形中心支撑与横梁相交处的侧向支撑的轴力设计值，《钢标》17.3.14条2款中规定取梁轴向承载力设计值的2%，而《高钢规》7.5.6条3款规定取梁翼缘承载力的2%，二者不仅钢材强度取值规定不同，截面积取值也不相同。

表31中列出了各规范中关于不同部位框架梁侧向支撑的规定比较，方便大家对比记忆。

各规范中关于不同部位框架梁侧向支撑的规定比较　表31

1. 消能段与支撑连接处	《高钢规》8.8.8条 消能梁段与支撑连接处，其上、下翼缘应设置侧向支撑，支撑的轴力设计值不应小于消能梁段翼缘轴向极限承载力的6%，即$0.06f_yb_ft_f$。f_y为消能梁段钢材的屈服强度，b_f、t_f分别为消能梁段翼缘的宽度和厚度。	《抗规》8.5.5条 消能梁段两端上下翼缘应设置侧向支撑，支撑的轴力设计值不得小于消能梁段翼缘轴向承载力设计值的6%，即$0.06fb_ft_f$。	《钢标》17.3.15条第6款 6. 消能梁段两端上、下翼缘应设置侧向支撑，支撑的轴力设计值不得小于消能梁段翼缘轴向承载力设计值的6%。
2. 与消能梁段同一跨框架梁	《高钢规》8.8.9条 与消能梁段同一跨框架梁的稳定不满足要求时，梁的上、下翼缘应设置侧向支撑，支撑的轴力设计值不应小于梁翼缘轴向承载力设计值的2%，即$0.02fb_ft_f$。f为框架梁钢材的抗拉强度设计值，b_f、t_f分别为框架梁翼缘的宽度和厚度。	《抗规》8.5.6条 偏心支撑框架梁的非消能梁段上下翼缘，应设置侧向支撑，支撑的轴力设计值不得小于梁翼缘轴向承载力设计值的2%，即$0.02fb_ft_f$。	
3. 人字形和V形中心支撑与横梁相交处	《高钢规》7.5.6条第3款 3. 在支撑与横梁相交处，梁的上下翼缘应设置侧向支承，该支承应设计成能承受在数值上等于0.02倍的相应翼缘承载力$f_yb_ft_f$的侧向力的作用，f_y、b_f、t_f分别为钢材的屈服强度、翼缘板的宽度和厚度。当梁上为组合楼盖时，梁的上翼缘可不必验算。		《钢标》17.3.14条第2款 2. 人字形支撑与横梁的连接节点处应设置侧向支承，轴力设计值不得小于梁轴向承载力设计值的2%。

【32】B

依据《烟囱规》5.5.3条第2款，Ⅱ正确；5.5.1条第2款，Ⅲ正确；5.2.5条，Ⅳ正确；3.2.1条第3款，Ⅰ错误；4.3.7条，Ⅴ错误；14.1.1条，Ⅵ错误。

【33】B

单支座恒载反力=[(0.4×79×29.94)+29.94×(8×0.1×23+8×0.1×25)+2×8×

29.96]/4=643.71kN。

依据《桥通规》4.3.1条，高速公路桥梁整体验算，选用公路-Ⅰ级车道荷载。

q_k=10.5kN/m，P_k=2×（L_0+130）=318.28kN。

已知冲击系数0.3，依据《公预规》4.1.8条和7.1.1条，单车道总活载效应=1.3×(29.14×10.5+318.28)=822.45kN。

依据分析，结合《桥通规》图4.1.3-3，横向布置1道车，向外侧偏载最不利。

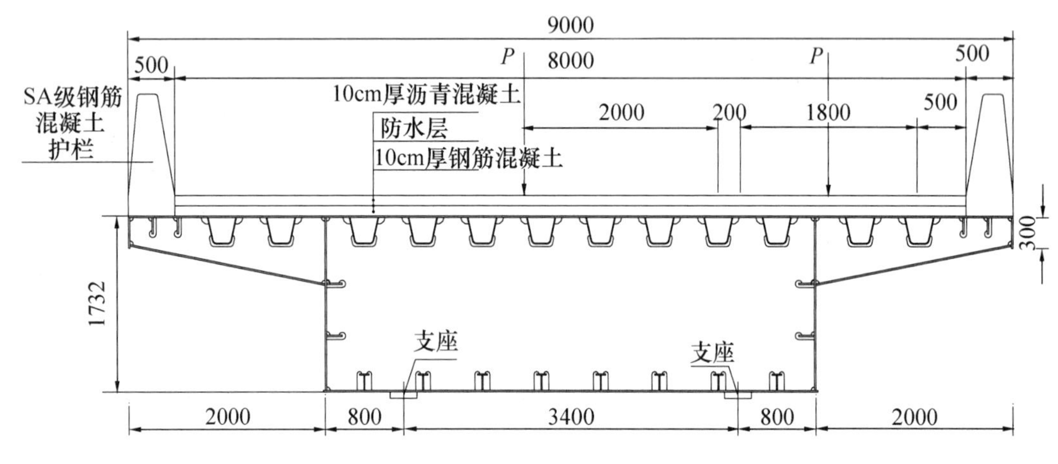

图33 题33解答分析图

布置一列车时，最不利单支座活载反力=−822.45×(2.8−1.9) /3.4/2=−108.9kN。

布置两列车时，中间一排车是使结构稳定的效应，不必考虑。

依据《公预规》式（4.1.8），k_{qf}=643.71/108.9=5.91>2.5，满足规范要求。

点评：2007年至2019年，我国发生了多起梁桥倾覆事故，梁桥横向稳定安全问题日益受到关注，JTG 3362—2018规范增加了抗倾覆验算的相关内容。33～34题旨在考查对抗倾覆验算的理解。

33题考查恒载支反力计算。活载未考虑冲击系数，会误选A；恒载未考虑护栏和铺装，会误选C；恒载活载布置2车道，有利和不利状态分析混乱时会误选D。

【34】C

预偏心可以通过恒载调整扭矩分布，减小传递到联端的扭矩，A正确。

B正确。

依据《公预规》4.1.8条，应为基本组合下保持受压，C错误。

历次桥梁事故表明，倾覆为整体破坏，结构整体性均较完好，D正确。

点评：本题考查抗倾覆验算思路。

【35】D

依据《公预规》9.4.8条第1款计算：

$$C_{in} \geqslant \frac{P_d}{0.266r\sqrt{f'_{cu}}} - \frac{d_s}{2} = \frac{1450 \times 10^3}{0.266 \times 10 \times 10^3 \times \sqrt{35}} - \frac{60}{2} = 62\text{mm}$$

依据《公预规》9.4.9条，第1款和第2款，不应小于直线管道最小外缘净距40mm和0.6×60=36mm。

取以上较大者，为至少62mm。

依据《公预规》9.1.2条，由于保护层厚度大于50mm，还应在保护层内设置钢筋网片。

【36】A

依据《公预规》9.4.8条第1款计算：

$$A_{sv1} \geqslant \frac{P_d s_v}{2rf_{sv}} = \frac{1450 \times 10^3 \times 200}{2 \times 10 \times 10^3 \times 250} = 5\text{mm}$$

ϕ10可提供截面积78.5mm^2，故选择A。

【37】A

依据《公预规》9.4.8条第2款计算：

$$C_{out} \geqslant \frac{P_d}{0.266\pi r\sqrt{f'_{cu}}} - \frac{d_s}{2} = \frac{1450 \times 10^3}{0.266 \times 3.14 \times 10 \times 10^3 \times \sqrt{35}} - \frac{60}{2} = -0.7\text{mm}$$

依据《公预规》9.4.9条第1款和第2款，不应小于直线管道最小外缘净距40mm和0.6×60=36mm。

取以上较大者40mm，故选择A。

【38】D

依据《城桥抗规》表6.1.3，选择D。

【39】C

依据《城桥抗规》6.1.8条以及附录A，可得 I_e=0.440×0.14=0.062m^4，选择C。

【40】B

依据《城桥抗规》6.2.5条计算：

$$k = \frac{G_d A_r}{\sum t} = \frac{1200 \times 0.325^2 \times 3.14/4}{0.039} = 2.55 \times 10^3\ \text{kN/m}$$

一级注册结构工程师
专业考试模拟试卷（三）
（上午）
参考答案

答案汇总

1. B；	2. C；	3. D；	4. B；	5. C；	6. D；	7. D；	8. A；	9. C；	10. C；
11. C；	12. D；	13. B；	14. C；	15. A；	16. C；	17. A；	18. D；	19. A；	20. C；
21. B；	22. B；	23. A；	24. B；	25. C；	26. C；	27. D；	28. A；	29. C；	30. C；
31. A；	32. C；	33. D；	34. D；	35. C；	36. B；	37. D；	38. B；	39. A；	40. C。

解答要点

【1】 B

素混凝土结构构件按照《混规》附录D进行设计。

依据《混规》D.1.3条，对独立的墙，$l_0=2H=2\times1350=2700$mm。

依据《混规》D.2.1条，$y'_0=900/2=450$mm，弯矩作用平面内（长边），$l_0/b=2700/900=3$，$\varphi=1.00$；弯矩作用平面外（短边），$l_0/b=2700/300=9$，$\varphi=0.885$。$f_{ct}=0.55\times1.27=0.6985\text{N/mm}^2$，$f_{cc}=0.85\times11.9=10.115\text{N/mm}^2$。

依据《混规》7.2.4条：

$$\gamma=\left(0.7+\frac{120}{h}\right)\gamma_m=\left(0.7+\frac{120}{900}\right)\times1.55=1.29$$

依据《混规》D.2.2条，混凝土强度等级为C25，对不允许开裂的素混凝土受压女儿墙，偏心距 $e_0=300\text{mm}>0.45y'_0=0.45\times450=202.5$mm，对称于弯矩作用平面的矩形截面：

$$N\leqslant\varphi\frac{\gamma f_{ct}bh}{\dfrac{6e_0}{h}-1}=1.00\times\frac{1.29\times0.6985\times300\times900}{\dfrac{6\times300}{900}-1}=243.29\text{kN}$$

依据《混规》D.2.3条，按轴心受压构件验算垂直于弯矩作用平面的受压承载力：

$$N\leqslant\varphi f_{cc}A'_c=0.885\times10.115\times300\times900=2417\text{kN}$$

构件受压承载力取平面内和平面外的较小值，$N\leqslant243.29$kN。

【2】 C

依据《混规》H.0.1条、H.0.2条，对于叠合楼板，第一阶段荷载包括预制楼板自重、叠合层自重以及本阶段的施工活荷载；第二阶段荷载考虑两种情况，并取较大值，施工阶段荷载包括预制楼板自重、面层、吊顶等自重以及本阶段的施工活荷载，使用阶段荷载包括预制楼板自重、面层、吊顶等自重，以及使用阶段的可变荷载。

第一阶段计算模型为两端简支板，取板宽1m典型单位计算，自重荷载的线荷载标准值 $g_k=(0.09\text{m}\times25\text{kN/m}^3+0.06\text{m}\times25\text{kN/m}^3)\times1\text{m}=3.75\text{kN/m}$，可变荷载（施工活荷载）的线荷载标准值 $q_k=3.0\text{kN/m}^2\times1\text{m}=3.0\text{kN/m}$，预制构件的弯矩设计值：

$$M=\frac{1}{8}\times(1.3\times3.75+1.5\times3)\times4^2=18.75\text{kN}\cdot\text{m}$$

第二阶段计算模型为两端嵌固板，取板宽1m典型单位计算，负弯矩区段，自重荷载的线荷载标准值 $g_k=(0.1\text{m}\times20\text{kN/m}^3+0.5\text{kN/m}^2)\times1\text{m}=2.5\text{kN/m}$，可变荷载取施工和使用阶段的较大值，施工期间活荷载均为 3.0kN/m²，使用阶段为健身房，按照《荷规》5.1.1 条，楼面均布活荷载为 4.0kN/m²，故可变荷载取 4.0kN/m²，可变荷载的线荷载标准值 $q_k=4.0\text{kN/m}^2\times1\text{m}=4.0\text{kN/m}$，预制构件的弯矩设计值：

$$M=\frac{1}{12}\times(1.3\times2.5+1.5\times4.0)\times4^2=12.33\text{kN}\cdot\text{m}$$

【3】D

依据《抗规》5.2.5 条，楼层最小地震剪力系数为 0.032，首层水平地震剪力 800kN< 0.032×46080=1474.56kN，故取 $V_{Ek}=1474.56$。

依据《抗规》5.2.5 条，预制装配式混凝土楼盖，楼层水平地震剪力分配取抗侧力构件等效刚度分配结果和重力荷载代表值的比例分配结果的平均值。

依据《抗规》5.4.1 条，地震作用分项系数取 1.3。

$$V_A=1.3\times1474.56\times\left(\frac{2\times10^5}{48\times10^5}+\frac{2560}{46080}\right)/2=93.184\text{kN}$$

【4】B

《混规》8.3.3 条的注 2，螺栓锚头和焊接锚板的承压净面积不应小于锚固钢筋截面积的 4 倍，实际整个螺栓锚头和焊接锚板的面积，得是钢筋面积的 5 倍。

方形锚板的边长应是 $1.98d$，若为圆形锚板，其直径应是 $2.24d$。计算如下：$5\times0.25\times3.14\times20^2=a^2$，$a=39.6\text{mm}$。

【5】C

依据《混规》9.1.5 条：

采用管形内孔时，孔顶、孔底板厚均不应小于 40mm，A、B 项均为 30mm，不满足要求。

肋宽与肋径之比不宜小于 1/5，且肋宽不应小于 50mm，D 项不满足要求。

点评：本题直接依照规范条文即可得出答案，若有考生不熟悉混凝土空心楼盖的构造做法，可参考中国有色工程有限公司主编《混凝土结构构造手册》(第五版) P134。

【6】D

依据《混规》9.3.11 条和 9.3.12 条：

$$h_0=h_1-a_s+c\tan\alpha=300-35+400\times\tan30^\circ=496\text{mm}$$

$$a=100\text{mm}+20\text{mm}<0.3h_0=148.8\text{mm},\ a=0.3\times h_0=0.3\times496=148.8\text{mm}$$

竖向力所需受拉面积：

$$\frac{F_v a}{0.85f_y h_0}=\frac{300\times10^3\times148.8}{0.85\times360\times496}=294\text{mm}^2$$

承受竖向力的纵向受力钢筋最小配筋率验算：

$$A_{smin}=\max(0.2\%,0.45f_t/f_y)bh=0.21375\%\times300\times530.9=340.4\text{mm}^2$$

承受竖向力的纵向受力钢筋选用钢筋 3Φ12（面积为：339mm²）最为合适，然而规范要求此处钢筋最少为 4Φ12，因此，承受竖向力的纵向受力钢筋选用 4Φ12。

水平力所需钢筋面积为：

$$1.2\frac{F_h}{f_y}=1.2\times\frac{60\times10^3}{360}=200\text{mm}^2$$

选用 2Φ12，面积为 226 mm²。

综上，牛腿的水平纵筋应选用 6Φ12。

【7】D

依据《混规》9.7.3 条：

$$A_{sb}\geqslant1.4\frac{V}{f_y}-1.25\alpha_v A_s$$

其直锚钢筋满足构造要求，按题目假定，《混规》式（9.7.3）中的 A_s 取 0。

$$A_{sb}\geqslant1.4\times\frac{150\times10^3}{300}=700\text{mm}^2$$

【8】A

依据《混规》6.2.3 条：

(1) $\frac{M_1}{M_2}=0.9, l_c/i=3000/173=17.34<34-12(M_1/M_2)=23.2$，可不考虑。

(2) $\frac{M_1}{M_2}=0.9, l_c/i=4000/173=23.12<34-12(M_1/M_2)=23.2$，可不考虑。

(3) $\frac{M_1}{M_2}=0.8, l_c/i=4000/173=23.12<34-12(M_1/M_2)=24.4$，可不考虑。

【9】C

依据《混加固规》6.2.1 条，$N\leqslant0.9\varphi\left[f_{c0}A_{c0}+\alpha_c f_c A_c+f'_{y0}A'_{s0}\right]$。

依据《混规》6.2.15 条，$l_0=4500$，$l_0/b=4500/450=10$，$\varphi=0.98$：

$$2500\times10^3\leqslant0.9\times0.98\times[9.6\times(450\times450-A_c)+0.8\times19.1\times A_c+360\times1256]$$

算得 $A_c\geqslant77167\text{mm}^2$。

扩展，沿着原混凝土柱周边置换 50mm 厚度，则 $A_c=50\times450\times2+(450-50\times2)\times50\times2=80000\text{mm}^2\geqslant77167\text{mm}^2$，满足要求。

【10】C

依据《可靠性标准》4.1.1 条、8.2.1 条及其相关条文说明：

结构构件产生过度变形，应被认定为承载力能力极限状态，Ⅰ正确。

结构构件丧失稳定，应被认定为承载力能力极限状态，Ⅱ错误。

地基丧失承载力而破坏，应被认定为承载力能力极限状态，Ⅲ错误。

影响耐久性能的裂缝，应被认定为耐久性极限状态，规范原文，Ⅳ正确。

点评：Ⅲ选项可能会引起争议，因为按照《地规》理解，地基设计时采用正常使用极限状态这一原则，地基承载力是由变形控制。而由于题目要求依据《可靠性标准》答题，此为《可靠性标准》条文原文。

【11】C

根据《抗规》12.2.5条2款注及条文说明，弹性计算时，简化计算和反应谱分析时宜按隔震支座水平剪切应变为100%时的性能参数进行计算，对应条文说明，大致接近设防地震的变形状态；当采用时程分析法时按设计基本地震加速度输入进行计算，即设防地震，故Ⅱ正确。

根据水平向减震系数的定义，隔震结构与非隔震结构各层层间剪力的最大比值，对高层建筑结构，尚应计算隔震与非隔震各层倾覆力矩的最大比值，并与层间剪力的最大比值相比较，取二者的较大值。故Ⅲ正确。

【12】D

根据《抗规》12.2.5条，隔震层以上结构各楼层的水平地震应符合本地区设防烈度的最小地震剪力系数，与水平向减震系数无关。8度（0.3g），根据《抗规》5.2.5条，最小地震剪力系数为0.048。

【13】B

依据《抗规》12.2.4条3款，对于罕遇地震验算，宜采用剪切变形250%的等效刚度和等效黏滞阻尼比，当隔震支座直径较大时，可采用剪切变形100%时的等效刚度和等效黏滞阻尼比。依据《抗规》12.2.4条条文说明，隔震支座直径较大时，如直径不小于600mm，考虑实际工程隔震后的位移和现有试验设备的条件，对于罕遇地震位移验算时的支座设计参数，可取水平剪切变形100%的刚度和阻尼。本题中隔震支座直径为D=400mm和D=500mm，故K_j为罕遇地震验算时，取剪切变形250%的等效刚度。

依据题目中所给支座力学参数表及荷载位移曲线关系图：

（1）对于LRB500铅芯橡胶支座，250%剪切变形为250%t_1=250%×94=235mm；

屈服位移=屈服力/屈服前刚度=40/10.91=3.67mm；

剪切变形100%的等效刚度 $K_1=\dfrac{40+(94-3.67)\times 0.84}{94}=1.233\text{kN/mm}$；

剪切变形250%的等效刚度 $K_2=\dfrac{40+(235-3.67)\times 0.84}{235}=0.997\text{kN/mm}$；

（2）对于LRB400铅芯橡胶支座，250%剪切变形为250%t_1=250%×75=187.5mm；

屈服位移=屈服力/屈服前刚度=27/8.79=3.07mm；

剪切变形100%的等效刚度 $K_1=\dfrac{27+(75-3.07)\times 0.68}{75}=1.012\text{kN/mm}$；

剪切变形250%的等效刚度 $K_2=\dfrac{27+(187.5-3.07)\times 0.68}{187.5}=0.813\text{kN/mm}$。

依据《抗规》12.2.4条，式（12.2.4—1）：

$$K_h=\sum K_j=8\times 0.997+11\times 0.813+6\times 0.81=21.779\text{kN/mm}$$

点评：若错用剪切变形100%的等效刚度K_1，会计算得到K_h=25.776kN/mm，错选C。
实际工程中支座等效刚度一般直接由试验测得。

【14】C

梁上最大的扭矩T=18kN·m/m×3m/2=27kN·m。按照《混规》6.4.2条，可不进行构件受扭承载力计算，应符合$T/W_t\leqslant 0.7f_t$，则

$$27\times 10^6/\left(b^2/6\times(3h-b)\right)\leqslant 0.7\times 1.57$$

把b=400mm代入公式，可以解得$h\geqslant$440mm。

点评：本题的难点是，梁的扭矩图是怎样的。如果不知道，可以用有限元软件计算一下，看看扭矩图是什么样子的，也可以想想如果是这样子的弯矩或者竖向力，弯矩图或者剪力图是什么样的，对比一下。本题常见错误是最大扭矩按18kN·m或者54kN·m计算，以及用《混规》6.4.1条解题。

【15】A

根据《混规》6.2.10条：

$$x=h_0-\sqrt{h_0^2-\frac{2\left[\gamma_0 M-f'_yA'_s(h_0-a'_s)\right]}{\alpha_1 f_c b}}$$

$$x=560-\sqrt{560^2-\frac{2\times[1.1\times 3\times 50\times 1.5\times 10^6-300\times 2\times 254\times 520]}{14.3\times 250}}$$

$$=91.52\text{mm}>2a'_s$$

$$A_s=\frac{\alpha_1 f_c bx+f'_yA'_s}{f_y}=\frac{14.3\times 250\times 91.52+300\times 2\times 254}{300}=1598\text{mm}^2$$

点评：安全等级一级，γ_0取1.1；另当T形翼缘位于受拉区时，计算宽度不考虑外伸长度的贡献；

若未考虑安全等级为一级，则受压区高度为78.2mm小于$2a'_s$，会错选B；

若计算宽度取翼缘宽750mm，也会错选B；

若钢筋用HRB400，会错选C；

若未考虑受压钢筋作用，会错选D。

【16】C

根据《组合规》表4.3.3，$\gamma_{RE}=0.85$。

由《组合规》式（10.1.6-2）：

$$V\leqslant\frac{1}{\gamma_{RE}}\left[\frac{1}{\lambda-0.5}\left(0.4f_tb_wh_{w0}-0.1N\frac{A_w}{A}\right)+0.8f_{yh}\frac{A_{sh}}{s}h_{w0}+\frac{0.25}{\lambda}f_aA_{a1}+\frac{0.5}{\lambda-0.5}f_pA_p\right]$$

$\lambda=2.5>2.2$，由《组合规》10.1.4条知，$\lambda=2.2$。

$$\frac{1}{0.85}\times\left[\begin{array}{l}\dfrac{1}{2.2-0.5}\times(0.4\times 2.04\times 1200\times(5900-500)-0.1\times 35550\times 10^3)+\\ 0.8\times 360\times\dfrac{5\times 201.1}{100}\times(5900-500)+\dfrac{0.25}{2.2}\times 325\times 54000+\\ \dfrac{0.5}{2.2-0.5}\times 325\times(2450\times 2-450)\times 36\end{array}\right]$$

$$=39958\text{kN}$$

$$\frac{1}{\gamma_{RE}}\left[0.8f_{yh}\frac{A_{sh}}{s}h_{w0}+\frac{0.25}{\lambda}f_aA_{a1}+\frac{0.5}{\lambda-0.5}f_pA_p\right]$$

$$=\frac{1}{0.85}\times\left[\begin{array}{l}0.8\times360\times\frac{5\times201.1}{100}\times(5900-500)+\frac{0.25}{2.2}\times325\times54000+\\ \frac{0.5}{1.7}\times325\times(2450\times2-450)\times36\end{array}\right]$$

$$=38759\text{kN}<39958\text{kN}$$

由《组合规》公式（10.1.4-4）：

$$V_{cw}\leqslant\frac{1}{\gamma_{RE}}\times0.15\times\beta_cf_cb_wh_{w0}=\frac{1}{0.85}\times0.15\times0.93\times27.5\times1200\times5400$$

$$=29245.8\text{kN}$$

$$V_{cw}=V-\frac{1}{\gamma_{RE}}\left(\frac{0.25}{\lambda}f_aA_{a1}+\frac{0.5}{\lambda-0.5}f_pA_p\right)$$

$$=V-\frac{1}{0.85}\times\left(\frac{0.25}{2.2}\times325\times54000+\frac{0.5}{1.7}\times325\times(2450\times2-450)\times36\right)$$

$$V_{cw}=V-20362\text{kN}$$

$$V\leqslant20362+29245.8=49607.8\text{kN}$$

$$V=V_{min}=39958\text{kN}$$

点评：本题考点是组合结构构件的承载力计算，对于钢板混凝土剪力墙偏心受拉剪力墙的斜截面承载力，《高规》中没有计算公式，《高规》中只有偏心受压的计算公式(在11.4.13条)。

本题解题公式在《组合规》10.1.6条，这个公式所有的注意事项和其他斜截面受剪的计算公式相同。

对于钢材的强度设计值，《钢标》与《组合规》不同，所以提示中要求按《钢标》，若提示按《组合规》，那本题会简单很多。考试的时候，一定要注意提示中的按什么规范。

因为是求斜截面最大抗震受剪承载力设计值，一定要验算是受剪截面控制，还是配筋控制，所以要验算剪压比。

【17】A

依据《钢标》条文说明中的表7，Q345钢材受拉、受压、受弯时，$\gamma_R=1.125$。于是可得 $f=f_y/\gamma_R=355/1.125=315.6\ \text{N/mm}^2$。按照5 N/mm²的倍数取整，为315N/mm²。Ⅰ正确。

$f_v=f/\sqrt{3}=315/\sqrt{3}=181.9\text{N/mm}^2$，按照5 N/mm²的倍数取整，为180N/mm²。Ⅱ错误。

$f_{ce}=f_u/1.175=400\text{N/mm}^2$。Ⅲ正确。

对接焊缝，质量等级为二级，取 $f_t^w=f$。Ⅳ正确。

【18】D

依据《荷规》表E.5，沧州市50年一遇基本风压为0.4kN/m²。依据《荷规》8.1.1条，风荷载标准值按下式计算：

$$w_k=\beta_z\mu_s\mu_zw_0$$

依据《荷规》表8.3.1项次30，迎风面体型系数为+0.8，背风面为−0.5，因此 $\mu_s=0.8+0.5=1.3$。

查《荷规》表8.2.1，地面粗糙度B类，高度24m，则

$$\mu_z=1.23+\frac{1.39-1.23}{30-20}(28.5-20)=1.366$$

$$w_{3k}=1.0\times1.3\times1.366\times0.4=0.710\text{kN/m}^2$$

【19】A

依据《荷规》6.1.2条，吊车纵向水平荷载标准值，按作用在一边轨道上所有刹车轮最大轮压之和的10%采用。所有轮子中一半是刹车轮，今要求计算作用于一侧柱列的值，故

$$T_k=10\%\times2\times395=79\text{kN}$$

【20】C

在柱列平面内，该压杆的计算长度为18m，$\lambda_y=1800/9.82=183$。

柱列平面外，绕虚轴，该压杆的计算长度为18m，$\lambda_x=1800/55=32.7$，换算长细比

$$\lambda_{0x}=\sqrt{\lambda_x^2+27A/A_{1x}}=\sqrt{32.7^2+27\times69.834/7.288}=36$$

按照b类截面、长细比为183、Q235钢查表，得到 $\varphi=0.218$。

$$\frac{N}{\varphi Af}=\frac{142\times10^3}{0.218\times6983.4\times215}=0.434$$

【21】B

每道支撑承受的水平力设计值为1.5×242/4=90.75kN。

支撑承受的轴力设计值：90.75/2×15.217/9=76.72kN。

按照b类截面、长细比为176、Q235钢查表，得到 $\varphi=0.234$。

$$\frac{N}{\varphi Af}=\frac{76.72\times10^3}{0.234\times6369.2\times215}=0.239$$

【22】B

腹板高厚比 $h_0/t_w=125>80\varepsilon_k=80$，因此，腹板可能发生剪切屈曲。仅在支座处设置加劲肋，则 $a\rightarrow\infty$。依据《钢标》6.4.1条，可得：

$$\lambda_{n,s}=\frac{h_0/t_w}{41\sqrt{5.34}}\cdot\frac{1}{\varepsilon_k}=\frac{125}{41\sqrt{5.34}}=1.319$$

$$V_u=h_wt_wf_v/\lambda_{n,s}^{1.2}=1000\times8\times125/1.319^{1.2}=717\times10^3\text{N}$$

【23】A

依据《钢标》式（13.3.3-7）计算：

$$N_{cKT}=Q_n\mu_{KT}N_{cK}=0.651\times0.862\times587=329\text{kN}$$

【24】B

依据《钢结构高强度螺栓连接技术规程》JGJ 82—2011的5.3.3条，一个受拉螺栓承受的最大拉力为：

$$N_t = \frac{M}{n_2 h_1} + \frac{N}{n} = \frac{58.1 \times 10^3}{4 \times (550-8)} = 26.8\text{kN}$$

由 $N_t < N_t^b = 0.8P$ 可得所需的预拉力 $P = 33.5$kN。

查《钢结构高强度螺栓连接技术规程》JGJ 82—2011 表 3.2.5，M12、8.8 级，可提供 $P=45$kN，满足要求。

依据《门规》表 3.2.7，最小采用 M16 螺栓，故选择 B。

【25】C

依据《门规》10.2.7 条计算。

$e_f = 70$ mm，$e_w = 55 - 6/2 = 52$mm，$N_t^b = 0.8P = 100$kN，$b = 200$mm。

依据《门规》10.2.7 条第 2 款 5)，端板厚度不应小于 16mm 及 0.8 d，故取 $f = 205$ N/mm²。

按两邻边支承区格且端板外伸计算：

$$t \geqslant \sqrt{\frac{6 e_f e_w N_t^b}{[e_w b + 2 e_f (e_f + e_w)] f}}$$

$$= \sqrt{\frac{6 \times 70 \times 52 \times 100 \times 10^3}{[52 \times 200 + 2 \times 70 \times (70 + 52)] \times 205}}$$

$$= 19.7\text{mm}$$

故可取端板厚度 $t = 20$mm。

【26】C

依据《钢标》12.3.3 条计算：

$$V_p = h_{b1} h_{c1} t_w = (400-21) \times (400-13) \times 13 = 1906749\text{mm}^2$$

$$\frac{M_{b1} + M_{b2}}{V_p} = \frac{157.5 \times 10^6}{1906749} = 82.6\text{N/mm}^2$$

$h_c / h_b = (400 - 2 \times 21)/(400 - 2 \times 13) = 0.957 < 1.0$，于是

$$\lambda_{n,s} = \frac{h_b / t_w}{37\sqrt{4 + 5.34\,(h_b/h_c)^2}} \frac{1}{\varepsilon_k} = \frac{374/13}{37\sqrt{4 + 5.34/\,0.957^2}} = 0.248 < 0.6$$

$$f_{ps} = \frac{4}{3} f_v = 4/3 \times 125 = 167\text{N/mm}^2$$

【27】D

依据《钢标》12.3.4 条计算：

$$t_w \geqslant \frac{h_c}{30} \frac{1}{\varepsilon_{k,c}} = \frac{358}{30} = 11.9\text{mm}$$

$$b_e = t_f + 5h_y = 13 + 5 \times 21 = 118\text{mm}$$

$$t_w \geqslant \frac{A_{fb} f_b}{b_e f_c} = \frac{200 \times 13 \times 215}{118 \times 215} = 22.0\text{mm}$$

【28】A

将剪力移轴，得到螺栓群承受剪力 102.7kN 和扭矩 102.7×0.1=10.27kN·m。

$$N_{1x}^T = \frac{Ty}{\Sigma x_i^2 + \Sigma y_i^2} = \frac{10.27 \times 10^3 \times 85}{6 \times 40^2 + 4 \times 85^2} = 22.67\text{kN}$$

$$N_{1y}^T = \frac{Tx}{\Sigma x_i^2 + \Sigma y_i^2} = \frac{10.27 \times 10^3 \times 40}{6 \times 40^2 + 4 \times 85^2} = 10.67\text{kN}$$

$$N_{1y}^V = \frac{V}{n} = \frac{102.7}{6} = 17.12\text{kN}$$

$$\sqrt{(N_{1x}^T)^2 + (N_{1y}^T + N_{1y}^V)^2} = \sqrt{22.67^2 + (10.67 + 17.12)^2} = 35.9\text{kN}$$

【29】C

依据《空间网格》式（E.0.1-3）：

$$\mu = \frac{1}{1 + 0.956\frac{q}{g} + 0.076\left(\frac{q}{g}\right)^2} = \frac{1}{1 + 0.956 \times 0.5 + 0.076 \times (0.5)^2} = 0.668$$

依据《空间网格》式（E.0.1-2）：

$$[q_{ks}] = 0.28\mu \frac{\sqrt{B_e D_e}}{r_1 r_2} = 0.28 \times 0.668 \times \frac{\sqrt{2.57 \times 10^8}}{25 \times 30} = 4.0\text{kN/m}^2$$

【30】C

验算对接焊缝附近母材的疲劳：

正应力幅　$\Delta\sigma = \sigma_{max} - \sigma_{min} = \dfrac{(1350-0) \times 10^3}{400 \times 20} = 168.8\text{N/mm}^2$

由《钢标》表 K.0.3 的项次 12，横向对接焊缝附近的母材当焊缝表面未经加工但质量等级为一级时，计算疲劳时属 Z4 类。

其中，由《钢标》表 16.2.1-1 知：$C_z = 2.81 \times 10^{12}$，$\beta_z = 3$，$[\Delta\sigma_L]_{1\times10^8} = 46\text{N/mm}^2$。

板厚 $t = 20$mm<25mm，$\gamma_t = 1$，$\Delta\sigma = 168.8 > \gamma_t\,[\Delta\sigma_L]_{1\times10^8} = 46$，不满足《钢标》式（16.2.1-1），由《钢标》16.2.2 条知，需满足《钢标》式（16.2.2-1）：

$$\Delta\sigma < \gamma_t [\Delta\sigma]$$

由于 $n = 10^6 < 5 \times 10^6$，由《钢标》式（16.2.2-2）：

$$[\Delta\sigma] = \left(\frac{C_z}{n}\right)^{1/\beta_z}$$

当 $n = 10^6$ 次时的容许正应力幅为：

$$[\Delta\sigma] = \left(\frac{C_z}{n}\right)^{1/\beta_z} = \left(\frac{2.81 \times 10^{12}}{10^6}\right)^{1/3} = 141.1\text{N/mm}^2$$

$$\gamma_t [\Delta\sigma] = 1.0 \times 141.1 = 141.1\text{N/mm}^2 < \Delta\sigma = 168.8\text{N/mm}^2$$

【31】A

由《砌规》6.5.2 条，B 正确。

由《砌规》6.5.3 条，C 正确。

由《砌规》6.5.2 条，D 正确。

【32】C

由《抗规》5.1.3 条，重力荷载代表值计算时不计入屋面活荷载，所以

屋面质点处　　$G_4=1600+0.5\times2100+0.5\times100+400=3100\text{kN}$

楼层质点处　　$G_1=1500+2100+0.5\times500=3850\text{kN}$

$$G_2=G_3=3580\text{kN}$$

$$G_{eq}=0.85G=0.85\times(3100+3850\times3)=12452.5\text{kN}$$

$$\alpha_1=\alpha_{max}=0.04$$

$$F_{Ek}=\alpha_1 G_{eq}=0.04\times12452.5=498.1\text{kN}$$

【33】D

依据《抗规》7.2.4 条，第二层与底层侧向刚度比较大，底层的纵向和横向地震剪力设计值应乘以 1.5 的放大系数。

地震剪力全部由该方向的抗震墙承担，且按照各抗震墙的抗侧刚度分配。

地震作用分项系数 1.3。

每片 ZQ 分配到的横向剪力为：

$$1.5\times1.3\times2500\times\frac{40}{280\times2+40\times2}=304.69\text{kN}$$

【34】D

依据《抗规》7.2.4 条，第二层与底层侧向刚度比较大，底层的纵向和横向地震剪力设计值应乘以 1.5 的放大系数。

地震剪力按照有效抗侧刚度分配。

地震作用分项系数 1.3

每根框架柱 KZ 分配到的横向剪力为：

$$1.5\times1.3\times2500\times\frac{5}{280\times2\times0.3+40\times2\times0.2+5\times28}=75.23\text{kN}$$

【35】C

依据《抗规》7.2.5 条，框架柱承担的地震剪力设计值，可按各抗侧力构件有效侧向刚度比确定。

KZ1 分担的剪力设计值为：

$$V_{KZ1}=4000\times\frac{5}{280\times2\times0.3+40\times2\times0.2+5\times28}=61.73\text{kN}$$

依据《砌规》10.4.2 条，底层柱反弯点高度比为 0.55。

$$M_{KZ1下}=V_{KZ1}\cdot0.55h=61.73\times0.55\times4=135.81\text{kN}\cdot\text{m}$$

柱底的组合弯矩设计值为：

$$M_{组}=135.81+1.2\times260=447.81\text{kN}\cdot\text{m}$$

依据《抗规》7.1.9 条，底部混凝土框架的抗震等级应取为二级。

由《砌规》10.4.3 条，柱下端的组合弯矩设计值放大 1.25 倍：

$$M=1.25\times447.81=559.76\text{kN}\cdot\text{m}$$

点评：本题涉及的条文有：《抗规》7.2.5 条、《砌规》10.4.2 条、《抗规》7.5.6 条（《砌规》10.4.3 条）、《抗规》7.1.9 条（《砌规》10.1.9 条），主要有以下考点：

（1）有效侧向刚度的折减系数；

（2）底层柱的反弯点；

（3）底部框架-抗震墙砌体房屋的钢筋混凝土框架的抗震等级怎么取；

（4）柱底弯矩增大系数 1.5；

（5）荷载组合的分项系数和放大系数等。

【36】B

依据《抗规》7.2.9 条，在计算抗震墙引起的附加轴力时，若柱两侧有墙，V_w取二者剪力设计值较大值。

$$N_f=\frac{V_w H_f}{l}=\frac{160\times4}{6}=106.67\text{kN}$$

【37】D

依据《砌施规》6.2.2 条，砌体水平灰缝和竖向灰缝的砂浆饱满度，按净面积计算不得低于 90%。

【38】B

查《砌规》表 3.2.1-1，$f=1.50\text{MPa}$。

依据《砌规》3.2.3 条，砖柱截面面积为 $0.49\times0.62=0.3038\text{m}^2>0.3\text{m}^2$，强度不必调整。

砖柱在垂直排架方向的承载力：

依据《砌规》表 5.1.3 条及其注释 3：

$$H_0=1.25\times1.0H=1.25\times5.4=6.75\text{m}$$

$$\beta=\gamma_\beta\frac{H_0}{h}=1.0\times\frac{6.75}{0.49}=13.78$$

查《砌规》表 D.0.1-1，$\varphi=0.82-\frac{0.82-0.77}{14-12}\times(13.78-12)=0.776$。

依据《砌规》5.1.1 条，其受压承载力设计值为：

$$\varphi Af=0.776\times0.3038\times10^3\times1.5=353.62\text{kN}$$

【39】A

依据《木标》9.1.1 条，A 不正确。

依据《木标》4.3.18 条，B、D 正确。

依据《木标》7.5.4条，C正确。

【40】C

查《木标》表4.3.1-3，$f_t = 8.0N/mm^2$。

依据《木标》4.3.2条，考虑矩形截面短边尺寸大于150mm，强度设计值提高10%；依据《木标》表4.3.9-1，按恒荷载验算，强度设计值调整系数为0.8；依据《木标》表4.3.9-2，使用年限为25年，强度设计值调整系数为1.05。于是，最终强度调整为

$$f_t = 1.1 \times 0.8 \times 1.05 \times 8 = 7.392N/mm^2$$

依据《木标》5.1.1条，应考虑是否有分布在150mm长度上的缺孔投影面积。

$$N = 7.392 \times (180 \times 180 - 20 \times 180) = 212890N = 213kN$$

一级注册结构工程师
专业考试模拟试卷（三）
（下午）
参考答案

答案汇总

1. A；2. C；3. B；4. B；5. C；6. A；7. C；8. C；9. B；10. B；
11. B；12. B；13. B；14. B；15. D；16. C；17. D；18. C；19. B；20. C；
21. D；22. D；23. D；24. A；25. B；26. B；27. C；28. B；29. B；30. C；
31. D；32. D；33. C；34. B；35. A；36. D；37. A；38. B；39. A；40. B。

解答要点

【1】 A

依据《地规》5.2.4条，宽深修正时基础埋置深度 d，宜自室外地面标高算起。

在填方整平地区，可自填土地面标高算起，但填土在上部结构施工后完成时，应从天然地面标高算起。

对于地下室，当采用箱形基础或筏基时，基础埋置深度自室外地面标高算起；

对于地下室，当采用独立基础或条形基础时，应从室内地面标高算起。

故进行地基承载力修正时，采用条形基础的地下室外墙和采用独立基础的中柱，基础埋置深度均取为$-4.6-(-5.6)=1$m；筏板基础的地下室，基础埋置深度取为$-2.6-(-5.6)=3$m。

依据《地规》5.3.5条，计算沉降时，需确定其中的基底附加压力 P_0，附加应力 $P_0=P_k-P_c$，为基底总压力减去从原天然地面算起的地基土的自重应力。故本题中沉降计算时土的自重应力计算深度均为3m。

点评：本题考查浅基础埋深 d 的取值，改编自2009年一级岩土44题。"基础埋置深度"相关的规定有下列几项：

(1)《地规》5.2.2条计算地基承载力，此时若为独立基础，求算 G_k 所用的基础埋置深度取室内、外地坪高差的中间值，即图中 $\frac{h_1+h_2}{2}$。因为，G_k 的含义是基础自重和基础上的土重。

(2)《地规》5.1.1～5.1.6条，基础埋置深度一般是指取至室外地面，即图中的 h_1。此时，主要考虑基础的稳定性，即嵌固的能力。

(3)《地规》5.2.4条计算修正以后的地基承载力特征值，此时采用的埋深主要考虑基础破坏时周围的土体是否能够发挥有利的作用，故区分不同情况。本题考到的就是不同情况的区分。

(4)《地规》5.3.5条计算沉降，确定其中的附加应力时需要考虑自重应力，此时埋深取至天然地面，新近的填土一般不考虑。但《桩规》5.4.1条是一个特例，属于近似情况。

本题关于基础埋置深度总结摘自张庆芳、杨开主编《一级注册结构工程师专业考试历年试题·疑问解答·专题聚焦》（第十版）地基基础部分疑问解答。

【2】 C

基础底面力矩标准值：

$$M_k = 2000 \times \cos60° \times 1.5 - 300 = 1200\text{kN} \cdot \text{m}$$

$$e = \frac{M_k}{F_k + G_k} = \frac{1200}{2000 \times \sin60° + 3 \times 3 \times 2.5 \times 20} = 0.550\text{m} > \frac{b}{6} = 0.5$$

依据《地规》5.2.2条第3款：

$$a = \frac{b}{2} - e = 1.5 - 0.550 = 0.950\text{m}$$

$$p_{kmax} = \frac{2(F_k + G_k)}{3la} = \frac{2 \times (2000 \times \sin60° + 3 \times 3 \times 2.5 \times 20)}{3 \times 3 \times 0.950} = 510.4\text{kPa}$$

依据《地规》5.2.2条第1款：

$$p_k = \frac{F_k + G_k}{A} = \frac{2000 \times \sin60° + 3 \times 3 \times 2.5 \times 20}{3 \times 3} = 242.45\text{kPa}$$

依据《地规》5.2.1条第1款，式（5.2.1-1），$f_a \geqslant p_k = 242.45\text{kPa}$。

依据《地规》5.2.1条第2款，式（5.2.1-2），$f_a \geqslant p_{kmax}/1.2 = 510.4/1.2 = 425.3\text{kPa}$。

综上，$f_{amin} = 425.3\text{kPa}$。

点评：本题考查地基承载力验算，改编自2017年一级岩土下午第7题。

【3】B

作用于基础底面的力矩 $M_k = 1200 \times \cos60° \times 1.5 - 900 = 0\text{kN} \cdot \text{m}$，即基底压力为均匀压力：

$$p_{kmax} = p_{kmin} = p = \frac{F_k + G_k}{A}$$

依据《地规》3.0.6条第4款，对于永久作用控制的基本组合，基本组合分项系数取1.35。

依据《地规》8.2.11条、式（8.2.11-1），$a_1 = 4/2 - 0.5 = 1.5\text{m}$，得：

$$M_I = \frac{1}{12}a_1^2\left[(2l + a')\left(p_{max} + p - \frac{2G}{A}\right) + (p_{max} - p)l\right]$$

$$= \frac{1}{12}a_1^2(2l + a')(2p_j)$$

$$= \frac{1}{6}a_1^2(2l + a')\frac{1.35F_k}{A}$$

$$= \frac{1}{6} \times 1.5^2 \times (2 \times 4 + 1) \times \frac{1.35 \times 1200 \times \sin60°}{4 \times 4}$$

$$= 295.94\text{kN} \cdot \text{m}$$

点评：本题考查独立基础底板弯矩计算。

【4】B

依据《地规》附录N.0.3条，堆载横向宽度为5m，小于5倍基础宽度（$5b = 10\text{m}$），且横向宽度内荷载分布不均匀，应换算成宽度5倍基础宽度的等效地面荷载计算。

依据《地规》附录N.0.4条，柱内侧0号区段宽度为 $b/2 - 0.4/2 = 0.8\text{m}$，1～10号区段宽度为 $0.5b = 1\text{m}$，其中：

0号区段平均地面荷载为2m厚填土荷载，$2 \times 18 = 36\text{kPa}$；

1～5号区段平均地面荷载为2m厚填土荷载+地面堆载，$2 \times 18 + 30 = 66\text{kPa}$；

6～10号区段平均地面荷载为2m厚填土荷载，$2 \times 18 = 36\text{kPa}$。

柱外侧有两个区段，0号区段宽度为0.8m，1号区段宽度为1m，其中：

0～1号区段平均地面荷载为1.5m厚填土荷载，$1.5 \times 18 = 27\text{kPa}$。

已知地面荷载纵向长度 $a = 20\text{m}$，故 $a/5b = 20/10 = 2 > 1$，依据《地规》附录N.0.4条，查表N.0.4得每个区段对应的地面荷载换算系数 β_i，将上述数据代入式（N.0.4），可得：

$$q_{eq} = 0.8\left[\sum_{i=0}^{10}\beta_i q_i - \sum_{i=0}^{1}\beta_i p_i\right]$$

$$= 0.8 \times [(0.3 \times 36 + (0.29 + 0.22 + 0.15 + 0.10 + 0.08) \times 66$$

$$+ (0.06 + 0.04 + 0.03 + 0.02 + 0.01) \times 36) - (0.30 + 0.29) \times 27]$$

$$= 44.86\text{kPa}$$

点评：本题考查大面积地面荷载作用，改编自2016年一级岩土第8题。

【5】C

取单位宽度滑体进行计算，依据《地规》6.4.3条第3款，式（6.4.3-1）和式（6.4.3-2）。

（1）第1块滑体自重沿滑动面，垂直滑动面的分力为：

$$G_{1t} = G_1\sin\beta_1 = 600 \times \sin35° = 344.15\text{kN}$$

$$G_{1n} = G_1\cos\beta_1 = 600 \times \cos35° = 491.49\text{kN}$$

第1块滑体的剩余下滑力为：

$$F_1 = \gamma_t G_{1t} - G_{1n}\tan\varphi_1 - cL_1 = 1.1 \times 344.15 - 491.49 \times \tan15° - c \times 12$$

$$= 246.87 - 12c$$

（2）第2块滑体自重沿滑动面，垂直滑动面的分力为：

$$G_{2t} = G_2\sin\beta_2 = 800 \times \sin20° = 273.62\text{kN}$$

$$G_{2n} = G_2\cos\beta_2 = 800 \times \cos20° = 751.75\text{kN}$$

传递系数：

$$\psi = \cos(\beta_1 - \beta_2) - \sin(\beta_1 - \beta_2)\tan\varphi_n = \cos(35° - 20°) - \sin(35° - 20°)\tan15°$$

$$= 0.897$$

第2块滑体的剩余下滑力为：

$$F_2 = F_1\psi + \gamma_t G_{2t} - G_{2n}\tan\varphi_2 - cL_2$$

$$= (246.87 - 12c) \times 0.897 + 1.1 \times 273.62 - 751.75 \times \tan15° - c \times 10$$

$$= 321.19 - 20.76c$$

由于滑坡处于极限平衡状态，故第2块滑体的剩余下滑力 $F_2 = 0$，即

$$F_2 = 321.19 - 20.76c = 0, c = 15.47\text{kPa}$$

点评：本题考查滑坡推力计算，改编自2018年一级岩土21题。

【6】A

依据《桩规》5.3.3条，$p_{sk1} = \dfrac{24 \times 3.6 + 30 \times 1.2}{3.6 + 1.2} = 25.5\text{MPa} > p_{sk2} = 24\text{MPa}$，且桩

端持力层为密实粗砂土层，比贯入阻力为 24MPa>20MPa，取 $p_{sk}=Cp_{sk2}=5/6\times24=20$MPa。

依据《桩规》式（5.3.3-1）：

$$\begin{aligned}Q_{uk}&=u\sum q_{sik}l_i+\alpha p_{sk}A_p=3.14\times0.6\times(26\times3+48\times4.2+110\times1.2+100\times3.6)\\&\quad+0.75\times20\times10^3\times3.14\times0.6^2/4\\&=5692.7\text{kN}\end{aligned}$$

依据《桩规》5.2.2 条，$R_a=\dfrac{1}{2}Q_{uk}=2846.3$kN。

点评：本题考查原位测试法计算单桩竖向承载力特征值，改编自 2011 年一级岩土下午 10 题。

【7】C

依据《桩规》5.5.14 条，单桩沉降包括桩身压缩变形及桩端土压缩变形两部分。

（1）桩身压缩变形：

$$s_e=\xi_e\frac{Q_jl_j}{E_cA_{ps}}=0.667\times\frac{2500\times10^3\times12\times10^3}{3\times10^4\times3.14\times600^2/4}=2.36\text{mm}$$

（2）土层压缩变形：

$$\psi\sum_{i=1}^{n}\frac{\sigma_{zi}}{E_{si}}\Delta z_i=1.0\times\frac{(120+20)/2}{20000}\times12\times10^3=42\text{mm}$$

其中对于单桩，σ_{zi} 为桩端平面以下第 i 层土 1/2 厚度处产生的附加竖向应力，因题目假定桩端以下应力呈线性分布，故依据 σ_{zi} 定义，可直接取第 i 土层上下表面附加应力的平均值为第 i 土层的附加竖向应力。σ_{zi} 常规算法为《桩规》5.5.14 条式（5.5.14-2）：$\sigma_{zi}=\sum_{j=1}^{m}\dfrac{Q_j}{l_j^2}[\alpha_jI_{p,ij}+(1-\alpha_j)I_{s,ij}]$，其中的 $I_{p,ij}$、$I_{s,ij}$ 依据《桩规》附录 F 查表得到。

单桩最终沉降：

$$s=\psi\sum_{i=1}^{n}\frac{\sigma_{zi}}{E_{si}}\Delta z_i+s_e=42+2.36=44.36\text{mm}$$

点评：本题考查单桩沉降计算，改编自 2009 年一级岩土下午 12 题和 2016 年一级结构下午 8 题。

【8】C

依据《桩规》式（5.9.7-3），$\lambda_{0x}=\lambda_{0y}=a_{0x}/h_0=1500/1150=1.3>1$，取 $\lambda_{0x}=\lambda_{0y}=1$，$\beta_{0x}=\beta_{0y}=\dfrac{0.84}{1+0.2}=0.7$；依据《桩规》5.9.7 条，$h$=1200mm，插值得到 $\beta_{hp}=0.967$。

依据《桩规》式（5.9.8-9），受群桩的冲切承载力为：

$$\begin{aligned}&2[\beta_{0x}(b_y+a_{oy})+\beta_{0y}(b_x+a_{ox})]\beta_{hp}f_th_0\\&=2\times2\times[0.7\times(5400+1500)]\times0.967\times1.43\times1150/1000=30723\text{kN}\end{aligned}$$

【9】B

依据《桩规》5.7.2 条第 6 款，桩身抗弯刚度 $EI=0.85E_cI_0=0.85\times2.4\times10^5=2.04\times10^5$。

依据《桩规》5.7.5 条第 1 款，$b_0=0.9(1.5d+0.5)=0.9\times(1.5\times0.6+0.5)=1.26$m。

桩水平变形系数 $\alpha=\sqrt[5]{\dfrac{mb_0}{EI}}=\sqrt[5]{\dfrac{10\times10^3\times1.26}{2.04\times10^5}}=0.573\ (1/\text{m})$。

依据《桩规》4.1.1 条第 2 款，摩擦型灌注桩配筋长度不应小于 2/3 桩长；当受水平荷载时，配筋长度沿不宜小于 $4.0/\alpha=4/0.573=6.98$，故桩配筋长度最小值为 $\max\left(\dfrac{2}{3}\times9,6.98\right)=6.98$m。

点评：本题考查桩身构造配筋，改编自 2017 年一级岩土第 10 题。

【10】B

依据《桩规》3.4.4 条第 1 款和第 3 款，A 错误；

依据《桩规》3.4.7 条第 3 款，B 正确；

依据《桩规》3.4.5 条第 3 款，C 错误；

依据《桩规》3.4.2 条第 2 款，D 错误；

【11】B

依据《地处规》5.2.11 条、式（5.2.11），$\tau_{ft}=\tau_{f0}+\Delta\sigma_z\cdot U_t\tan\varphi_{cu}$，可得：

$$1.5\times12=12+[2\times18+1\times(20-10)]\times U_t\times\tan10^\circ$$

解得 U_t=74%。

点评：本题考查预压法加固。

【12】B

依据《地处规》8.2.3 条，$l=10-4=6$m，$h=l+r=6+0.5=6.5$m，$n=e/(1+e)=0.82/(1+0.82)=0.45$。

依据《地处规》式（8.2.3-3）可得：

$$V=\alpha\beta\pi r^2(l+r)n=0.6\times1.1\times3.14\times0.5^2\times6.5\times0.45=1.515\text{m}^3$$

依据《地处规》式（8.3.3-1）可得，每 1m³ 碱液中投入固体烧碱量：

$$G_S=1000M/P=1000\times100/80\%=125000\text{g}$$

每孔需固体烧碱量：

$$G=125000\times1.515=189375\text{g}=189\text{kg}$$

点评：本题考查碱液法加固。《地处规》8.3.3 条条文说明中有相关的计算算例。

【13】B

依据《地处规》7.2.2 条，可得砂石桩间距：

$$\begin{aligned}s&=0.89\xi d\sqrt{\frac{1+e_0}{e_0-e_1}}=0.89\times1\times0.5\times\sqrt{\frac{1+0.9}{0.9-0.9\times0.7}}\\&=1.18\text{m}<4.5d=2.25\text{m}\end{aligned}$$

依据《地处规》7.1.5条，面积置换率：

$$m = d^2/d_e^2 = 0.5^2/(1.13 \times 1.18)^2 = 0.14$$

点评：本题考查沉管砂石桩面积置换率，改编自2016年一级结构下午第9题及施岚青教程8.9.4-4题。

【14】B

依据《地处规》7.1.5条和7.2.2条8款，可得面积置换率：

$$m = d^2/d_e^2 = 0.5^2/(1.05 \times 1.1)^2 = 0.187$$

复合地基承载力特征值：

$$f_{spk} = [1 + m(n-1)]f_{sk} = [1 + 0.187 \times (3-1)] \times 1.2 \times 100 = 164.9\text{kPa}$$

依据《地处规》7.1.7条可得：

$$E = \zeta E_{天然} = \frac{f_{spk}}{f_{ak}} E_{天然} = 1.649 \times 5 = 8.25\text{MPa}$$

点评：本题考查沉管砂石桩复合地基压缩模量，改编自2016年一级结构下午第11题。

【15】D

依据《既有建筑地基基础加固技术规范》JGJ 123—2012的3.0.11条，既有建筑地基基础加固的工程，应对建筑物在施工期间及使用期间进行沉降观测，直至沉降达到稳定为止，A错误。

依据5.3.3条及式（5.3.3），增加荷载的既有建筑，其地基最终变形量还应包含原建筑物尚未完成的地基变形量，B错误。

依据6.3.4条，外套结构的桩基施工时，不得扰动原地基基础，C错误。

依据7.2.4条、7.2.5条、7.2.6条，D正确

【16】C

依据《边规》8.2.3条，表8.2.3-1，安全等级二级的永久性锚杆，锚固体抗拔安全系数$K=2.4$，依据8.2.5条，永久性锚杆抗震验算时，其安全系数应按0.8折减。

依据8.2.3条式（8.2.3）：

$$l_a \geqslant \frac{KN_{ak}}{\pi D f_{rbk}} = \frac{2.4 \times 0.8 \times 330 \times 10^3}{3.14 \times 150 \times 900/10^3} = 1495\text{mm}$$

依据8.2.4条式（8.2.4）：

$$l_a \geqslant \frac{KN_{ak}}{n\pi d f_b} = \frac{2.4 \times 0.8 \times 330 \times 10^3}{3 \times 3.14 \times 20 \times 1.68} = 2002\text{mm}$$

依据8.4.1条第2款，锚杆锚固段长度应按式（8.2.3）和式（8.2.4）进行计算，并取其中大值。同时，土层锚杆的锚固段长度不应小于4.0m，并不宜大于10.0m；岩石锚杆的锚固段长度不应小于3.0m，且不宜大于$45D$和6.5m，预应力锚索不宜大于$55D$和8.0m。

故，$l_a \geqslant \max$（1.495，2.002，3.000）=3m。

点评：本题考查锚杆截面面积计算，改编自2005年一级岩土下午19题。

【17】D

依据《可靠性标准》8.2.9条、表8.2.9，《高规》5.2.3条和力学知识可知，调幅前，跨中正弯矩设计值为：

$$M = 1/24 \times (1.3 \times 72 + 1.5 \times 30) \times 8^2 = 369.6\text{kN} \cdot \text{m}$$

由于弯矩调幅导致支座负弯矩的减小量，即为跨中正弯矩设计值的增加量，增量大小为：

$$M' = 1/12 \times (1.3 \times 72 + 1.5 \times 30) \times 8^2 \times (1 - 0.9) = 73.92\text{kN} \cdot \text{m}$$

故调幅后跨中正弯矩设计值：

$$M = 369.6 + 73.92 = 443.52\text{kN} \cdot \text{m}$$

依据《高规》5.2.3条第4款，截面设计时，框架梁跨中截面正弯矩设计值不应小于竖向荷载作用下按简支梁计算的跨中弯矩设计值的50%，故对此项进行验算：

$$M = 1/8 \times (1.3 \times 72 + 1.5 \times 30) \times 8^2 \times 0.5 = 554.4\text{kN} \cdot \text{m} > 450\text{kN} \cdot \text{m}$$

故梁跨中正弯矩设计值为554.4kN·m。

点评：本题考查弯矩调幅相关知识，改编自2014年一级结构62题。

题干提示不考虑活荷载折减，但往年也考过楼面活荷载折减的，考试时要留意这个考点。

【18】C

依据《高规》4.3.2条条文说明，跨度26m框架梁为大跨度结构。依据《高规》表5.6.4，《抗规》5.4.1条和表5.4.1，地震设计状况下荷载组合为：

组合1：$1.2(D+0.5L)+1.3E_h+0.5E_v$。

组合2：$1.2(D+0.5L)+0.5E_h+1.3E_v$。

根据本题所给数据，显然非地震组合不是控制工况，故仅计算地震设计状况下组合。

依据《高规》5.2.3条，考虑弯矩调幅，计算梁端负弯矩时：

组合1：$0.8 \times 1.2(D+0.5L)+1.3E_h+0.5E_v$，$M_A = 0.8 \times 1.2 \times (375 + 0.5 \times 200) + 1.3 \times 420 + 0.5 \times 480 = 1242$ kN·m。

组合2：$0.8 \times 1.2(D+0.5L)+0.5E_h+1.3E_v$，$M_A = 0.8 \times 1.2 \times (375 + 0.5 \times 200) + 0.5 \times 420 + 1.3 \times 480 = 1290$ kN·m。

故考虑弯矩调幅后，梁端弯矩设计值为1290kN·m。

依据《高规》6.2.1条，式（6.2.1-2），计算柱端弯矩，其中梁端弯矩计算不考虑弯矩调幅作用，由于节点A为边跨梁柱节点，故$\sum M_b = M_A$。

组合2：$1.2(D+0.5L)+0.5E_h+1.3E_v$，为控制工况，故$M_A = 1.2 \times (375 + 0.5 \times 200) + 0.5 \times 420 + 1.3 \times 480 = 1404$kN·m。

依据《高规》式（6.2.1-2），$\sum M_c = \eta_c \sum M_b = 1.5 \times 1040 = 2106$kN·m，其中二级框架结构$\eta_c = 1.5$。

故，柱端弯矩$M_c = \frac{\sum M_c}{2} = 2106/2 = 1053$kN·m。

【19】B

依据《抗规》8.2.2条，B正确。

《高规》3.11.3条1款式（3.11.3-1），弹性都要考虑承载力抗震调整系数，C错误。

《高规》3.11.3条1款式（3.11.3-1）中S^*_{Ehk}、S^*_{Evk}的解释，即中震不考虑与抗震等级有关的内力调整系数，D错误。

中震不屈服和小震弹性，不一定是哪一个控制，所以都需要计算并且取包络。A选项认为满足中震不屈服，就不需要验算小震弹性，错误。

点评：除A选项外，还有很多和我们潜意识不一样的认知，类似的需要取包络的情况，比如单向地震和双向地震，也不一定是哪一个控制。

【20】C

依据《高规》表3.3.1-1和表3.3.1-2，该结构为B级高度。依据《高规》表3.9.4，核心筒抗震等级为特一级。依据《高规》7.2.2条、7.2.6条和3.10.5条，底部加强区部位剪力墙的剪力增大系数一级时取1.6，特一级时取1.9，依据《高规》式（7.2.6-1），剪力设计值$V=\eta_{vw}V_w=1.9\times2000=3800\text{kN}$。

点评：(1) 特一级构件的内力放大一般都是在一级的基础上增加一定比例，比如特一级剪力墙底部加强区的弯矩设计值应在一级的基础上乘以1.1的增大系数，特一级框架梁梁端剪力增大系数η_{vb}应在一级的基础上增大20%，而对于特一级剪力墙底部加强区的剪力增大系数，是直接取1.9，并不是在一级的基础上放大。

(2) 由《高规》7.2.2条可知，短肢剪力墙底部加强部位的剪力增大系数与非短肢剪力墙的相同。

【21】D

依据《高规》表3.3.1-1，方案调整后，该结构为A级高度。依据《高规》表3.9.3，核心筒抗震等级为一级。

依据《高规》7.1.8条，该L形墙肢W_1沿竖向250mm厚的分肢，墙厚小于300mm，且截面高度与厚度之比在4～8之间，为短肢剪力墙；沿水平方向400mm厚分肢，墙厚大于300mm，肢长与截面厚度之比大于8，非短肢剪力墙。依据《高规》7.1.8条条文说明，对于于L形、T形、十字形剪力墙，其各肢的肢长与截面厚度之比的最大值大于4且不大于8时，才划分为短肢剪力墙。故墙肢W_1非短肢剪力墙。

依据《高规》7.2.13条、表7.2.13，一级剪力墙，轴压比限值为0.5，排除A、B选项。依据《高规》表7.2.13注及《抗规》6.4.2条条文说明，墙肢轴压比：

$$\mu=\frac{1.2\times N_k}{f_cA}=\frac{1.2\times16200\times10^3}{23.1\times(3650\times400+1200\times250)}=0.48<0.5。$$

点评：朱炳寅“四大名著”高层册中提出，“《高规》中按所有墙肢中最大的h_w/b_w来判定短肢剪力墙的做法合理性值得探讨，建议实际工程中仍应按互为翼墙的理念，以墙肢为基本判别单元。”该建议做法比规范保守，故更偏于安全。

【22】D

依据《高规》附录B，$\mu_s=0.8$；也可以依据《高规》4.2.3条求得$\mu_s=0.8$，但一般先看附录B，再看4.2.3条的简化算法。

依据《荷规》表E.5，重现期50年的基本风压$w_0=0.45\text{kN/m}^2$，重现期100年的风压$w_0=0.50\text{kN/m}^2$。

查《荷规》表8.2.1，地面粗糙度类别为D类，高度60m，$\mu_z=0.77$。

依据《高规》4.2.1条或《荷规》8.1.1条，$w_k=\beta_z\times\mu_s\times\mu_z\times w_0$。依据《高规》4.2.2条对风荷载比较敏感的高层建筑（条文说明中定义为高度大于60m），承载力设计时应按基本风压的1.1倍采用，本题高度等于60m，不属于这个情况。

由于房屋设计使用年限100年，承载力计算时，应使用重现期100年的风压，位移计算时，使用重现期50年的基本风压。

承载力计算时：

$$w_k=\beta_z\times\mu_s\times\mu_z\times w_0=1.8\times0.8\times0.77\times0.50=0.55\text{kN/m}^2$$

位移计算时：

$$w_k=\beta_z\times\mu_s\times\mu_z\times w_0=1.8\times0.8\times0.77\times0.45=0.50\text{kN/m}^2$$

点评：如果房屋高度改成大于60m，除了μ_z有变化以外，承载力计算时，w_0在100年重现风压的基础上，还要再乘1.1，位移计算时，w_0仍然采用重现期50年的基本风压，并且不乘1.1。

本题是希望让大家注意分界点的数据，到底应该划为哪一类的考点。类似的问题，比如，24m的建筑是高层建筑还是多层建筑，扭转位移比1.2是否属于扭转不规则，60m的建筑地震工况时是否考虑风荷载，等等。

【23】D

依据《高规》3.3.2条及条文说明，计算高宽比时不计突出建筑物平面很小的局部结构，对带有裙房的高层建筑，当裙房的面积和刚度相对于其上部塔楼的面积和刚度较大时，计算高宽比的房屋高度和宽度可按裙房以上塔楼结构考虑。

依据《高规》12.1.7条，在重力荷载与水平荷载标准值或重力荷载代表值与多遇水平地震标准值共同作用下，高宽比不大于4的高层建筑，基础底面与地基之间零应力区面积不应超过基础底面积的15%。

高宽比$H=78/24=3.25<4$，零应力区限值为15%，排除A、B选项。

依据《地规》图5.2.2，$a=b/2-e$；$3a\geqslant(1-15\%)b$，即$e=0.217b$时，基础出现15%零应力区。

重力荷载与水平荷载标准值(1.0D+1.0L+1.0风)组合下，$N_{k1}=20\times10^4\text{kN}$，$M_{k1}=9.9\times10^5\text{kN}\cdot\text{m}$。

重力荷载代表值与多遇水平地震标准值(1.0D+0.5L+1.0地震)共同作用下，$N_{k2}=20\times10^4\text{kN}$，$M_{k2}=9.3\times10^5\text{kN}\cdot\text{m}$。

$$e=M_k/N_k$$

$$e_1=9.9\times10^5/(20\times10^4)=4.95\text{m}>b/6=4\text{m}$$

$$e_2=9.3\times10^5/(20\times10^4)=4.65\text{m}>b/6=4\text{m}$$

零应力区比例分别为：

$$A_1/A=\frac{b-3a}{b}=\frac{24-3\times(24/2-4.95)}{24}=11.9\%$$

$$A_2/A = \frac{b-3a}{b} = \frac{24-3\times(24/2-4.65)}{24} = 8.1\%$$

点评：本题考查《高规》12.1.7条，零应力区的面积比例，荷载组合的选用。改编自张庆芳、杨开主编《一级注册结构工程师专业考试历年试题·疑问解答·专题聚焦》（第十版）2003～2008年试题高层29题及2011年64题。

【24】A

对该悬臂柱进行内力分析，嵌固端弯矩 $M_2 = VH - M_1 = 50\times5-100 = 150\text{kN}\cdot\text{m}$，绘制出其弯矩图如图24所示。

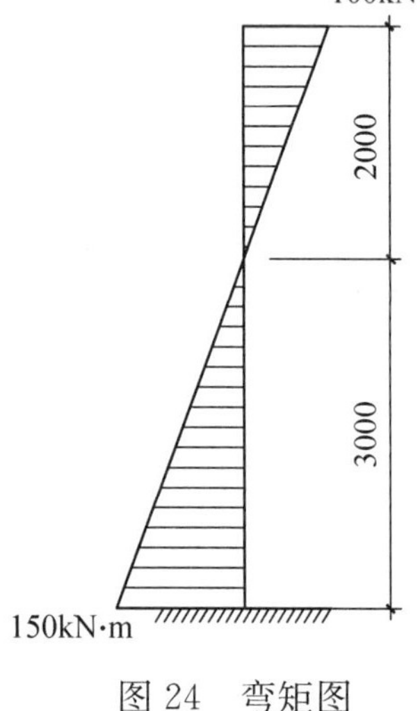

图24　弯矩图

依据《高规》附录F.1.6条3款及图F.1.6（f），该悬臂柱为双曲压弯柱，按反弯点所分割成的高度为 $L_2=3\text{m}$ 的子悬臂柱计算。故 $\beta_1 = 0$。

依据《高规》式（F.1.3-2），$e_0 = \frac{150}{300} = 0.5\text{m}$，故 $e_0/r_c = 0.5/(0.3-0.03) = 1.85 > 0.8$。

依据《高规》附录F.1.6条3款及式（F.1.6-4），$k = 0.5$。

依据《高规》附录F.1.5条、式（F.1.5），$L_e = \mu kL = 2\times0.5\times3 = 3\text{m}$。

点评：本题考查《高规》F.1.6条，双曲压弯柱等效计算长度。计算 L_e 的公式中的 L 需要用 L_2 代替，相当于把反弯点以上部分切掉，直接按长度 L_2 的一个杆件来算，此时高度为 L_2 的悬臂柱柱顶无弯矩，即 $\beta_1 = 0$。

【25】B

依据《高规》10.2.17条2款，每层框支柱的数目不多于10根时，当底部框支层为1～2层时，每根柱所受的剪力应至少取结构基底剪力的2%，故框支柱剪力 V_{Ek1} 应不小于 $2\% V_0 = 720\text{kN} > 600\text{kN}$。依据《高规》10.2.17条，框支柱剪力调整后，应相应调整框支柱的弯矩及柱端框架梁的剪力和弯矩，但框支梁的剪力、弯矩，框支柱的轴力可不调整。

依据《高规》表5.6.4，梁端弯矩设计值荷载组合为 $1.2(D+0.5L)+1.3E_h$。

由于转换柱剪力二道防线调整时放大720/600=1.2倍，故框架梁地震工况弯需相应调整，即框架梁端弯矩设计值：

$$M_{KL} = 1.2(D+0.5L)+1.2\times1.3E_h = 1.2\times(200+0.5\times100)+1.2\times1.3\times220 = 643.2\text{kN}\cdot\text{m}$$

依据《高规》表3.3.1-1，该房屋为A级高度，依据《高规》表3.9.3，框支框架抗震等级为一级。

依据《高规》10.2.4条，一级转换构件的水平地震作用计算内力应乘以增大系数1.6，即转换梁端弯矩设计值：

$$M_{KZL} = 1.2(D+0.5L)+1.6\times1.3E_h = 1.2\times(360+0.5\times180)+1.6\times1.3\times320 = 1205.6\text{kN}\cdot\text{m}$$

点评：本题考查《高规》10.2.17条，部分框支剪力墙结构框支柱的二道防线，框支柱和框架梁弯矩调整，框支梁弯矩不调整，但框支梁应考虑转换构件的水平地震作用放大系数。

【26】B

依据《高规》表5.6.4，柱端弯矩设计值荷载组合为 $1.2(D+0.5L)+1.3E_h = 1.2\times(300+0.5\times150)+1.3\times360 = 918\text{kN}\cdot\text{m}$。

依据《高规》表3.3.1-1，该房屋为A级高度，依据《高规》表3.9.3，框支框架抗震等级为一级。转换层在2层，无需考虑《高规》10.2.6条抗震等级调整。

依据《高规》10.2.11条3款，与转换构件相连的一、二级转换柱的上端和底层柱下端截面的弯矩组合值应分别乘以增大系数1.5、1.3，其他层转换柱柱端弯矩设计值应符合《高规》6.2.1条的规定。

依据《高规》6.2.1条，框支梁柱节点可不进行强柱弱梁调整，故框支柱的地震作用组合柱端弯矩设计值为 $1.5\times918 = 1377\text{kN}\cdot\text{m}$。

点评：本题考查框支柱柱顶的弯矩组合值，《高规》6.2.1条强柱弱梁，对于框支梁柱节点不需要满足，但框支柱需按照《高规》10.2.11条调整。

若按普通框架柱，考虑强柱弱梁调整，则依据《高规》6.2.1条，式(6.2.1-2)，$M_c = 1.4\times1200 = 1680\text{kN}\cdot\text{m}$，会错选C。

若考虑强柱弱梁调整且误用一级框架结构的调整公式，依据《高规》式（6.2.1-1），$M_c = 1.2\times(400+1300) = 2040\text{kN}\cdot\text{m}$，会错选D。

【27】C

依据《高规》表3.3.1-1，该房屋为A级高度，依据表3.9.3，框支框架抗震等级为一级。

依据《高规》10.2.7条1款，一级框支梁上、下部纵向钢筋最小配筋率为0.5%，即纵筋的构造配筋面积 $A_s = A'_s = 0.5\%\times600\times900 = 2700\text{mm}^2$；纵筋由构造配筋控制。排除A选项。

依据《高规》10.2.7条2款，加密区箍筋直径不小于10mm，间距不大于100mm，一级转换梁加密区箍筋最小面积配筋率为 $1.2f_t/f_{yv} = 1.2\times1.71/360 = 0.57\%$，故 $A_{sv}/bs \geq 0.57\%$，加密区间距 $s=100\text{mm}$，$A_{sv} \geq 342\text{ mm}^2$。

箍筋为Φ10@100（4）时，$A_{sv} = 314 < 342\text{ mm}^2$，不满足；

箍筋为Φ10@100（6）时，$A_{sv} = 471 > 342\text{mm}^2$，满足；

箍筋为Φ12@100（4）时，$A_{sv} = 452.2 > 342\text{ mm}^2$，满足。

依据《高规》10.2.7条3款，偏心受拉转换梁，沿梁腹板高度应配置间距不大于200mm、直径不小于16mm腰筋。排除B选项。

D选项满足配筋计算及构造要求，但不是最经济合理配筋。

点评：本题考查框支梁的配筋构造要求，《高规》10.2.7条。

【28】B

依据《可靠性标准》8.2.4条第1款和8.2.9条、表8.2.9，梁端剪力设计值：

$$V=1.3\times700+1.5\times300=1360\text{kN}$$

依据《高钢规》7.1.5条、式（7.1.5-1），梁抗剪强度：

$$\tau_{max}=\frac{VS_x}{I_xt_w}=\frac{1360\times10^3\times7012.27\times10^3}{609761\times10^4\times18}=86.89\ \text{N/mm}^2$$

由《高钢规》7.1.5条、式（7.1.5-2）：

$$\tau=\frac{V}{A_{wn}}=\frac{1360\times10^3}{620\times20}=109.68\ \text{N/mm}^2$$

$$\tau=\max(86.89,\ 109.68)=109.68\text{N/mm}^2$$

依据《高钢规》4.2.1条、表4.2.1，Q345B，$t=18\text{mm}$，$f_v=170\text{N/mm}^2$，$\tau/f_v=109.68/170=0.645$。

点评：本题考查荷载组合，钢梁抗剪承载力验算，改编自2013年一级结构24题。

【29】B

依据《高钢规》6.4.4条、表6.4.4，地震设计状况时重力荷载和水平地震作用基本组合分项系数分别为1.2和1.3。

依据《高钢规》7.1.6条，在多遇地震组合下承载力计算时，托柱梁地震作用产生的内力应乘以增大系数，增大系数不得小于1.5，故转换梁ZHL-1梁端剪力设计值：

$$V=1.2\times(700+0.5\times300)+1.3\times1.5\times500=1995\text{kN}$$

依据《高钢规》7.1.5条，式（7.1.5-1）和式（7.1.5-2）梁抗剪强度：

$$\tau=\max\left(\frac{VS_x}{I_xt_w},\frac{V}{A_{wn}}\right)=\max(127.46,160.89)=160.89\ \text{N/mm}^2$$

依据《高钢规》4.2.1条、表4.2.1，$f_v=170\text{N/mm}^2$；依据《高钢规》3.6.1条、式（3.6.1-2），地震工况验算时，应除γ_{RE}，强度计算时取$\gamma_{RE}=0.75$，故

$$\tau/f_v=160.89/(170/0.75)=0.71$$

点评：本题考查荷载组合，转换梁内力放大，钢结构抗震承载力。

【30】C

依据《高钢规》6.4.4条、表6.4.4，地震设计状况时重力荷载和水平地震作用基本组合分项系数分别为1.2和1.3；依据《高钢规》7.3.10条，钢结构转换柱，地震作用下内力乘以增大系数1.5，故该柱轴力和X向弯矩设计值分别为：

$$N=1.2\times(700+0.5\times300)+1.3\times1.5\times1000=2970\text{kN}$$

$$M=1.2\times(800+0.5\times300)+1.3\times1.5\times1460=3987\text{kN}\cdot\text{m}$$

依据《高钢规》4.2.1条，钢材强度设计值$f=295\text{N/mm}^2$；依据《高钢规》3.6.1条、式（3.6.1-2），地震工况验算时，应除γ_{RE}，柱稳定计算时，γ_{RE}取0.8；依据《高钢规》7.3.1条及《钢标》8.2.1条、式（8.2.1-1）：

$$\frac{N}{\varphi_xAf}+\frac{\beta_{mx}M_x}{\gamma_xW_{1x}(1-0.8N/N'_{Ex})f}$$

$$=\frac{2970\times10^3}{0.962\times52920\times295/0.8}$$

$$+\frac{1.0\times3987\times10^6}{1.05\times19433\times10^3\times(1-0.8\times2970\times10^3/280207000)\times295/0.8}$$

$$=0.69$$

点评：本题考查荷载组合，转换柱内力放大，钢结构抗震承载力，改编自2017年一级结构19题。

【31】D

依据《高钢规》3.3.10条2款，对框架-延性墙板结构，结构底部嵌固层，考虑层高修正后的楼层侧向刚度比不宜小于1.5，本题中$\frac{V_1\Delta_2}{V_2\Delta_1}\cdot\frac{h_1}{h_2}=1.32<1.5$，首层为薄弱层；依据《高钢规》3.3.3条2款，侧向刚度不规则楼层，对应于地震作用标准值的剪力应乘以不小于1.15的增大系数，故首层满足薄弱层调整的剪力标准值$V_{Ek}=1.15\times12000=13800\text{kN}$。

依据《高钢规》5.4.5条和《抗规》5.2.5条，要满足剪重比要求（因为是薄弱层，剪重比的系数也增大了）。基本周期3.3s、7度（0.1g），查《抗规》表5.2.5可知，$\lambda=0.016\times1.15=0.0184$，其中对于薄弱层$\lambda$应乘1.15倍增大系数；$\lambda\sum_{j=1}^{n}G_j=0.0184\times815000=14996\text{kN}>13800\text{kN}$，表明底层水平地震剪力不满足剪重比要求，取$V_0=14996\text{kN}$后，上部楼层的地震剪力应相应调整。调整后$V_f=2000\times14996/12000=2499\text{kN}$。

依据《高钢规》6.2.6条，要满足二道防线要求，框架部分的剪力标准值应不小于$0.25V_0$和$1.8V_{f,max}$的较小值，$0.25V_0=0.25\times14996=3749\text{kN}$，$1.8V_{f,max}=1.8\times2499=4498.2\text{kN}$。故底层框架总剪力标准值应取3749kN，即每根柱地震剪力标准值应取374.9kN。

点评：本题考查高层钢结构剪力调整，改编自张庆芳、杨开主编《一级注册结构工程师专业考试历年试题·疑问解答·专题聚焦》（第十版）2003～2008年试题高层54题。

对于本题剪力进行多项调整，应注意剪力调整的顺序是：1. 薄弱层→2. 剪重比→3. 二道防线。

若仅考虑剪重比调整，忽略了薄弱层和二道防线，会误选A；

若未考虑二道防线调整，会误选B；

若二道防线调整习惯性取用《高规》中min（$0.2V_0$，$1.5V_{f,max}$），会误选C。

【32】D

依据《高钢规》8.6.1条，Ⅰ正确。

依据《高钢规》8.5.1条，三、四级和非抗震时可采用全截面焊接，故Ⅱ错误。

依据《高钢规》7.5.6条2款，Ⅲ正确。

依据《高钢规》9.6.14条，Ⅳ正确。

依据《高钢规》8.5.6条，圆孔且直径不大于1/3梁高时可不予补强，故Ⅴ错误。

【33】C

依据《公预规》4.3.4 条 1 款和表 4.3.3 计算 ρ_f。

边跨、跨中部分，$l_i=0.8l=0.8\times46=36.8$m。计算 b_{m1} 所用的 ρ_f 为：

$$\rho_f=-6.44(b_1/l_i)^4+10.10(b_1/l_i)^3-3.56(b_1/l_i)^2-1.44(b_1/l_i)+1.08$$
$$=-6.44(3/36.8)^4+10.10(3/36.8)^3-3.56(3/36.8)^2-1.44(3/36.8)+1.08$$
$$=0.9441$$
$$b_{m1}=0.9441\times3=2.832\text{m}$$

【34】B

依据《桥通规》4.3.12 条 3 款计算。由《桥通规》表 4.3.12-3 可知，$T_1=14$℃，$T_2=5.5$℃。结合《桥通规》图 4.3.12 可知，梁上缘以下高度为 100mm 的范围内，温差梯度平均值 $t_y=(14+5.5)/2=9.85$℃。

【35】A

依据《桥通规》4.3.1 条计算。由于该桥梁位于三级公路，故汽车荷载采用公路-Ⅱ级。

$$P_k=0.75\times[2(l_0+130)]=0.75\times[2\times(19.5+130)]=224.25\text{kN}$$
$$q_k=0.75\times10.5=7.875\text{kN/m}$$

影响线竖标最大为 $l/4=19.50/4=4.875$m；影响线面积为 $l^2/8=47.53\text{mm}^2$。

汽车荷载引起的跨中弯矩标准值为：

$$1.296\times0.538\times(7.875\times47.53+224.25\times4.875)=1023.22\text{kN}\cdot\text{m}$$

【36】D

依据《公预规》6.5.3 条，以及《桥通规》4.1.6 条，可得：

$$f_{\max}=\eta_\theta\frac{5(M_s-M_{Gk})l^2}{48B}=1.6\times\frac{5\times(0.7\times789.5+0.4\times73.1)\times10^6\times19500^2}{48\times1.750\times10^{15}}$$
$$=21.1\text{mm}$$

【37】A

依据《公预规》6.5.5 条、6.5.3 条，以及《桥通规》4.1.6 条，可得：

$$f_{\max}=\eta_\theta\frac{5M_sl^2}{48B}$$
$$=1.6\times\frac{5\times(763.4+0.7\times789.5+0.4\times73.1)\times10^6\times19500^2}{48\times1.750\times10^{15}}$$
$$=48.7\text{mm}>l/1600=19500/1600=12.2\text{mm}$$

应设置预拱度。

$$f=\eta_\theta\frac{5[M_{Gk}+0.5\times(0.7M_{qk}+0.4M_{rk})]l^2}{48B}$$
$$=1.6\times\frac{5\times[763.4+0.5\times(0.7\times789.5+0.4\times73.1)]\times10^6\times19500^2}{48\times1.750\times10^{15}}$$
$$=38.2\text{mm}$$

【38】B

依据《城桥规》表 6.0.7，车行道外侧必须设置防撞护栏，Ⅰ错误。

依据《城桥规》6.0.8 条，Ⅱ正确。

依据《城桥规》7.0.7 条，Ⅲ正确。

依据《城桥规》9.1.2 条第 1 款，宜采用沥青混凝土铺装，故Ⅳ错误。

依据《城桥规》表 10.0.3，Ⅴ正确。

【39】A

依据《公预规》8.4.6 条及《桥通规》4.1.5 条：

$$F_d=2\times(1.2\times1000+1.4\times790)=4612\text{kN}$$
$$b_c=0.8\times140=112\text{cm}$$
$$x=197.5-100-112/2=41.5\text{cm}$$
$$h_0=150-10=140\text{cm}$$
$$z=0.9h_0=0.9\times140=126\text{cm}$$

代入《公预规》式（8.4.6-2）：

$$T_{t,d}=\frac{x+b_c/2}{z}F_d=\frac{41.5+112/2}{126}\times4612=3568.8\text{kN}$$

依据《公预规》表 3.2.3-1，$f_{sd}=330\text{N/mm}^2$，故所需钢筋根数：

$$n=1.1\times3568.8/330/615.8=19.3$$

故至少应为 20 根直径 28mm 的 HRB400 钢筋。

点评：本题考查盖梁撑杆系杆计算。

一级公路上的桥梁，未考虑 1.1 系数，会误选 B；

横向单支座，纵向两支座，题目给的单端反力，未乘以 2 时，会误选 C；

按照盖梁跨中正截面抗弯承载力验算，未按照拉杆压杆计算时，会误选 D。

【40】B

依据《公预规》6.1.2 条 1 款，应是，作用频遇组合下控制截面的受拉边缘不出现拉应力，Ⅰ错误。

依据《公预规》表 6.4.2，Ⅱ正确。

依据《公预规》6.4.4 条，二者的钢筋应力计算公式不同，Ⅲ错误。

依据《公预规》6.5.2 条 2 款，Ⅳ正确。

依据《公预规》6.5.3 条，Ⅴ正确。